Bruno P. Kremer, Fritz Gosselck

# Die Küste

Bruno P. Kremer, Fritz Gosselck

# Die Küste

## Lebensraum zwischen Land und Meer

**THEISS**

Die Deutsche Nationalbibliothek verzeichnet diese
Publikation in der Deutschen Nationalbibliografie;
detaillierte bibliografische Daten sind im Internet
über http://dnb.d-nb.de abrufbar.

Der Konrad Theiss Verlag ist ein Imprint der WBG.

© 2018 by WBG (Wissenschaftliche Buchgesellschaft),
Darmstadt
Die Herausgabe des Werkes wurde durch die
Vereinsmitglieder der WBG ermöglicht.
Lektorat: Christiane Martin, Köln
Layout, Satz und Prepress: schreiberVIS, Bickenbach
Einbandabbildung: iStock, © cinoby
Einbandgestaltung: Harald Braun, Berlin
Gedruckt auf säurefreiem und
alterungsbeständigem Papier
Druck & Bindung: Belvédère, Oosterbeek, Niederlande

Besuchen Sie uns im Internet:
www.wbg-wissenverbindet.de

ISBN 978-3-8062-3553-1

Elektronisch sind folgende Ausgaben erhältlich:
eBook (PDF): 978-3-8062-3607-1
eBook (epub): 978-3-8062-3608-8

1

Faszinierend wie das Meer ist auch seine Küste.

Rachel Carson (1907 bis 1964)

# Aus der Strandperspektive

**V**iele Menschen begeistern sich für die Berge und verbringen ihren Jahresurlaub in den höheren Mittelgebirgen oder den alpinen Landschaften – gewiss keine schlechte Wahl, denn zugegebenermaßen hat die Natur der Bergwelt ihre unstrittig erlebniswerten Besonderheiten. Festländisches Relief in allen Dimensionen von der kleinen Bodenwelle über moderate Hügel bis hin zu den schroffen Hochgebirgsgipfeln, die bis in die Höhenstufen des ständigen Schnees aufragen, ist aber zumindest zeitweilig Alltagserfahrung und insofern vielleicht doch nicht etwas so ganz Außergewöhnliches. Die Grenzsäume des Meeres – obwohl aus der Festlandperspektive ebenfalls terrestrisch – sind dagegen eine ganz andere und vielleicht sogar grundsätzlich verschiedene Welt. Nur an einem abgrundtiefen Kliff und selbst am seichten Sandstrand erfährt man als landverhaftetes Wesen eine bedenklich stimmende physische Grenze, die ohne beträchtliche technische Mittel nicht so einfach zu überschreiten ist. Das Weltmeer, die Gesamtheit der Ozeane und ihrer Rand- bzw. Nebenmeere, stellen immerhin den weitaus größten Flächenanteil der Erdkugel. Als genuines Landlebewesen, als Dörfler oder Städter, nimmt man diese beeindruckende marine Majorität in der Geosphäre jedoch gewöhnlich kaum wahr.

Diese Grenzerfahrung birgt etwas Elementares und auf jeden Fall Endgültiges. Fließende Übergänge – im wahrsten Sinne des Wortes – gibt es nur an den Mündungen der Flüsse in das Meer, an den Ästuaren. Vermutlich ist die scharfe Grenze ein integraler Bestandteil der besonderen Faszination, die gerade von Küsten und Stränden ausgeht und die Gefühlswelt ihrer Besucher zuverlässig vereinnahmt. Die-

se besondere Befindlichkeit lässt sich beim Beliebtheitsvergleich der gängigen Urlaubsregionen sogar in vergleichsweise banal anmutende Zahlen fassen: Weitaus mehr Ferien- und Urlaubsreisende wählen als Zielgebiete die Küstenregionen Europas und eben nicht die Gebirgslandschaften – selbst wenn man die notorisch überfüllten und von ihrem Naturerlebniswert eher nachrangigen mediterranen Gestade Italiens und Spaniens gar nicht berücksichtigt.

Glaubt man also den Statistiken der Touristikbranche, verbringen die weitaus meisten Menschen

△ **1.1** Strände findet man gewöhnlich dann am schönsten, wenn man sie ganz alleine erleben kann.

△ **1.2** Der Rand vom Land und das weite Meer versprechen geradezu elementare Begegnungen und Erlebnisinhalte.

ihre Ferien irgendwo am Meer – im Sommer zunehmend an den heimischen, in den kälteren Monaten an den außereuropäischen Küsten. Der Platz am Sandstrand in direkter Sicht- und Hörweite des Meeres hat eben etwas ungemein Beruhigendes und Erholsames – mit seinen unperiodischen Wechseln zwischen Fitnessphasen in den Wellen und kontemplativem Dösen im Strandkorb, auf dem weichen Seesand oder auf der Strandliege.

Möglicherweise schleicht sich aber angesichts der etwaigen gleichförmigen Tagesabläufe nach ein paar Tagen doch eine gewisse Monotonie ein und lässt den Wunsch nach etwas mehr Abwechslung aufkeimen. Zudem ist nach Tagen intensivster Betrachtung der Blick vom Strandliegeplatz, vielleicht mit Ausnahme der eventuell recht hübschen Platznachbarin, auch nicht mehr unbedingt so prickelnd wie am ersten Ferientag. Das Ambiente zeigt ansonsten überwiegend nur lineare Strukturen: Der Horizont verläuft erbarmungslos schnurgerade, die hoffentlich nur wenigen

Wolkenbänder darüber ruhen ebenfalls in der Waagerechten, und selbst die munter plätschernde Wasserlinie passt sich der allgemeinen Querstreifung äußerst harmonisch an. Also wirklich eine gewisse Monotonie – aber deswegen auch Eintönigkeit oder gar zunehmend unerträgliche Langeweile?

Das Eingangszitat oben lieferte die bedeutende und heute leider etwas in Vergessenheit geratene amerikanische Biologin Rachel Carson (1907 bis 1964), nachzulesen in ihrem schon vor über 50 Jahren geschriebenen und bemerkenswert erfolgreichen Buch *The Edge of the Sea*, das in viele Sprachen übersetzt wurde. Dieser zunächst vielleicht recht schlicht klingenden Feststellung ist tatsächlich nichts hinzuzufügen. Denn: Der Grenzsaum des Festlandes gegen das Weltmeer, von dem sich gerade oder demnächst ein kleiner (wenn nicht sogar nur minimaler) Ausschnitt direkt vor Ihnen ausbreitet, ist zweifellos einer der aufregendsten, interessantesten und spannendsten Erlebnisräume überhaupt. Weil man

▷ **1.3** Nicht selten überrascht der Spülsaum auch mit seltsamen Fundstücken: Kolonie des Zypressen-Moostierchens.

diese grandiose wässrige Welt nicht täglich vor Augen hat, erscheint hier vieles außergewöhnlich und großartig. Allerdings bedürfen die hervorhebenswerten Besonderheiten eines Küstenambientes durchaus der aktiven Wahrnehmung. „*Man sieht nur, was man weiß*", betonte bereits vor über 200 Jahren der für damalige Verhältnisse ungewöhnlich reiseerfahrene Johann Wolfgang von Goethe. Mit dieser einsichtigen Behauptung hat er zweifellos Recht. Aus heutiger Sicht wäre hinzuzufügen, dass nicht nur relativ abgedrehte Ferienaktivitäten wie Kitesurfen, Parasailing oder Wasserski (mit ihrem intrinsischen Potenzial für fast irreparable Bänderrisse …) eine besondere Herausforderung versprechen, die das Adrenalin in den Adern gleich milligrammweise kreisen lässt, sondern zweifellos auch solche, die zur Erkundung des neuen Umfeldes in seinen besonderen naturkundlichen Facetten verführen.

△ **1.4** Für manche der angespülten Objekte braucht man tatsächlich eine gute Lupe: Tentakelkränze einer Kolonie des Blätter-Moostierchens.

◁ **1.5** Herzmuscheln gehören in den Spülsäumen von Nord- und Ostsee zu den häufigsten Leerschalenfunden.

△ **1.6** Auch auf der Landseite eines Sandstrandes zeigen sich – wenn auch selten – betrachtenswerte Arten wie die überaus aparte Schöne Winde (*Calystegia pulchra*).

Selbstverständlich kann man am Strand einen ultimativen Thriller lesen, im neuesten Beziehungskrisenroman schmökern, ein Nachrichtenmagazin durchblättern (um sich von den meist eher unguten Entwicklungen in Politik und Wirtschaft kräftig die Laune vermiesen zu lassen) oder aber als bedenkenswerte Alternative den Fragen nachgehen, die das unmittelbare Ambiente sozusagen aufdrängt:

▸ Warum ist das Meerwasser so salzig?
▸ Was ist der Unterschied zwischen Ebbe und Niedrigwasser?
▸ Wie entstehen Rippelmarken?
▸ Was treibt eigentlich die Wellen an?
▸ Warum ist nasser Sand trittfester als trockener?
▸ Rauscht das Meer zu Hause im Schneckenhaus immer noch?

Gerade das Kontrasterlebnis des Feriengebiets Meeresküste überrascht schon allein aus der Strandkorb- bzw. Strandliegenperspektive bei genauerem Hinsehen mit mancherlei Unverstandenem und Unerklärtem. Während aller Urlaubstage versorgt Sie die Küstennatur unentwegt mit weiteren neuen Botschaften, Fragen und Überdenkenswertem. Die Revue des Rätselhaften beginnt bereits damit, dass sich Ihre Zehen beim nächsten Strandspaziergang leicht knir-

▽ **1.7** Zu den wesentlichen Erlebnisinhalten am Strand gehören natürlich die auf diesen Lebensraum spezialisierten Vogelarten wie der Seeregenpfeifer.

△ **1.8** Auch ohne heftig geräteunterstützte Animation verspricht der Strand eine Menge Infotainment.

schend in den weichen Sand bohren, weil hier unvermutet eine durchaus faszinierende Physik stattfindet. Da wäre auch an das ein wenig gespenstisch erscheinende Meeresleuchten zu denken, das kleine (und manchmal auch größere) Organismen verursachen. Kritische Fragen lösen gewiss auch die Schaumflocken am Strand aus, und seltsam unerklärlich erscheinen möglicherweise sogar die vielen Löcher in den Muschelschalen.

Strand und Küste versprechen somit in jedem Fall eine Menge Infotainment. Langeweile kann und sollte sich demnach gar nicht einstellen. Natürlich muss man für die vielen kleinen und zunächst einmal nicht so ganz vordergründigen Impulse aus dem unmittelbaren Umfeld empfänglich sein. Mit diesem Buch in der Hand werden Sie dafür aber garantiert nachhaltig sensibilisiert. Schon nach dem ersten Durchblättern und erst recht nach wenigen Leseproben werden Sie über die ungewöhnlich facettenreiche Natur der marinen Umwelt nur noch staunen. Die weitere Lektüre informiert Sie dann über Fakten und Phänomene aus der belebten und unbelebten maritimen Umwelt so gründlich, dass Sie ab sofort sogar

im Kreise anderer See- und Sehleute überaus kompetent mitreden und selbst manche angebotene Wette gewinnen können.

Alle Küsten bieten zwischen Düne, Kliff, Strand und Watt absolut faszinierende Natur pur – eine klare und zugegebenermaßen verführerische Einladung zum Entdecken, Erfahren und Erleben. Mit diesem Buch kann man die atlantischen Küstenlandschaften Europas genauer kennenlernen und – was die üblichen Reiseführer meist verschweigen – auch viel Spannendes über die hier beheimatete und sehr besondere Pflanzen- und Tierwelt erfahren.

Und noch etwas: Dieses Buch ist natürlich nicht nur strand- bzw. urlaubstauglich. Es eignet sich auch als Lektüre auf einer einsamen Insel. Selbstverständlich können Sie es auch ganz woanders lesen, beispielsweise in Bus oder Bahn. Aber verpassen Sie bitte nicht Ihre angepeilte Zielhaltestelle, wenn Sie eventuell davon träumen, an einem lauwarmen Sommerabend in tiefer Dunkelheit über einen spiegelglatten Strand zu laufen, um dem geheimnisvollen Meeresleuchten in den schäumenden Wellenkämmen der auflaufenden Brandung zuzusehen.

2

Das Meer ist eine große Verschönerung aller Landschaften.

Karl Friedrich Schinkel (1781 bis 1841)

# Vom Großen und Ganzen

**D**iese Erfahrung werden Sie vermutlich sofort bestätigen: Vom Wasser – und selbst von den kleinen Binnengewässern – geht erwiesenermaßen eine eigenartige Faszination aus. Als Kind haben Sie gewiss viel lieber an einem Bachufer oder Teichrand gespielt als auf der staubigen Straße. Dieser besonderen Vorliebe für das nasse Element kommt man heute in vielen (Groß-)Städten sinnvollerweise entgegen: Vielfach gibt es hier die bei Kindern außerordentlich beliebten Wasserspielplätze mit ihren vielen Aktionsmöglichkeiten. Die so schon frühzeitig begründete Affinität zum Wasser bleibt meist ein Leben lang erhalten. Wenn der Reisekatalog mit Südseestrand und Palmenhainen zielführend zur nächsten Urlaubsplanung motiviert, zeigt er zwar meist nur den Rand des Festlandes, lenkt aber die eigentlichen Sehnsüchte höchst wirkungsvoll auf das Großgewässer Meer.

Tatsächlich erleben wir vom Meer jedoch meist nur den unverhältnismäßig schmalen Küstensaum zwischen Hochwassermarke und Horizontlinie – aber der ist zweifellos schon spannend genug. Wenn man sich dagegen vergegenwärtigt, dass unsere Erde – zumindest nach ihrer Oberflächenbeschaffenheit – eher ein Wasserplanet ist, erscheint eine andere Sicht angemessen. Eine gewisse Einschätzung von den ozeanischen Weiten gewinnt man beispielsweise, wenn man als Zielgebiet des Traumurlaubs eine tropische Küste in der Karibik oder in Südostasien ansteuert und nun im Flieger mehrere Stunden über dem offenen Ozean zubringt. Der gelegentliche Blick aus dem Kabinenfenster zeigt nun wirklich nur Wasser – eine endlos schimmernde Fläche ein gutes Dutzend Kilometer tief unten. Manchmal erlebt man bei solchen Gelegenheiten jedoch nur horizontweite Wolkenfel-

der. Aber selbst diese sind eine wichtige Komponente der irdischen Wasserkreisläufe, denn seit Urzeiten ist das Wasser auch in der Atmosphäre ständig unterwegs. Und wer weiß: Was Sie ein paar Stunden später am Strand erfrischend umbrandet oder im nächsten Fünfuhrtee erfreut, könnte tatsächlich schon einmal die Träne eines kreidezeitlichen Dinosauriers gewesen sein. Denkbar wäre aber ebenso ein Tautropfen in irgendeinem vorantiken Paradiesgärten oder möglicherweise erst letztes Jahr ein Nebeltropfen im tropischen Regenwald.

## Unsere Welt ist weithin wässrig

Nur aus der landgebundenen und deswegen vertrauten Alltagsperspektive erscheint uns die Erde als eine weithin grüne Welt mit Wäldern und Wiesen. Schon aus dem erdnahen Weltraum präsentiert sie sich aber völlig anders – nämlich als blauer, weil wässriger Planet und sozusagen als ein *„strahlender Saphir auf mattschwarzem Samt"*, wie es der amerikanische Astronaut Neil Armstrong (1930 bis 2012) anlässlich einer seiner ersten Erdumrundungen während der Gemini-8-Mission (1966) aus dem damals noch ungewohnten Blickpunkt des Orbits bemerkenswert poetisch anmerkte. Zumindest bei oberflächlicher Betrachtung ist die Erde tatsächlich ein Wasserplanet. Schon die ersten buchstäblich weltumspannenden Kartierungen während der Entdekkungs- und Eroberungsexpeditionen der seefahrenden Iberer seit dem 15. Jahrhundert lieferten die damals durchaus überraschende und folgenreich wichtige Erkenntnis, dass unser Heimatplanet überwiegend ozeanisch ist: Von den später so recht genau vermessenen 510 Mio. km² Gesamtoberfläche sind nahezu 71 % oder 361,1 Mio. km² wasserbedeckt. Das knappe Drittel Festland, das den alltagsvertrauten festen Boden unter unseren Füßen stellt, gerät angesichts dieser Abmessungen beinahe zur Ausnahme. Die meisten Schulbücher bieten mit ihren überwiegenden Festlanddarstellungen insofern ein recht verschobenes und somit unzutreffendes Bild.

## Landansichten und Wasserpole

Aus mancherlei Gründen rücken also Schulatlanten und Weltkarten jeweils die Festländer in den Mittelpunkt der Betrachtung und zeigen von den einbettenden Ozeanen fast immer nur die randlichen Anschnitte. Dieses Bild ist nun in globaler Perspektive enorm korrekturbedürftig. Betrachtet man nämlich einen gewöhnlichen Schulglobus (oder gar – durchaus zeitgemäß – die virtuelle Erde im Internet) einmal so, dass einer der beiden Pole nahe der Loire-Mündung im nordwestlichen Frankreich liegt, hat man die sogenannte Landhalbkugel vor Augen: Man sieht dann von der Erde diejenige Hemisphäre mit dem ausgedehntesten Festlandanteil. Dieser umfasst erstaunlicherweise dennoch nur zu knapp 49 % Kontinent-

gebiet – etwas mehr als die Hälfte bleiben selbst aus dieser Perspektive ozeanisch wasserbedeckt.

Das fordert natürlich sofort zum Vergleich heraus: Es empfiehlt sich daher konsequenterweise eine alternative und womöglich viel angemessenere Ansicht der Erdkugel: Die Wasserhalbkugel der Erde mit dem größtmöglichen ozeanischen Anteil hat ihren Pol bei den Antipodeninseln südöstlich von Neuseeland – und hier umfasst sie immerhin rund 91 % Meer. Bei dieser Perspektive schaut man nun wirklich fast nur ins Blaue. Betrachtet man auf einem konventionellen Globus vergleichend die beiden durch den Äquator getrennten Nord- und Südhalbkugeln unserer Erde, so zeigt sich erneut und sicherlich gleichermaßen beeindruckend der erheblich größere Flächenanteil des Meeres: Auf der Südhemisphäre beträgt er rund 81 %, denn hier steuern eigentlich nur die Südspitzen der Großkontinente Südamerika und Afrika sowie die beiden Kleinkontinente Australien (einschließlich Neuseeland) zusammen mit der eisverschleierten Antarktis ein wenig zur Kontinentbedeckung bei. Auf der Nordhalbkugel schränken dagegen die große Landmasse von Nordamerika (mit Grönland) und der besonders flächengroße Kontinentblock Eurasien den ozeanischen Meeresanteil auf etwa 61 % ein. Die absolute Dominanz der Ozeane und ihrer Randgebiete besteht aber auch hier absolut ungebrochen.

## Etwa ein Eierbecher voll

Die insgesamt auf der Erde oberflächennah in der Atmosphäre (Lufthülle), der Hydrosphäre (Wasserhülle) und der Lithosphäre (Gesteine) vorhandene Gesamtwassermenge beträgt rund 1,37 Mrd. km³ – diese zugegebenermaßen schwer vorstellbare Menge entspricht einem Würfel mit einer Kantenlänge von annähernd 1100 km oder einer Kugel mit etwa 693 km Radius. Tatsächlich und nach dem oben Dargestellten ist diese irdische Hydrosphäre ganz überwiegend eine marine Umwelt: Immerhin umfassen die Weltmeere mit knapp 96,5 % Volumenanteil davon die weitaus größte Portion der aquatischen Lebensräume. Nur der ungleich kleinere Rest von annähernd 3,5 % ist Süßwasser. Der gesamte Süßwasservorrat macht demnach etwa 35 Mio. km³ aus – das

▽ **2.1** Vor allem den größeren Meerestieren steht ein geradezu gigantischer Lebensraum zur Verfügung.

ist trotz des globalen Anteils nur im einstelligen Prozentbereich immer noch mehr als das zehnfache Wasservolumen des Mittelmeeres. Etwas mehr als die Hälfte davon ist allerdings (bisher) in Gletschern, in der Schneeauflage der Hochgebirge und im Polareis gebunden. Lediglich der kleinere Rest von rund einem Fünftel (bestenfalls 0,52 % des Gesamtvorrats) bildet die Oberflächengewässer (Fließ- und Stillgewässer), die Bodenfeuchte sowie den nicht sichtbaren Grundwasservorrat in Boden bzw. Gestein. Noch viel weniger (deutlich unter 0,01 %) ist in sämtlichen Lebewesen der Biosphäre enthalten, obwohl diese im Durchschnitt zu über 60 % aus Wasser bestehen. Was an Wasser mit den Wolken unterwegs ist, darf man allerdings getrost vernachlässigen – es findet sozusagen erst ganz weit rechts vom Komma statt. Und falls es im Urlaub einmal regnen sollte, mag Sie die folgende Tatsache trösten: Von den allermeisten herabfallenden Wassertropfen werden Sie gar nicht einmal getroffen!

Die tatsächlichen Verhältnisse veranschaulicht der folgende Vergleich: Von einem haushaltsüblichen Wassereimer mit 10 L Fassungsvermögen, der modellhaft einmal für den Gesamtwasservorrat der Erde stehen möge, entspricht lediglich die Füllung eines Eierbechers (35 mL) der erlebbaren Wassermenge in Bächen, Flüssen und Seen. Der weitaus größere Rest ist also definitiv eine Domäne des marinen Salzwassers und somit marine Umwelt.

## Nur ein ganz dünner Film

Im globalen Maßstab betrachtet ist die festländische Biosphäre, der von Lebewesen aktiv und ständig besiedelte Raum, also wirklich nur ein fast unglaublich dünner Film: Vom tiefsten Wurzelraum der Pflanzen bis zu den Kronenspitzen der höchsten Bäume sind es selten mehr als 100 m. Wie gänzlich anders stellt sich im Vergleich dazu das weltumspannende Großgewässer Meer dar – die Ozeane und ihre Randmeere sind im Unterschied zum gesamten Festland nicht nur eine besiedelte Fläche, sondern sie erstrecken sich auch beträchtlich in die Tiefe. Im Extremfall sind es sogar über rund 11 000 m oder – vielleicht besser vorstellbar – rund 11 km. Und selbst die tiefsten Meeresgebiete sind tatsäch-

lich noch von Leben erfüllt. Mit ihren annähernd 1,38 Mrd. km³ Rauminhalt trägt die marine Umwelt die übliche Kennzeichnung Lebens*raum* daher ungleich zutreffender als der vergleichsweise dünne und tatsächlich von Leben erfüllte biosphärische Bereich, der Tiefebenen und Bergländer des Festlandes mit einer grünen Pflanzendecke und der begleitenden Tierwelt – nur als vergleichsweise dünner Film – überzieht.

Nur wenn man die aus der Oberflächenansicht so überaus dominante wässrige Welt wieder zur Gesamtmasse unserer Erdkugel in Beziehung setzt, schwinden auch die gewaltigen Wassermengen der

△ **2.2** Ob reißende Wasserfälle wie in Island oder eher beschauliche Voralpenseen – die Süßwasservorräte schwinden im Vergleich zur marinen Umwelt fast zum Nichts.

Ozeane überraschenderweise fast zum Nichts: Auf einem gewöhnlichen Schulglobus von 40 cm Durchmesser würde die durchaus beträchtliche mittlere Meerestiefe lediglich eine Wasserhaut von 0,1 mm Dicke ausmachen – nicht einmal so viel, wie ein paar Seiten dieses Buches dick sind. So betrachtet würden die Ozeane trotz ihrer gewaltigen Breiten- und Tiefenausdehnung ebenfalls nur einen dünnen Film bilden, gleichsam lediglich als Feuchtebelag des Festkörpers Erde. Das Massenverhältnis des Gesamtfestkörpers Erde zu seinem Gesamtwasservorrat beträgt nämlich nur etwa 5000 : 1. Das ist zwar reichlich schmächtig, aber in seinen Erlebniswerten in jedem Fall einfach großartig.

▽ **2.3** Obwohl es sich fallweise recht wild gebärdet, ist das Meer im globalen Maßstab nur ein dünner Film auf unserer Erdkugel.

### Die Sieben Meere

*Seven Seas* heißt ein längst außer Dienst gestelltes und heute an einer Mole im Hafen von Vancouver (British Columbia/Kanada) fest vertäutes Passagierschiff, das zu einem unterdessen äußerst beliebten Restaurant ausgebaut wurde und an der kanadischen Westküste eine weithin bekannte Gourmetadresse ist. Die in seinem Namen zitierten *Sieben Meere* sind in der Seefahrt schon seit vielen Jahrhunderten ein besonderer Topos. Bereits in der Antike taucht das Bild mit der aus mancherlei Gründen überaus beliebten Siebenzahl bei verschiedenen Autoren auf, wobei darin natürlich auch von Anfang an ein wenig altorientalische Zahlenmystik im Spiel sein mag. Je nach

Herkunft und Zeitstellung verband man damit allerdings einen unterschiedlichen Bedeutungsumfang. Zunächst waren es natürlich die im Altertum recht gut bekannten und deswegen gesondert benannten Teile des Mittelmeeres, nämlich (von West nach Ost):

1. Ligurisches Meer
2. Tyrrhenisches Meer
3. Adriatisches Meer
4. Ägäisches Meer
5. Ionisches Meer
6. Schwarzes Meer
7. Rotes Meer

Andere antike Quellen benennen das Mittelmeer dagegen in zwei Teilen (östliches und westliches Mittelmeer), Schwarzes Meer, Kaspisches Meer, Rotes Meer (Indik), Atlantik und überraschenderweise auch die Nordsee. Nach einem von Plinius überlieferten Bericht segelten römische Flottenteile bereits um 5 v. Chr. an Helgoland vorbei und landeten schließlich sogar in Nordjütland. Auch in der späteren Literatur wurde das Motiv der *Sieben Meere* häufig aufgegriffen. Einer der bekannteren Titel ist Rudyard Kiplings (1865 bis 1936) Gedichtsammlung *Seven Seas*, erschienen 1898. Zudem greifen den Titel mehrere (meist relativ unsägliche) Hollywood-Produktionen auf.

## Fünf Meere und drei Ozeane

Die heute übliche und primär nach der Lage der Kontinente vorgenommene Grobeinteilung der Weltozeane in Atlantik, Indik und Pazifik füllt den überkommenen und literarisch reichlich strapazierten Begriffsrahmen der *Sieben Meere* zugegebener

maßen nicht so recht oder ganz anders aus. Schon Kipling unterschied daher später Nord- und Südatlantik, Nord- und Südpazifik sowie Nördliches und Südliches Eismeer. Zusammen mit dem ungegliederten Indik wäre damit die mystische Siebenzahl allerdings wieder komplett. Dieser Einteilung folgt weitgehend sogar die moderne Ozeanographie, meist jedoch ohne weitere Unterteilung von Atlantik bzw. Pazifik und mit einer besser angepassten Benennung, sodass man heute eher von fünf Meeren sprechen sollte: Im Jahre 2000 legte die *International Hydrographic Organization* für das Nördliche Eismeer, das lange Zeit einfach dem Atlantik zugerechnet wurde, den Namen Arktischer Ozean (*Arctic Ocean*) fest und für das südhemisphärische Gegenstück die Bezeichnung Südozean (*Southern Ocean*). Der Blick auf einen Globus bestätigt diese logisch erscheinende Einteilung: Der Arktische Ozean oder Arktik, wie er im deutschsprachigen Schrifttum gewöhnlich zitiert wird, ist ein ringsum von Kontinentalmassen abgeschlossenes Meeresbecken, das nur über die schmale, höchstens 40 m tiefe Beringstraße zwischen Nordamerika und Ostasien sowie über das vergleichsweise enge Europäische Nordmeer zwischen Skandinavien und Grönland mit dem übrigen Weltozean in Verbindung steht. Für den Südozean fehlt eine klare naturräumliche Abgrenzung. Hier wählte man deshalb einfach einen Breitenkreis: Zum Südozean gehört demnach die gesamte Wasserfläche zwischen den antarktischen Küsten und einem Gebiet bei 60° S.

Die Grenzen zwischen den klassischen Ozeanen waren dagegen einfacher zu ziehen, bedurften aber ebenfalls einer stabilen internationalen Überein

| | Atlantik | Indik | Pazifik | Arktik | Südozean |
|---|---|---|---|---|---|
| Fläche (Mio. km²) | 86,9 | 70 | 169,8 | 14 | 20,3 |
| Durchschnittliche Tiefe (m) | 3605 | 3854 | 4001 | 1430 | 4500 |
| Größte Tiefe (m) | 8605 | 7455 | 11 022 | 5625 | 7235 |
| Größte Breite (km) | 7900 | 10 200 | 18 000 | 3200 | 2700 |
| Größte Länge (km) | 14 120 | 9400 | 13 900 | 5000 | 21 500 |
| Küstenlänge (km) | 111 866 | 66 526 | 135 663 | 45 389 | 17 968 |
| Jährlicher Niederschlag (cm) | 78 | 101 | 121 | | |
| Jährlicher Zufluss von Land (cm) | 20 | 7,5 | 6 | | |
| Jährliche Verdunstung (cm) | 104 | 138 | 114 | | |
| Wasseraustausch (cm) | 6 | 30 | 13 | | |

kunft. Seit 1963 gilt für die Südhalbkugel folgende Regelung:

▸ Grenze zwischen Atlantik und Indik: Südspitze Afrikas/Kap Agulhas (20° O)
▸ Grenze zwischen Atlantik und Pazifik: Südspitze Südamerikas/Kap Hoorn (68° W)
▸ Grenze zwischen Pazifik und Indik: Südspitze Tasmaniens (147° O).

## Von Rand- und Mittelmeeren

Für die kleineren Anhängsel und Randgebiete der Weltmeere, die jeweils von den großen Ozeanen topographisch ziemlich deutlich abgegrenzte Meeresgebiete darstellen, hat man gesonderte Bezeichnungen und Einteilungen eingeführt. Entweder fasst man sie einfach als Nebenmeere zusammen oder unterscheidet sie nach den Abmessungen ihrer Verbindungen zum jeweiligen Ozean als Rand- bzw. Mittelmeere.

Randmeere sind nach dieser Sicht breite Einbuchtungen, die fallweise von Inselbögen abgegrenzt sind. Ein solches typisches Randmeer ist unsere Nordsee. Andere bedeutende Randmeere sind das Japanische oder das Südchinesische Meer. Wenn der Zugang zum offenen Ozean nur relativ schmal und das Meeresgebiet ringsum von Festlandgebieten umschlossen ist, spricht man dagegen von einem Mittelmeer. Diese Voraussetzung erfüllen außer dem Europäischen Mittelmeer (Mediterraneis) überraschend auch die Ostsee, der Persische Golf sowie die Hudson Bay. Beim Golf von Mexiko und bei der Karibik streiten sich die Ozeanographen schon seit Jahrzehnten: Überwiegend fasst man sie als Mittelmeere auf, doch könnte man sie auch als Randmeere kategorisieren.

Eine alternative Einteilung wäre den tatsächlichen Gegebenheiten eventuell viel angemessener: Zu unterscheiden wären demnach flache Transgressions- oder Schelfmeere (Nordsee, Ostsee, Hudson Bay und Gelbes Meer) von den kontinentalen Tiefenmeeren mit eigenen Tiefseebecken (Europäisches Mittelmeer, Golf von Mexiko, Karibik und Südchinesisches Meer).

## Strand und Küste

Fragen Sie im Umkreis Ihrer Bekannten und Freunde gelegentlich doch einmal kritisch nach, was denn eigentlich eine Küste ist und worin der Unterschied zum Strand besteht. Man wird erwartungsgemäß heftig um eine brauchbare Antwort ringen. Geographen und Geomorphologen bemüh(t)en sich zu Recht schon seit Langem um eindeutige, wenn-

## Meer oder See?

Im Alltagsdeutsch scheinen die Begriffsinhalte von Meer und See klar festgelegt: Ein Meer ist eben ein Teil eines Ozeans, und *der* See ist ein Binnengewässer. Nun gibt es aber die längst eingeführten Bezeichnungen *die* Nordsee sowie *die* Ostsee. Außerdem heißt es im Bekanntenkreis schon mal euphorisch: Dieses Jahr machen wir Ferien *an der See*. *Die* See entspricht dem niederdeutschen Sprachgebrauch – und führt immer Salzwasser.

Im Niederländischen ist die Sache noch eindeutiger, aber aus unserer Sprachperspektive zugleich verwirrender. Das Wort *zee* bezeichnet in jedem Fall ein Randmeer (wie die *Noordzee*), während ein *meer* generell ein Binnengewässer ist. Das beste Fallbeispiel bietet die (frühere) *Zuiderzee*, die nach Fertigstellung des Abschlussdeiches (1932) zum Binnengewässer wurde und nun die Bezeichnung *IJsselmeer* trägt – benannt nach der einmündenden Gelderse IJssel, die zum Rheindelta gehört und vom Neder Rijn abzweigt.

gleich nicht immer besonders „handliche" Fachdefinitionen. Im Fall der Küste hat man sich auf das Gebiet zwischen der obersten bzw. äußersten landseitigen und der untersten bzw. äußersten seewärtigen Einwirkung der Brandung verständigt. Den geläufigen Begriff der Küstenlinie sehen vehemente Sprachpuristen kritisch, weil der Begriff der Küste ohnehin immer etwas Linienhaftes einschließt. Die Geowissenschaftler kümmern sich aber nicht um solche Empfindlichkeiten und legen mit dieser Bezeichnung den Verlauf des mittleren Wasserstandes bzw. bei Gezeitenküsten die Linie des mittleren Tidehochwassers fest. Ein Strand ist im Sprachgebrauch der Geographen ein flacher Uferstreifen aus Sand oder (schlimmstenfalls) Geröll, auf dem man problemlos einen Strandkorb aufstellen oder ein sonstiges „Urlaubs-Tagesdomizil" etablieren kann.

Man kann es aber auch viel einfacher ausdrücken: Unter Küste versteht man alle Anteile der Landschaft im Übergangsbereich zwischen Meer und Land. Sie schließt damit den gesamten Raum ein, den das Meer direkt beeinflusst, und besteht aus Ufer und Schorre. Zum Ufer gehört der Strand, zur Schorre die vorgelagerte Flachwasserzone (Abb. 2.9). Vor allem das Salzwasser bestimmt die natürliche landseitige Grenze des Ufers. Gischt und Hochwasser tragen bei auflandigen Winden Meersalz in die terrestrischen Böden und beeinflussen damit die Vegetation. Die amtlich gezogene Grenze des Uferbereichs legt vielerorts jeweils der behördliche Küstenschutz fest, gegebenenfalls mit der gewählten Deichhöhe über dem Meeresspiegel.

### Die Erde – ganz exakt vermessen

Wenn die Erde tatsächlich eine (angenäherte) Kugelgestalt aufweist, ist natürlich auch das Wissen von ihrer tatsächlichen Größe von Interesse. Bereits im Altertum gab es dafür entsprechende Bestimmungsversuche. Die erste zuverlässig überlieferte Ermittlung des Erdradius führte der aus dem heutigen Libyen stammende Astronom Eratosthenes (ca. 284 bis 202 v. Chr.) in Ägypten durch: Er verglich die Winkelhöhen des sommerlichen Sonnenhöchststandes zur Mittagszeit in Alexandria und Syene (heutiges Assuan). Beide Orte liegen ungefähr auf dem gleichen Meridian und unterscheiden sich in der geographi-

△ **2.8** Strand und Küste gehören eng zusammen, bezeichnen aber verschiedene Teile.

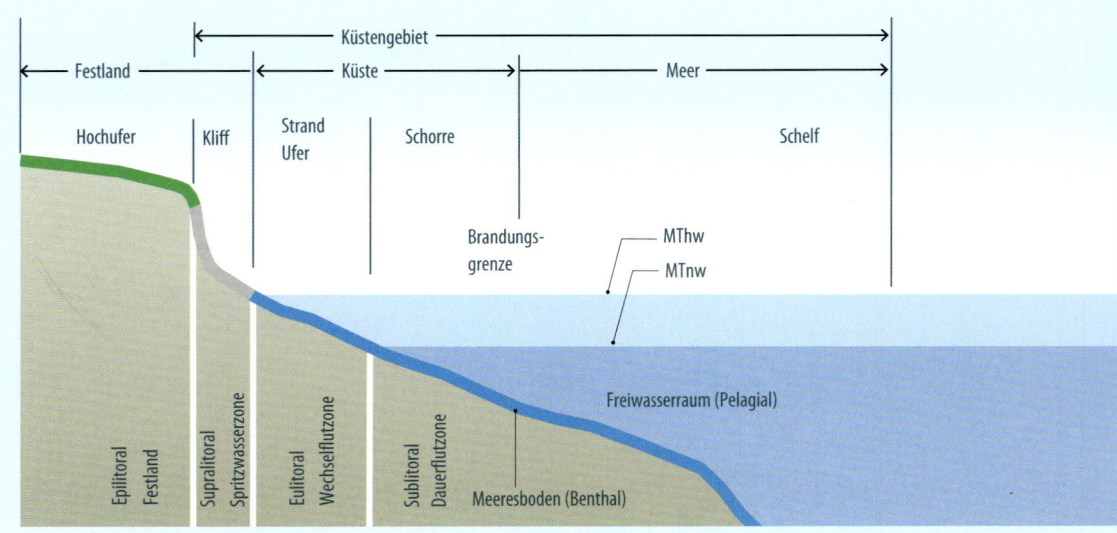

▷ **2.9** Strand und Küste sind nicht das Gleiche. Für die verschiedenen Teilbereiche besteht ein genaueres Begriffssystem: MTHw – Mitteltidenhochwasserlinie, MTnw – Mitteltidenniedrigwasserlinie (S. 68).

schen Breite um 7,2°. Mit einer einfachen trigonometrischen Rechnung ermittelte Eratosthenes daraus den Erdumfang von 250 000 Stadien. Weil das antike Längenmaß Stadion jedoch nicht unbedingt exakt festgelegt war und mit 150 bis 200 m angegeben wird, liegt der daraus rechnerisch abgeleitete Erdradius irgendwo zwischen 6000 und 8000 km – angesichts der damals verfügbaren Methoden sicherlich keine üble Erstlösung. Der arabische Mathematiker Abu r-Raihan Muhammed ibn Ahmad (auch Beruni genannt, 973 bis 1050 n. Chr.), einer der vielseitigsten Gelehrten der islamischen Welt im frühen Mittelalter, verfeinerte den Erdradius im Jahre 1023 gar schon auf 6339,6 km. Damit war die Größe der Erde bereits zu Beginn des Entdeckerzeitalters erstaunlicherweise bis auf einige Prozent genau bekannt.

Frankreich spielte in der Geschichte der weiteren und noch genaueren Erdvermessung eine besondere Rolle. Eine der ersten Gradmessungen unternahm im Jahre 1524 der französische Arzt Jean François Fernel (1497 bis 1558), ab 1556 Leibarzt Henri II. in Fontainebleau, auf einer geraden und ziemlich genau nord-südlich von Amiens nach Paris verlaufenden Straße. Der Breitenunterschied zwischen beiden Orten (etwa 1°) war seinerzeit bereits bekannt. Die genaue Weglänge ermittelte der Mediziner mithilfe seines Reisewagens: Er zählte während der Fahrt ganz einfach die Umdrehungen eines markierten Wagenrades, brachte eine geschätzte Korrektur wegen der Wegeneigung durch Täler und Hügelland an und kam

immerhin auf einen durchaus vertretbaren Wert von (umgerechnet) etwa 110 km. Die gleiche Straße, genauer den Abschnitt zwischen Sourdon (südlich von Amiens) und Malvoisine (nördlich von Paris) verwendete Jean Picard (1620 bis 1682) für die erste exakte Meridianmessung nach der von dem Niederländer Willebrord Snel van Royen (latinisiert Snellius, 1580 bis 1626) eingeführten Triangulationsmethode mit Fadenkreuz und Fernrohr. Den Erdumfang errechnete er zu 39 800 km – das sind nach heutiger Kenntnis tatsächlich nur etwa 0,5 % zu wenig.

Sogar der berühmte Isaac Newton (1643 bis 1727) hat den Picard'schen Wert für seine himmelsmechanischen Berechnungen der Erdbewegung(en) verwendet und kam außerdem zu dem Schluss, die Erde müsse wegen ihrer Drehbewegungen ein von der idealen Kugelgestalt abweichender Rotationskörper sein. Dafür gab es zu diesem Zeitpunkt auch schon die unmittelbare Anschauung: Mit verbesserten astronomischen Fernrohren erkannte man im frühen 17. Jahrhundert, dass auch die Riesenplaneten Jupiter und Saturn keine ganz exakten Kugeln darstellen, sondern an den Polen etwas abgeplattet sind. Somit lag der Schluss nahe, dass dies ebenso für den allmählich als solchen akzeptierten Planeten Erde gilt. Der ganz genaue und direkte Nachweis sollte durch eine möglichst exakte Gradmessung erbracht werden, denn wegen der unterschiedlichen Oberflächenkrümmung eines Ellipsoids muss der Abstand zwischen zwei äquatornahen Breitenkreisen geringer sein als zwischen zwei polnahen. Daher ließ die Pariser Akademie der Wissenschaften in den Jahren 1735 bis 1744 je eine Expedition nach Lappland und nach Peru durchführen. Die dabei vorgenommenen Gradmessungen ergaben tatsächlich Unterschiede und verhalfen mit ihrer beachtlichen Genauigkeit im Bereich von 0,02 % so der zunächst noch umstrittenen Abplattungstheorie zum endgültigen Durchbruch. Die Unterschiede der Achsenabmessungen sind mit 1 : 298,25 oder 3,335 ‰ nicht allzu beträchtlich, aber folgenreich. Wie groß der daraus bestimmte Erdradius nun tatsächlich ist, hängt wiederum vom verwendeten kubischen Modell der Erde ab. Die heute häufig verwendeten Werte sind in Tabelle 2 dargestellt.

Heute nimmt man den Breitenabstand zwischen dem Pol und dem 89. Breitengrad mit 111,7 km an, den zwischen Äquator und dem 1. Breitengrad mit 110,6 km. Den 60. Teil vom Durchschnittsabstand zwischen zwei Breitenkreisen (= 111,15 km), entsprechend 1 Bogenminute auf einem Meridian, legte man übrigens praktischerweise als Einheit für die Seemeile (sm) fest: 1 sm = 1,852 km.

Die französischen Gradmessungen in Lappland und in Südamerika sind aus einem weiteren Grund bemerkenswert: Sie waren nämlich der unmittelbare Anlass für die Suche nach einem genauen und wissenschaftlichen Kriterien genügenden Längenmaß. Die zuvor verwendeten Längenmaße waren allesamt willkürlich festgelegt und variierten regional so stark, dass zuverlässige Vergleiche kaum möglich waren. Nachdem Gestalt und Größe der Erde einigermaßen und für damalige Verhältnisse erstaunlich genau bekannt waren, führte der französische Nationalkonvent am 7. April 1795 als verbindliche neue Längeneinheit den Meter (m) als den zehnmillionsten Teil eines Erdquadranten ein – der kürzesten Verbindungslinie zwischen Pol und Äquator. Der neue internationale Meter wurde 1893 auch in Deutschland eingeführt. Friedrich Wilhelm Bessel (1784 bis 1846), Direktor der Sternwarte in Königsberg, stellte durch genauere Beobachtung und Berechnung fest, dass die angegebenen 10 000 000 m oder 10 000 km jedoch nicht ganz exakt der Länge eines Erdquadranten entsprechen – der daraus abgeleitete Meter

ist tatsächlich 0,22883 mm zu kurz. Nun ja. Nach diversen weiteren Festlegungsversuchen verwendet man seit 1960 für die Definition des Meters ein anderes Naturmaß, nämlich die Wellenlänge des Lichtes in der orangen Spektrallinie eines Isotops des Elements Krypton ($^{86}$Kr), genauer die Strahlung beim Übergang vom 5d- zum $2p_{10}$-Zustand: 1 m ist das 1 650 763,73-Fache dieser Wellenlänge.

## Bergeshöhen und Meerestiefen

Wer gewinnt nicht gern eine aussichtsreiche Wette? Das folgende Problem garantiert Ihnen eine sichere Ausgangslage. Überraschen Sie bei nächster Gelegenheit Ihren Bekannten- oder Freundeskreis mit der vermeintlich simplen Frage, welche Stelle der Erde am weitesten vom Erdmittelpunkt entfernt ist. Mehrheitlich werden Ihre Gesprächspartner etwas gelangweilt lächeln und sofort auf den 8848 m hohen Gipfel des Mount Everest in Nepal verweisen. Wetten Sie getrost dagegen – denn die vorschnell angebotene Antwort stimmt so tatsächlich nicht.

Um Ihre Diskussionsrunde von den wirklichen Sachverhalten zu überzeugen, müssen wir allerdings ein wenig ausholen. Der Grund liegt nämlich in der von der idealen Kugelform deutlich abweichenden Geoidgestalt der Erde. Im heute üblicherweise verwendeten internationalen Referenzellipsoid weist die Erde einen äquatorialen Radius $r_a = 6 378 160$ m und einen polaren $r_b = 6 356 775$ m auf. Der Unterschied beider Halbmesser beträgt demnach runde, aber durchaus folgenreiche 21,4 km. Nun aber auf dieser sicheren Basis der Reihe nach:

▶ Der auf rund 28° N (ganz genau 27° 59' N) liegende Fußpunkt des Mount Everest ist wegen der pol-

▽ **Tab. 2:** Die Erdradien werden immer genauer.

| Ellipsoidbestimmung | Jahr | Äquatorradius rA (m) | Polradius rP (m) |
|---|---|---|---|
| in Peru/Lappland | 1740 | 6 379 500 | 6 349 600 |
| durch Bessel | 1841 | 6 377 397,15 | 6 356 078,96 |
| durch Hayford | 1910 | 6 378 388,0 | 6 356 911,94 |
| mit Internationalem Referenzellipsoid | 1967 | 6 378 165,0 | 6 356 779,70 |
| mit Messsatellit WGS72 | 1972 | 6 378 135,0 | 6 356 750,50 |
| mit Messsatellit GRS80 [GPS] | 1979 | 6 378 137,0 | 6 356 752,31 |

wärts abnehmenden Abmessungen der Erdradien vom Erdmittelpunkt weniger weit entfernt als ein beliebiger Standpunkt auf dem Äquator, nämlich „nur" 6 371 507 m. Der Hauptgipfel erhebt sich somit auf 6 371 507 m + 8848 m = 6 380 354 m über das globale Massezentrum Erdmittelpunkt.

▶ Wechseln wir die Szene und lösen damit die Wette auf: Der eindrucksvolle 6272 m hohe Chimborazo in den ecuadorianischen Anden liegt fast auf dem Äquator – genau auf 1° 28' S. Der Gipfel ist unter Berücksichtigung des Erdradius seiner geographischen Position 6 378 137 m + 6272 m = 6 384 409 m vom Erdmittelpunkt entfernt und damit tatsächlich rund 4 km weiter als der Gipfelbereich des Mount Everest. Ach so!

▶ Fazit: Sie haben die Wette gewonnen!

Wissenschaftshistorisch ist der bilderbuchschöne und nach verbreiteter Vulkanmanier ziemlich freistehende Chimborazo übrigens ungleich bedeutsamer als der in seinem vielgipfligen Umfeld eher unspektakulär wirkende und heute sogar arg überlaufe-

ne Mount Everest. Immerhin war er der Gegenstand einer der beiden wichtigsten geodätischen Expeditionen, die Frankreich im 18. Jahrhundert ausrüstete, um genauere Daten zur Polabplattung bzw. Äquatorialaufbauchung der Erde gewinnen zu lassen: Charles-Marie de la Condamine (1701 bis 1774) war 1735 bis 1744 im Hochland zwischen Ecuador und Peru unterwegs und vermaß dort die genaue Lage und Höhe dieses besonders eindrucksvollen, weil völlig frei stehenden vulkanischen Bergriesen. Alexander von Humboldt (1701 bis 1859) und sein begleitender Pariser Freund, der Botaniker Aimé Bonpland (1773 bis 1858) bestiegen ihn zusammen mit einem Einheimischen am 23. Juni 1802 bis zu einer Höhe von 5760 m. Damit stellten sie übrigens einen viele Jahrzehnte gültigen Höhenrekord auf.

Für den höchsten Berg Südamerikas, den 6959 m hohen Aconcagua in Chile (genaue Position: 32° S), stellt sich die absolute Höhenlage in Bezug auf den Erdmittelpunkt dagegen folgendermaßen dar: Der zugehörige Erdradius seiner Zentralkoordinaten beträgt 6 370 534 m, die Distanz zum Erdmittelpunkt

▽ **2.10** Die äquatornahen Andenvulkane sind vom Erdmittelpunkt viel weiter entfernt als der Mount Everest.

folglich 6 377 493 m und damit tatsächlich fast 7 km weniger als beim Chimborazo. Dafür findet sich aber auf der Breitenlage des Aconcagua eine andere Besonderheit, nämlich die größtmögliche Höhendifferenz bei gleichzeitig kürzestmöglicher Horizontalentfernung: Nur knapp 300 km westlich vom imposanten Gipfel dieses Andenvulkans erstreckt sich vor der chilenischen Küste der Atacama-Graben, der hier bis zu rund 8000 m tief ist. Das ergibt immerhin einen Vertikalabstand der Höhen- und Tiefenpunkte von fast 15 km in vergleichsweise enger räumlicher Nachbarschaft. Vom Mount Everest bis zur tiefsten Stelle im Sundagraben vor Java sind es dagegen 5340 km, und bis zum Vitiaz-Tief im Marianengraben müsste man sogar knapp 6000 km zurücklegen.

Würde man die Höhen auf der Erde nicht auf die – mittelfristig betrachtet – recht veränderliche Größe Meeresniveau beziehen, sondern wie beim Erdnachbarn Mond oder den genauer vermessbaren Planeten auf die jeweils tiefstgelegene Ebene in der näheren umgebenden Nachbarschaft, ergäbe sich wiederum ein abweichendes Bild: Vermessungstechnisch solchermaßen behandelt wäre tatsächlich das Massiv des 4168 m hohen Mauna Loa auf Hawaii der absolut höchste Berg der Erde: Vom direkten Umfeld

seiner Basis, dem Tiefseeboden der Pazifischen Platte, bis zum Gipfel des Vulkanberges sind es immerhin stolze 9118 m.

## Der Horizont – weit oder sogar sehr weit entfernt?

Wenn nicht gerade eine vorgelagerte Insel den Blick verstellt oder tief hängende Wolken die Aussicht vernebeln, erscheint die konturscharf gegen den Himmel abgegrenzte Horizontlinie geradezu gigantisch weit entfernt. In welcher Entfernung sie ernüchternderweise tatsächlich verläuft, ist rechnerisch ziemlich einfach zu ermitteln (Abb. 2.12). Man benötigt dazu lediglich

▶ den Erdradius r am Beobachtungsort (für einen Urlaubsort an Nord- oder Ostsee gemittelt auf 6365 km),

▶ die Augenhöhe a des Beobachters über NN,

▶ den Satz des Pythagoras für rechtwinklige Dreiecke mit (r + a) als Hypotenuse, r als großer und e als kleiner Kathete,

△ 2.11 Wie weit ist es wohl bis zum Horizont?

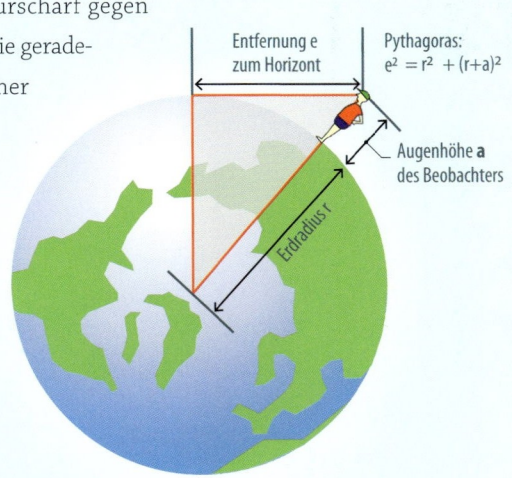

△ 2.12 Die Entfernung des Horizonts – mit Pythagoras schnell bestimmt

| Wer blickt zum Horizont? | Augenhöhe (m) | Standort- höhe (m) | der Horizont ist … km entfernt |
|---|---|---|---|
| Hund direkt am Strand | 0,50 | 0 | . . . . . . . . . . . . . . . . |
| Kind in der Sandburg | 1,30 | 1,50 | . . . . . . . . . . . . . . . . |
| Mannequin auf dem Liegehandtuch | 1,60 | 2,00 | . . . . . . . . . . . . . . . . |
| Gast in der Strandbar | 1,90 | 3,50 | . . . . . . . . . . . . . . . . |
| Urlauber auf dem Balkon seines Zimmers mit Seeblick in der 3. Etage des Strandhotels | 1,70 | 12,00 | . . . . . . . . . . . . . . . . |
| Inselbesucher auf der Klippe von Helgoland | 1,80 | 50,00 | . . . . . . . . . . . . . . . . |
| fliegende Silbermöwe | 0,05 | 100,00 | . . . . . . . . . . . . . . . . |

△ **Tab. 3**: Wie weit reicht mein Horizont?

▷ einen Taschenrechner, ein Handy mit Rechnerfunktion oder eine gewisse Genialität im Quadrieren und Radizieren unhandlicher Zahlen per Kopfrechnen.

Der Satz des Pythagoras für rechtwinklige Dreiecke beliebiger Größe lautet für die angegebenen Seitenbezeichnungen N (Abb. 2.12):

$$e^2 + r^2 = (r + a)^2$$

An den deutschen Nord- und Ostseeküsten ist man wegen der Polabplattung der Erde etwas weniger weit vom Erdmittelpunkt entfernt als am Äquator. Nimmt man 54° N als durchschnittliche geographische Breitenlage unserer heimischen Küsten an, beträgt der Erdradius hier daher abgerundet 6365 km.

▽ **2.13 Potsdamer Kartoffel (Abb.: GFZ)**

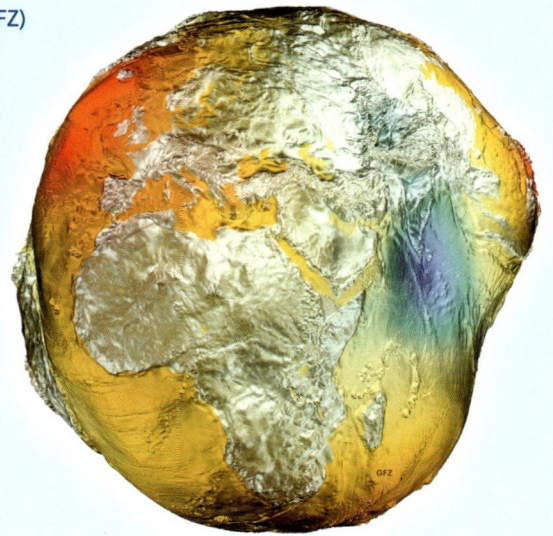

Wert a setzt sich aus der Standorthöhe über dem Meer und der Körpergröße (genauer: Augenhöhe) des Beobachters zusammen. Steht der Beobachter direkt an der Wasserlinie, entspricht a seiner Augenhöhe. Befindet er sich auf der Aussichtsplattform eines Leuchtturms, muss man natürlich die Turmhöhe hinzuzählen.

Die entsprechenden Werte setzt man in die Pythagoras-Formel ein und löst sie nach der Entfernung e auf. Die Tabelle 3 können Sie somit leicht selbst ergänzen …

Die Damen mögen es bitte nachsehen, dass ihre männlichen Begleiter wegen deren durchschnittlich überragender Körpergröße – pardon – meist auch den etwas weiteren Horizont haben.

## Notizen zur Potsdamer Kartoffel

Obwohl simple Seelen früher tatsächlich glaubten, die Erde sei einfach eine flache Scheibe, war den einsichtigen Naturkundigen schon im Altertum die Kugelgestalt der Erde vertraut. Aber erst nachdem der geniale Galileo Galilei im Jahre 1610 das astronomische Fernrohr erfunden und sofort erfolgreich eingesetzt hatte, konnte man die (angenäherte) Kugelgestalt der übrigen Planeten mit instrumenteller Hilfe sogar direkt beobachten. Somit lag erneut der Schluss nahe, dass auch die Erde ein kugeliges Raumgebilde darstellen müsse. Heute führen uns faszinierende Fotografien aus dem erdnahen Weltraum eine recht ebenmäßig erscheinende Krümmung der Erdoberfläche vor Augen.

Mit der Ablösung des einfachen und zudem idealisierten Kugelmodells der Erde durch das messtechnisch ermittelte Rotationsellipsoid – das man auf modernen Satellitenbildern der Erde tatsächlich als leichte äquatoriale Aufbauchung erkennen kann – war die wahre Erdgestalt bereits im 18. Jahrhundert erstaunlich gut bekannt. Angesichts der damaligen messtechnischen Möglichkeiten darf man diese Erkenntnis durchaus als besonders bewundernswerte Leistung einstufen. Heute weiß man es allerdings noch viel besser. Die wirkliche Gestalt der Erde weicht nämlich vom mathematisch ermittelten und gleichförmig erscheinenden Ellipsoid gebietsweise stärker ab, weil sich die Erdoberfläche unter dem jeweiligen Schwerefeldeinfluss ungleichförmiger Dichteverteilungen im Erdinneren verformt hat – sie beult sich' regional entweder auf oder ist deutlich eingedellt. Die tatsächlichen Abweichungen betragen nach unten oder oben maximal etwa 100 m. Ihr Strandkorb auf Spiekeroog oder Sylt steht tatsächlich auf einer Beule, die sich ungefähr 60 m über dem idealisierten Rotationsellipsoid erhebt. Die Strandliege beim nächsten Urlaub auf Antigua oder Barbados in der Karibik ruht dagegen in einer Delle etwa 70 m unter der vereinfachten Bezugsfläche. Wenn man mit einem tauglichen Wassergefährt auf den Weltmeeren unterwegs ist, geht es also regional erstaunlicherweise tatsächlich bergab und bergauf.

Das reale, als wahre Erdfigur definierte Gebilde, das physikalisch korrekt die Fläche des gleichen Schwerepotenzials abbildet und mit dem theoretischen mittleren Meeresspiegel zusammenfällt, bezeichnet man als Geoid. Am Geo-Forschungszentrum Potsdam hat man im Jahre 2002 dazu aus Tausenden Datensätzen von gut zwei Dutzend Vermessungssatelliten ein bildhaftes und beeindruckendes Modell errechnet. Es gibt die Unterschiede zum idealen bzw. regelmäßigen Ellipsoid plastisch wieder und zeigt die Erde nach starker Überhöhung der Vertikalabstände eher in der Form einer Kartoffel bzw. in birnenförmiger Kontur. Als *Potsdamer Kartoffel* ist diese Darstellung unterdessen geradezu ein Klassiker der geowis-senschaftlichen Literatur und sogar schon in vielen Schulbüchern enthalten.

Für die Zwecke der genauesten Landvermessung, insbesondere die Höhenermittlung, hat man das Geoid nochmals korrigiert und als Höhenbezugsfläche das Quasigeoid mit der Normalhöhennullfläche, NHN-Fläche) definiert. Dieses neue Bezugssystem liegt dem 1992 beschlossenen und unterdessen in allen Bundesländern eingeführten Deutschen Haupthöhennetz 1992 (DHHN92) zugrunde. Die Höhenangaben über Normalhöhennull (NHN) weichen von den historischen NN-Angaben jedoch nur im Zentimeterbereich ab und haben für die Erstellung von Land- oder Seekarten keine praktische Bedeutung.

### Die Krümmung hat Effekte

Kann man nun an der Küste mit freier Sicht auf den weit entfernten Horizont die Krümmung der Erdoberfläche auch direkt wahrnehmen? Man kann. Bereits vor etlichen Jahrhunderten beobachteten die aufmerksamen Hafenwachen, dass man von einem landwärts segelnden Schiff zuerst die Mastspitzen wahrnimmt – es taucht also buchstäblich aus der Versenkung hinter dem Horizont auf.

Mit ein wenig einfacher Geometrie lässt sich übrigens aus dem durchschnittlichen Erdradius (r = 6 376 456 m) bzw. Erdumfang (40 075 161 m) nachrechnen, dass bei einer nicht ungewöhnlichen Sicht-

▽ **2.14** Mit genügend langer Peilhilfe kann man bei klarer Sicht die Krümmung des Horizonts gerade noch erkennen.

weite von rund 20 km ein Objekt in dieser Entfernung erst dann die Horizontlinie überragt, wenn es knapp 38 m hoch ist. Unter dieser Voraussetzung und bei einem angenommenen Sehfeld von 90° sieht man übrigens den Horizont als einen Bogenausschnitt von 40 km Weite.

Mit einer Peilhilfe, zum Beispiel der linealgeraden längeren Kante dieses Buches in 1 m Abstand vor den Augen oder besser noch einem Balkongeländer bzw. Fensterrahmen, erkennt man in der Tat gerade eine leichte Wölbung, welche die waagerecht angelegte Peilkante um etwa 0,3 mm überragt. Noch besser geht es mit einer ungefähr 1 m langen Holzlatte. Dieser Wert bewegt sich zwar in verdächtiger Nähe zur Auflösungsgrenze normalsichtiger Augen, ist aber mit einigem visuellen Training leicht nachzuvollziehen.

## Schöne Aussichten

Für ein Zimmer mit buchungsmäßig zugesagtem Meerblick berechnet Ihnen jeder Reiseanbieter gewöhnlich einen klaren Preisaufschlag. Das ist zwar eventuell eine heftige Attacke auf das Urlaubsbudget, aber man nimmt sie bereitwillig hin, weil die freie Sicht auf die See nun einmal etwas so Erhabenes hat. Der Blick auf den marinen Horizont vermittelt zwar im Unterschied zu jeder Festlandperspektive das Gefühl einer fast unbegrenzten Weite – aber ganz so weit reicht er aus der Strandperspektive denn doch nicht hinaus, wie – vermutlich zu Ihrer Verwunderung – die obigen Rechenbeispiele gezeigt haben.

Ein beeindruckendes Küstenszenario ist zugegebenermaßen ungewohnt und vereinnahmt deswegen zuverlässig Gefühle, Sinne und Wahrnehmung, aber tatsächlich ist es vielleicht gar nicht so besonders aufregend. Ganz unstrittig richtig faszinierend ist nämlich eher der Blick nach oben, denn der reicht nun wirklich gigantisch weit hinaus.

Ein Tipp für Strandromantiker unter Südseepalmen oder an der nächtens einsamen Buhne 16 auf Sylt bei wolkenlosem Himmel: Hier kann man unversehens zum Astrofreak werden. Genießen Sie ohne störendes Gewölk einfach mal den überwältigend sternenreichen Nachthimmel ohne den hellen Wahnsinn, mit dem uns die unsägliche Lichtflut in Städten und selbst in Dörfern den elementaren As-

pekt eines von ungezählten Lichtpunkten übersäten Sternenhimmels auf tiefschwarzem Hintergrund verdirbt. Strände und Küstenorte bieten dafür wundervolle Voraussetzungen. Übrigens: So unzählige, wie es die landläufige Einschätzung berichtet, sind es nun wiederum auch nicht. Unter optimalen Sichtbedingungen bei tiefdunklem Abend- oder Nachthimmel kann man auf der Nordhalbkugel mit bloßen Augen etwa 6000 Sterne sehen. Jeder von ihnen ist ein wegen komplexer Kernreaktionen selbstleuchtendes Gebilde wie unsere eigene Sonne.

Eine kleine Anregung: Fast jeder kennt das markante zirkumpolare (das heißt zu allen Jahreszeiten sichtbare) Sternbild des *Großen Wagens,* das ab Frühjahr nur wenig unterhalb des Zenits steht. Unverkennbar und weithin bekannt sind die Anordnung seiner vier Kastensterne und die aus drei Sternen bestehende, leicht abgeknickte Deichsel. Diese (in Amerika übrigens *Big Dipper* = Schöpflöffel) genannte Sternkonstellation ist allerdings nur ein Teil eines größeren Sternbildes. In allen fachlichen Sternatlanten findet man diese bekannte Sternansammlung unter dem Namen *Großer Bär (Ursa major,* wörtlich größere Bärin). In den besonders hellen Mitgliedern dieses Sternbildes einen Bären oder eine Bärin zu sehen, ist allerdings etwas schwierig.

Eines der interessantesten Objekte darin ist das Doppelsternpaar Mizar und Alkor – genau am Knick der Wagendeichsel. Den leuchtschwächeren Alkor bezeichnet man auch als Reiterlein, weil er auf dem helleren Deichselstern Mizar aufzusitzen scheint. Seit der Antike verwendet man diesen Doppelstern als Augenprüfer – wer beide ohne weitere Hilfsmittel noch getrennt wahrnimmt, kann sich in nächster Zeit den Gang zu Augenarzt bzw. Optiker ersparen. Mizar ist seinerseits ein bereits 1650 von Giovanni Riccioli (übrigens als Erster) als solcher erkannter Doppelstern in etwa 78 Lichtjahren Entfernung. Alkor ist 81 Lichtjahre von uns entfernt und ebenfalls ein Doppelstern, was aber nur leistungsfähige Teleskope auflösen können. Etwas links oberhalb von Alkor liegt eine sehr schöne Spiralgalaxie (M101), die ein gutes Fernglas immerhin als blassen rundlichen Fleck zeigt.

Und noch etwas: In der südlichen Umgebung der Großen Bärin befindet sich das unterdessen wegen

seiner weitreichenden Erkenntnisse berühmte *Hubble Deep Field*. Die bemerkenswert erfolgreiche Raumsonde *Hubble* hat seit 1990 mit ihren spektakulären Aufnahmen gerade aus dieser Himmelsgegend besonders faszinierende Bilder geliefert.

Manchmal ist der Mond eine nicht ganz so willkommene himmlische Zusatzleuchte: Bei Vollmond sind weniger Sterne sichtbar; der Mond selbst steht als kreisrunde Scheibe am Himmel und erscheint größer, als er in Wirklichkeit ist. Er hat einen Durchmesser von 3476 km, was etwa einem knappen Drittel des Erddurchmessers entspricht. Auf der gerade leuchtenden, weil der Sonne zugewandten Seite es dann tatsächlich ungemütliche 120 °C heiß. Sollte sich der Mond jedoch nur als schmale Sichel zeigen, beträgt die Bodentemperatur in seinen beschatteten Partien etwa −130 °C.

Im Durchschnitt ist der Mond etwa 384 000 km von Ihrem momentanen St(r)andort entfernt. Bei den im Allgemeinen gut sichtbaren Planeten sind die Distanzen noch viel größer. Bis zur untergehenden Sonne, die glutrot hinter dem Horizont versinkt und dann ausnahmsweise augenschonend angeblinzelt werden darf, sind es durchschnittlich rund 150 000 000 km – so weit, dass die mit etwa 300 000 km in der Sekunde herbei eilende Lichts-

trahlung etwas mehr als 8 min lang unterwegs ist, um von der Sonnenoberfläche Ihre Haut zu erreichen und dort in besonderen Zellen die Bildung von Melaninen zu anzuregen, deren Summeneffekt man konventionell Urlaubsbräune nennt. Und wo wir schon gerade bei der Sonnenstrahlung sind: Die Sonne schickt in jeder Sekunde eine Strahlungsleistung von 41,868[26] Joule ab. An der Außenseite der Atmosphäre kommen davon jedoch nur 8,123 Joule pro cm$^2$ und Sekunde = 1360 Watt/m$^2$ an. Diesen Wert bezeichnet man als Solarkonstante. Etwa 45 % dieser Strahlung ist sichtbares Licht der Wellenlängen 380 bis 720 nm. Ungefähr 15 % davon werden an Wolken reflektiert, um 4 % werden von kleinsten Teilchen in der Atmosphäre gestreut. Rund 6,5 % absorbiert die Atmosphäre. Nur etwa 30 % der Solarkonstanten erreichen daher den Erdboden im Umfeld Ihres Strandkorbs als diffuse oder direkte Sonnenstrahlung. Der Mond, der nur reflektiertes Sonnenlicht auf die Erde schickt (weniger als 1 %), ist im Vergleich dazu eine trübe Funzel.

Noch viel weiter als Mond, Planeten und Sonne sind von der Erde die Sterne entfernt – die Distanzen bemessen sich ausnahmslos in Lichtjahren. Die entfernteste Struktur im Weltall, die Sie vom abendlichen oder nächtlichen Strandausflug

△ **2.15** Minimaler Photosmog am Strand verspricht eine fantastische Sternsicht.

mit bloßem Auge gerade noch als milchiges Scheib-chen erkennen können, ist die berühmte Andro-meda-Galaxie M31 – sie ist etwas mehr als 2 Mio. Lichtjahre entfernt und mithilfe einer Sternkarte sehr leicht auffindbar. In bürgerlichen Angaben be-trägt ihre Distanz von Ihrem Urlaubsstrand mehr als 200 200 000 000 000 000 000 km. Als das Licht, das Sie in just diesem Augenblick wahrnehmen, diese Ga-laxie verließ, begann auf der Nordhalbkugel der Erde gerade das Eiszeitalter (Pleistozän). Fast unglaublich, oder? Gelegentliches Eintauchen in kosmische Tie-fen hat etwas durchaus beunruhigend Relativieren-des, aber es ist ungemein faszinierend.

◁ **2.16** Am Hamburger Pegelturm kann man die wechselnden Pegel-stände über NN ablesen.

## Das Meer hat Beulen

In den folgenden Jahrzehnten wurde der als Nor-malnull (NN) bezeichnete Amsterdamer Pegel (*Nor-maal Amsterdams Peil*; NAP) auch in den angren-zenden Nachbarländern eingeführt – so in Preußen im Jahre 1877 für den Höhenbezug der Landver-messung anlässlich der Preußischen Neuaufnahme (1877/78). Weil jedoch im damaligen Preußen kei-ne brauchbare NN-Markierung einzurichten war, er-hielt die alte Berliner Sternwarte am 22. März 1879 eine Tafel, deren Strichmarke mit 37,000 m ü. NN angegeben war und den Normalhöhenpunkt (NH) darstellte – festgelegt durch eine für damalige Ver-hältnisse uneingeschränkt bewundernswert exakte Niveauübertragung von Amsterdam per Horizon-talpeilung. Diese Marke war fortan der generelle Re-ferenzpunkt für alle weiteren Höhenbestimmungen in Deutschland. Darauf bezogene und übertragene Höhenmarken finden sich bis heute an vielen Stellen im ehemaligen Preußen. So erhielt auch die Westsei-te des Südportals vom Kölner Dom im Jahre 1895 eine Höhenmarke mit der eingravierten Höhenan-gabe 54,419 (m ü. NN) – eine Niveaufestlegung auf 0,1 mm genau. Da die alte Berliner Sternwarte 1912 abgerissen wurde, hat man den ursprünglichen NH durch fünf neue Normalhöhenpunkte in Hoppegar-ten ersetzt. Diese waren jedoch nach 1961 (Mauer-bau) für die westdeutschen Vermessungsbehörden nicht mehr zugänglich. Deswegen wurde nach um-fangreichen Neuvermessungen des (west-)deutschen Haupthöhennetzes im Jahre 1986 ein neuer Höhen-anschlusspunkt an den immer noch verbindlichen Amsterdamer Pegel eingerichtet, der gleichzeitig Be-standteil des europäischen Nivellementnetzes UELN ist. Er befindet sich in vertretbarer Mittelpunktlage der alten Bundesländer auf 92,6816 m ü. NN an der Kirche von Wallenhorst nördlich von Osnabrück.

Damit wäre der Bezugsrahmen fixiert. Wenn jetzt nur nicht die langfristigen Veränderungen mit Landsenkungen oder -hebungen als Spätfolgen der Nacheiszeit oder der aktuelle klimatisch beding-te Meeresspiegelanstieg wären … Er beträgt gegen-wärtig, wie genaueste Satellitenmessungen ergaben, rund 3 mm im Jahr und geht im Wesentlichen auf die kubische Ausdehnung des Meerwassers durch Erwär-

amer, sondern eben den Triester Pegel von 1875 mit dem mittleren Wasserstand der Adria verwendet, und der liegt 27 cm unter NN. In der Schweiz nimmt man übrigens einen Felsblock im Genfer See als Referenzpunkt, der vom Pegel in Marseille abgeleitet ist und ziemlich genau 8 cm unter NN liegt. Solche Unterschiede haben Konsequenzen. Ein Brückenneubau am Hochrhein wäre beinahe schief- bzw. drunter und drüber gegangen, weil man diese feinen Unterschiede im Höhenbezug nicht berücksichtigt hatte – die linksrheinischen Ingenieure peilten nach dem Marseiller, die rechtsrheinischen nach dem Amsterdamer Pegel. Und noch ein weiteres Kuriosum zu diesem Thema: In der ehemaligen DDR richtete man sich bei allen Höhenangaben – politisch konsequent korrekt – nach dem Kronstadter Ostseepegel beim heutigen Sankt Petersburg mit der Pegelmarke 14 cm unter NN.

Offensichtlich ist der Meeresspiegel also doch keine wirklich ideale, überall gleichförmige oder gar ziemlich einfache Bezugsbasis. Die Normalnullfläche ist nämlich der tatsächlichen Erdgestalt, dem heute beinahe zentimetergenau bekannten Geoid nur relativ schlecht angenähert – die sogenannte Potsdamer Kartoffel (Abb. 2.13) macht sich eben auch bei der Meeresoberfläche sichtlich bemerkbar. Der Grund ist leicht zu erkennen. Die Wassermassen der Erde werden durch die Schwerkraft der Erde und zusätzlich durch Beschleunigungskräfte infolge der Erdrotation auf einem bestimmten Niveau gehalten. Nun ist wegen der beträchtlichen Dichteunterschiede im Erdinneren das Schwerefeld der Erde überhaupt nicht völlig gleichförmig und weist daher deutliche regionale oder sogar lokale Unterschiede auf. Daher kann der Meeresspiegel nicht an allen Küsten auf exakt der gleichen Abstandsfläche vom Erdmittelpunkt liegen und weicht deshalb in anderen geographischen Regionen zentimeterweise vom Amsterdamer NN ab. Selbst im Bereich der deutschen Nordseeküste gibt es messbare, nach Zentimetern zu beziffernde Abweichungen vom Amsterdamer Pegel. Auch beim Bau des Panamakanals staunte man nicht schlecht: Der Wasserspiegel des Pazifiks liegt an der Kanalmündung bei Panama City bemerkenswerte 14 cm tiefer als derjenige des Atlantiks an der Kanaleinfahrt bei Colón.

mung zurück. Ein besonderes Problem liefern natürlich auch die gar nicht so geringen Senkungsgebiete in der Folge des Bergbaus – so vor allem im Ruhrgebiet. Die komplexen Raumbewegungen eines ausgewählten Bezugspunktes sind im Ruhr-Museum (Bochum) eindrucksvoll dargestellt.

Dieser Nachteil ließe sich eventuell durch eine in regelmäßigen Zeitabständen durchzuführende Neufestlegung des NN-Pegels in Amsterdam ausgleichen. Dabei ist aber gar nicht so ohne Weiteres zu unterscheiden, ob die mittelfristig eingetretene Lageveränderung der NN-Linie (Mittelwasserlinie) eine Landsenkung und/oder einen objektiven Anstieg des Meeresspiegels abbildet.

Die Sache ist sogar noch etwas verzwickter. Kehren wir dazu noch einmal auf den Zugspitzgipfel zurück. Wenn man im Wettersteingebirge mit österreichischem Kartenmaterial unterwegs ist, wird einem darauf die Höhe des Zugspitzgipfels mit 2962,33 m angegeben – und damit tatsächlich um 27 cm höher als der in Deutschland gültige Wert. Druckfehler? Andere Messtechnik? Falsche Berechnung? Oder gar österreichischer Eigensinn? Der Grund dafür liegt ganz einfach darin, dass man in Österreich – weil man doch in habsburgisch gloriosen Zeiten tatsächlich einen Anteil an der Mittelmeerküste hatte – als Referenzwert für die Höhenangaben nicht den Amsterd-

3

Des Menschen Seele gleicht dem Wasser.
Vom Himmel kommt es,
zum Himmel steigt es,
und wieder zur Erde muss es,
ewig wechselnd.

Johann Wolfgang von Goethe (1749 bis 1832)

# Wasser, Wind und Wellen

Manche Ansichtskarten und Kalenderfotos geben die Küstengewässer in so heftigem Blau wieder, dass man gern den Blick abwendet, weil es die Grenze zum Kitsch klar hinter sich gelassen hat. Mitunter übertreibt jedoch auch die Wirklichkeit: Je nach Tageszeit, Wetterlage und Küstensituation übertrifft die Farbe des Meerwassers sogar noch den ärgsten Postkartenkitsch. Nicht selten zeigen sich auch deutlich verhaltenere Farbgebungen irgendwo zwischen hellerem Blaugrün und tieferem Grüngrau, gelegentlich auch einem Dunkelgrau, aber immerhin sind Aquamarin- bzw. Meerblau eigens so benannte Malfarben und offensichtlich dazu vorgesehen, die Färbung des Meeres zumindest einigermaßen angemessen darzustellen.

Reines Wasser ist von Natur aus buchstäblich wasserklar und eben farblos. Für Meerwasser gilt der gleiche Befund. Eine Portion Leitungswasser (an der Küste Frischwasser genannt) ist von einem Glas partikelfreiem Meerwasser nur nach Augenschein nicht zu unterscheiden. Die Färbung von Wellen und Wogen hat demnach nichts mit einer angerührten Malfarbe zu tun und muss eine andere Ursache haben. Sie geht – auf eine einfache Aussage reduziert – auf Wechselwirkungen des Mediums Wasser und der darin enthaltenen Partikeln mit dem auftreffenden bzw. eindringenden Sonnenlicht zurück.

## Spiegeln, schlucken, streuen

Die von der Sonne auf der Erdoberfläche auftreffende Globalstrahlung besteht aus zwei Komponenten, der direkten Sonnenstrahlung und der eher indirekt einwirkenden Himmelsstrahlung. Letztere entsteht bei klarem Himmel aus der in der Atmosphäre gestreuten Sonnenstrahlung, bei Wolkenbedeckung aus Strahlung, welche die Wolkenschicht durchdrungen hat oder daran reflektiert wurde. Bei Sonnenhöhen über 15° überwiegt die Sonnenstrahlung, bei Werten darunter die Himmelsstrahlung.

Trifft die Globalstrahlung auf eine Wasseroberfläche, wird ein Teil davon reflektiert – bei Sonnenhöhen über 30° bis etwa 6 %. Erst wenn die Sonne niedriger über dem Horizont steht, macht sich die Reflexion stärker bemerkbar und kann dann sogar 40 % überschreiten.

Nachdem das Licht in den Wasserkörper eingedrungen ist, wirken zwei weitere bemerkenswerte Prozesse auf die Strahlung ein: Einerseits wird sie durch Absorption mit Umwandlung der Strahlung vor allem in die Energieform Wärme verringert, andererseits aber auch durch Streuung an Kleinstpartikeln im Wasser.

Nun besteht „weißes" Sonnenlicht, wie seine spektrale Zerlegung durch Wassertropfen in die Regenbogenfarben zeigt, aus Strahlung verschiedener Wellenlänge und damit aus Wellenbändern unterschiedlicher Farbe. Die Absorption im Wasserkörper betrifft nun die einzelnen Spektralbereiche in unterschiedlichem Maße. In klarem Wasser wird der Blaubereich fast nicht absorbiert – er passiert 1 m Wassertiefe zu fast 98 % und wird erst in 140 m Tiefe bis auf 1 % des Oberflächenwertes verringert. Rotes Licht wird dagegen wesentlich stärker verschluckt. Schon in 2 m Wassertiefe sind rund 50 % der roten, also langwelligen und relativ energiearmen Lichtstrahlen absorbiert. Grünes Licht wird dagegen weniger stark absorbiert. Erst in 40 m Wassertiefe reduziert sich sein Anteil etwa auf die Hälfte des Ausgangswertes an der Meeresoberfläche. Unterwasserfotografi-

◁▷ **3.1** Manchmal darf man den Begriff Mee-resspiegel durchaus wörtlich nehmen.

en bestätigen diese Tatsache: Beim Abtauchen verschwindet zunächst der Rot- und dann der Grünanteil. Ein Unterwasserlichtfeld ist daher schon in mäßiger Tauchtiefe immer blau. Im klaren Meerwasser bleibt in etwa 100 m Wassertiefe nur noch der blaue Spektralanteil übrig. Die Infrarotstrahlung mit Wellenlängen oberhalb von 1300 nm wird bereits von der obersten 1-cm-Wasserschicht vollständig absorbiert, ebenso der ultraviolette Anteil.

### Der Capri-Effekt

Absorption ist die eine Möglichkeit, das eindringende Licht zu verändern. Davon faktisch nicht zu trennen ist die Streuung. Das am tiefsten vordringende blaue Licht wird erwartungsgemäß relativ stärker gestreut, weil die übrigen Anteile des Spektrums ja bereits verschwunden sind. Bei der Streuung verändert die Strahlung ihre ursprüngliche Richtung, und ein gewisser Teil der Lichtwellen kehrt sogar wieder zur Oberfläche zurück. Nur dieses Streulicht aus den tieferen Wasserschichten verursacht das geheimnisvolle Blau des Meeres – in der berühmten Blauen Grotte von Capri ebenso wie beim Blick von der Sonnenterrasse auf einen Küstenausschnitt. Das Azurblau fällt dabei umso farbintensiver und gesättigter aus, je tiefer der durchstrahlte Wasserkörper ist.

Im Prinzip geht auch das Blaue vom Himmel auf die Lichtstreuung an Molekülaggregaten in der Atmosphäre zurück. Der englische Physiker Michael Faraday (1791 bis 1867) und sein aus Irland stammender Nachfolger John Tyndall (1820 bis 1893) haben sich experimentell mit der Lichtstreuung an Kleinstteilchen beschäftigt und Erklärungen dafür vorgeschlagen. Das Blau trüber Medien nennt man danach auch Faraday-Tyndall-Effekt. Erst das kombinierte wässrige Blau von Atmosphäre und Ozeanen macht übrigens die Erde aus Weltraumperspektive zum blauen Planeten.

Diese Farbeffekte könnte man gegebenenfalls auch in einer genügend hohen Säule aus destilliertem Wasser beobachten, denn sie gelten für Wasser allgemein. Im Meer kann jedoch der Anteil der Absorption und der Streuung in Küstennähe, wo im Wasser meist zahlreiche Partikeln suspendiert sind, stark zunehmen. Das können feinste, durch Wellenaktion aufgewühlte oder von Zuströmen eingetragene Sedimentteilchen sowie mikroskopisch kleine Planktonorganismen sein. Stärkere Streuung bedeutet für die einzelnen Lichtwellen längere Wege und erhöht damit die Wahrscheinlichkeit der Absorption. Auch im Wasser gelöste, aus den angrenzenden Festlandböden eingeschwemmte Humusstoffe wirken sich so aus. Küstennahes, partikelreiches Wasser schwächt vor allem den kurzwelligen, blauen Anteil – er nimmt hier fast ebenso rasch ab wie der Rotanteil. In der Tiefe herrscht daher fast nur noch grünes Licht vor. Hält sich der Partikelgehalt einigermaßen in Grenzen, wird das zur Oberfläche zurückkehrende Streulicht eine Mischung aus Blau und Grün aufweisen – das Ergebnis ist das intensive Türkis vieler tropischer Küstenabschnitte, das keine Reisebürowerbung auslässt, weil es so wirksame Sehnsüchte nach dem Süden verstärkt. Für diese satte Farbe gibt es – buchstäblich – noch einen weiteren Grund, nämlich das seichte Wasser in Strandnähe über grellweißem Sediment. Die Strände tropischer Küsten bestehen im Unterschied zur Nordsee und zu anderen europäischen Meeren aus grellweißem Korallensand, der natürlich viel heftiger reflektiert als die braungrauen Granitkorn-Massen an den Küsten der gemäßigten Breiten.

## Wasser ist nicht ganz normal

Mit Sicherheit ist Ihnen das folgende Frühstücksszenario vertraut: Der frisch servierte Kaffee oder Tee ist für den Direktkonsum eventuell doch noch ein wenig zu heiß, und um ihn auf einigermaßen akzeptable Trinktemperatur abzukühlen, pusten Sie

△△ **3.2** Das magische Blau des Meeres ist die Antwort des Meerwassers auf das nicht minder erstaunliche Blau des Himmels.

eben über die Oberfläche der Tassenfüllung. Und damit passiert es – augenblicklich tritt nämlich eine Menge faszinierender Physik in Aktion, denn Ihr Pusten treibt die eventuell noch vorhandenen Schaumbläschen erbarmungslos zum jenseitigen Tassenrand, und gleichzeitig schwappen dort Kaffee- oder Teewellen an – und gegebenenfalls sogar darüber.

Solche Ereignisse im Kleinstgewässer Kaffee- oder Teetasse sind ein überaus treffliches Modell für die Vorgänge am und auf dem Meer. Auch hier ist überwiegend die Luftbewegung der unmittelbare Auslöser für das ziemlich chaotisch wirkende Wellenrelief auf offener See, fachmännisch Seegang genannt. Ebenso verursachen ausschließlich die Luftbewegungen und damit die Atmosphäre das muntere Geplätscher bis tosende Branden an der Küste, wenn Welle auf Welle auf den Strand zurollt, sich steil aufbäumt, nach vorn überkippt und als brodelnder Gischtberg auf den Strand donnert.

Die Dusche, eine erste morgendliche Runde im Pool, dann ein Frühstück mit Kaffee und O-Saft, gefolgt vom Zähneputzen, später Planschen in der Brandung, der Schweiß auf der Stirn nach dem Strandjogging oder wenn Steven Spielbergs legendärer *Weißer Hai* tatsächlich in der Badebucht aufkreuzen sollte, schließlich wahlweise ein fruchtiges Eis oder ein kühles Blondes – der Urlaubstag am Meer besteht fortlaufend aus Kontakten mit einem Naturstoff, den man nun wirklich nicht für gänzlich banal halten darf: Wasser ist zwar, im globalen Maßstab betrachtet, fast überall (anscheinend sogar) im Überfluss vorhanden, aber gebietsweise durchaus

ein Mangelfaktor, wenn man etwa gerade die Sahara durchquert. Möglicherweise nimmt man im Alltag seine außergewöhnlichen Eigenschaften meist überhaupt nicht explizit als etwas Besonderes wahr. Eine der vielen Basisfragen, die man auf das Wasser als gar nicht so simpel erscheinenden Naturstoff bezogen stellen könnte, lautet schlicht, aber durchaus ergreifend: Warum ist es denn überhaupt nass? Es gibt viele weitere vermeintlich naive Fragen zum Thema Wasser, die nicht nur eine gut ausgebildete Lehrperson, sondern eventuell auch ausgekochte Physikochemiker heftig nachdenken lassen. Offenbar besteht zu vielen Qualitäten unseres Alltagsstoffs Wasser in jeder Hinsicht eine Menge Erläuterungsbedarf. Lassen Sie sich also nachfolgend zu einem kleinen gedanklichen „Aquarobic" verführen, bei dem einige der bemerkenswerteren naturstofflichen Facetten von Wasser genauer betrachten werden sollen.

### Ein Stoff bekommt Zustände

In sämtlichen Teilbereichen der Biosphäre kommt der Naturstoff Wasser in allen seinen natürlichen Zustandsformen oder Aggregatzuständen vor – nämlich fest, flüssig oder gasförmig. Wasser ist tatsächlich der einzige Naturstoff, für den diese Feststellung zutrifft. Überwiegend begegnet uns Wasser jedoch als Flüssigkeit und zwar in der gesamten Bandbreite zwischen Regenpfütze und Ozean. Ursache dafür ist der geradezu optimale und deswegen umso erstaunlichere Abstand der Erde zur Sonne (im Mittel ca. 150 000 000 km), der das Temperaturgefüge in unserem Umfeld exakt so einrichtet, dass alle drei Ag-

▽ **3.3** Wasser besitzt viele einzigartige Eigenschaften, von denen die meisten gar nichts ahnen.

gregatzustände des Wassers möglich sind. Aber sein größter Anteil liegt eben als Flüssigkeit vor. Wasser ist daher geradezu ein Synonym für Flüssigkeit. Für seine übrigen Zustandsformen verwendet die Alltagssprache bezeichnenderweise Spezialvokabeln wie Dampf und Eis.

Schauen Sie sich von Ihrem etwaigen Aufenthaltsort am Strand die gewaltige Wasseransammlung des gerade sichtbaren Ausschnitts Ihres Urlaubsmeeres an. Obwohl man von den flüssigen Wassermassen tatsächlich nur die Oberfläche sehen kann, ist der Anblick geradezu überwältigend, und zwar nicht nur wegen der beteiligten Mengen, sondern als Tatsache schlechthin. Genießen Sie ihn: Es gibt vermutlich keinen zweiten Ort in unserem durchaus beträchtlich dimensionierten Milchstraßensystem, der exakt einen solchen Anblick zulässt. Die richtige Sonnenmasse, die durch Kernfusionsprozesse eine genügende Menge Energie genau so abstrahlen lässt, dass bei uns nicht alle Stoffe zu festen Substanzen erstarren, sowie die auf den Prozentpunkt genau passend bemessene Erdmasse, die das Wasser überhaupt in ihrem Schwerefeld festhält, sind schon ziemlich unwahrscheinliche und zudem überaus bedenkenswerte Sachverhalte. Ist das alles zufällig so? Diese schwierige und fast schon existenzphilosophische Frage blenden wir hier aus mancherlei Gründen einmal aus. Auch theologische Überlegungen könnte man in diesem Kontext anstellen. Aber auch diese sind bei aller Berechtigung nicht das Thema dieses Buches.

## Wasser legt die Skala fest

Die Aggregatzustände des Wassers, fachsprachlich auch Phasen genannt, hängen bei einem bestimmten Druck (normaler Atmosphärendruck = 1,01325 bar = 1013,25 mbar = 101 325 Pa; diesen Wert zeigen die üblichen Wohnzimmerbarometer bei absolut senkrechter Zeigerposition an) nur von der Temperatur ab. Aber gerade diese aus heutiger Perspektive einfach und selbstverständlich erscheinende Messgröße war früher gar nicht so einfach zu bestimmen. Dazu mag das folgende Szenario beisteuern: Das Thermometer zeigt zwar 30 Grad an, aber dennoch sind die Menschen mit Mütze, Schal und dicker Jacke unterwegs. Ort der Handlung sind die USA, denn hier

misst man die Temperaturen anders als bei uns: Auf der dort bis heute üblichen Fahrenheit-Skala sind 30 °F etwas weniger als die hierzulande vertrautere bzw. übliche Angabe in Grad Celsius, nämlich leicht frostige −1 °C.

Genaue Temperaturmessungen waren bis zum frühen 18. Jahrhundert ein schwieriges Unterfangen, weil es keine brauchbaren Instrumente gab. Das änderte sich grundlegend vor rund 300 Jahren, als der Danziger Kaufmannssohn und – wie man heute sagen würde – Hobbyphysiker Daniel Fahrenheit (1686 bis 1736) um 1714 ein präzises Thermometer erfand, mit dem Temperaturen reproduzierbar zu bestimmen waren. Seine Thermometerskala verwendete als unteren Fixpunkt die Temperatur einer Eis-Salz-Mischung, nämlich 0 °F (entsprechend −17,8 °C) – eben konsequent die tiefste Temperatur, die damals technisch zu erzeugen war. Der zweite Fixpunkt war der von schmelzendem Eis (32 °F) und der dritte die durchschnittliche Körpertemperatur des Menschen (rund 100 °F). Fahrenheits Thermometer waren zunächst mit gefärbtem Alkohol gefüllt. Später verwendete er Quecksilber, das eine höhere Mess- und Ablesegenauigkeit ermöglicht. Fahrenheit-Thermometer gelten somit als bemerkenswerter Meilenstein der Messtechnik, und entsprechend war die wissenschaftliche Welt damals total begeistert. Im englischsprachigen Raum wurden sie vor allem deswegen so populär, weil ihr genialer Erfinder 1724 in die berühmte britische Royal Society aufgenommen wurde.

### Heiße Erde

Nur in den Vulkangebieten ist die äußere Erdkruste heiß genug, um Wasser sieden zu lassen. Dieses besondere Ambiente erscheint auf den ersten Blick absolut lebensfeindlich, aber selbst die kochenden Schlammpfützen des berühmten *Yellowstone National Park* in Wyoming/USA sind ein zumindest von Mikroorganismen ebenso aktiv besiedelter Lebensraum wie die eigenartigen untermeerischen *hot vents,* höllisch heiße Vulkanquellen der mittelozeanischen Rücken, die man wegen der Förderung von schwarzem Eisensulfid auch *black smoker* nennt. Hier tritt das Wasser wegen des hohen Umgebungsdruck in rund 3000 m Tiefe (300 bar) mit stellenweise mehr als 250 °C aus engen Gesteinsspalten des Meeresboden hervor, siedet jedoch wegen der hohen Druckauflast nicht. Als man solche Heißwasserquellen mit dem Tauchboot *Alvin* im Januar 1977 nördlich der Galapagós-Inseln entdeckte, sah man keine Dampfblasen, sondern nur Schlieren, die dem Fahrzeug wegen der ungewöhnlich hohen Temperatur fast zum Verhängnis geworden wären.

△ **3.4** Nur Wasser kommt auf der Erde natürlicherweise in allen drei Aggregatzuständen vor.

In der Messpraxis sind die Zahlenwerte der Fahrenheit-Skala allerdings relativ unpraktisch. Deshalb schlug der schwedische Astronom Anders Celsius (1701 bis 1744) im Jahre 1742 eine alternative und heute nach ihm benannte Skala vor. Er verwendete dazu als Fixpunkte den Schmelzpunkt (0 °C) und den Siedepunkt (100 °C) von reinem Wasser unter Normaldruck (1013,25 hPa). Kurioserweise setzte er den Siedepunkt ursprünglich mit 0 °C, den Schmelzpunkt von Eis aber mit 100 °C fest. Erst sein Freund, der Botaniker Carl von Linné (1707 bis 1778), kehrte die Skala nur wenig später in die heute übliche Form um.

Außer dem Botaniker Linné war in der Temperaturmessbranche auch einmal ein Zoologe tätig: Der französische Privatgelehrte René-Antoine Ferchault de Réaumur (1683 bis 1757), der sich unter anderem erfolgreich mit der Perlenbildung in Muscheln beschäftigte, entwickelte um 1730 ein Ethanolthermometer und teilte die Differenz zwischen Schmelzpunkt und Siedepunkt von Wasser (aus welchen Gründen auch immer) in nur 80 Skalenintervalle ein. Diese Skala war vor allem in Frankreich und in der Schweiz bis 1901 in Gebrauch. Da Ethanol, meist vereinfacht nur Alkohol genannt, aber kein gleichmäßiges Ausdehnungsverhalten bei Temperaturzunahme aufweist, ist die Réaumur-Skala vergleichsweise ungenau und hat heute nur noch eher anekdotischen Wert.

Die international verbindliche SI-Einheit für die Temperatur ist unterdessen das Kelvin, das man immer ohne den Zusatz „Grad" angibt: Eingeführt hat es der irische Naturphilosoph Sir William Thomson (1824 bis 1907), Lord Kelvin of Largs, der in der Westminster Abbey gleich neben Isaac Newton beigesetzt ist. Der untere Fixpunkt seiner 1848 vor-

### Makromolekül Wasser

Der Bindungspartner Sauerstoff im Wassermolekül zeichnet sich durch eine besondere Elektronengier aus – er ist, weniger plakativ und mit dem entsprechenden Fachbegriff ausgedrückt – eben deutlich elektronegativer als der Verbindungspartner Wasserstoff. In der zwischen diesen beiden Elementen bestehenden Elektronenpaarbindung (H-O) sind die bindenden Elektronen daher auch nicht symmetrisch zwischen den bindenden Komponenten angeordnet, sondern der elektronegativere Partner zieht das gemeinsame Elektronenpaar deutlich auf seine Seite. Dadurch wird jedoch die Ladungsverteilung im Wassermolekül asymmetrisch. Die Wasserstoffseite wird durch die Auslagerung ihres Elektrons leicht positiv, das andere Ende durch den Zuwachs leicht negativ. Gerade diese leichte Verteilung der Ladung ist nun außerordentlich folgenreich und bewirkt, dass das Wassermolekül sich wie ein Dipol verhält. In einem gleichförmigen elektrischen Feld richtet es sich konsequenterweise genau nach den Feldlinien aus. Weil die beiden O-H-Bindungen einen Winkel von 104° 40‘ einschließen und das Wassermolekül daher etwas bananenförmig aussieht, liegt der positive Ladungsschwerpunkt in der Mitte der Wasserstoffseite, der negative Ladungsschwerpunkt aber im Sauerstoffatom. Man spricht daher auch von einer polarisierten Elektronenpaarbindung.

Aus diesem Dipolcharakter des Wassermoleküls ergeben sich bemerkenswerte Konsequenzen. In der Flüssigkeit Wasser zieht nämlich die positive Seite eines einzelnen Wassermoleküls elektrostatisch jeweils

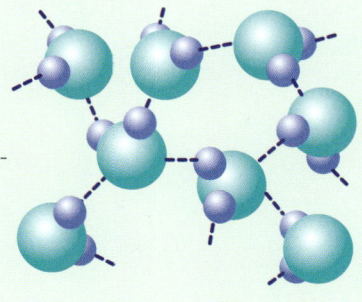

△ **3.5** Im flüssigen Wasser (Wasserstoff/H blau, Sauerstoff/O grün) bilden die einzelnen Wassermoleküle ($H_2O$) aufgrund leichter Ladungsverschiebungen untereinander Wasserstoffbrücken aus und reagieren gesamthaft als Makromolekül.

geschlagenen Temperaturskala ($= 0\,K$) ist der (mit technischen Mitteln unerreichbare) absolute thermische Nullpunkt $T_0$ bei $-273,16\,°C$. Demnach liegt der Schmelzpunkt von Wasser bei $0\,°C$ und genau bei $273,16\,K$.

## Anhängliches Wasser

Zum Glück ist die Erde gerade massereich genug, um ihren Wasserdampf im Unterschied zum freien Wasserstoff nicht ungehindert aus ihrem Schwerefeld in den Weltraum entweichen zu lassen. Hätte sie nur 95 % ihrer aktuellen Masse, sähe die Sache völlig anders aus. Der gleich alte und in etwa gleich dichte Mond konnte übrigens seinen anfänglichen Wassergehalt wegen seiner zu geringen Masse eben nicht durch Gravitation festhalten. Aus der irdischen Uratmosphäre kondensierte der Wasserdampf, kehrte als Niederschlag zur Oberfläche zurück und bildete dadurch die Urozeane. Das Bild einer die Erde überschwemmenden Urflut aus Niederschlägen, das in fast allen Mythen zur Erdentstehung bemüht wird, ist somit durchaus nicht unbegründet, aber in anderem Kontext zu sehen als etwa die biblischen Aprilschauer, die zur Sintflut führten. Diese Fluten waren nämlich nicht das Ende des Lebens, sondern bereiteten überhaupt erst die Bühne für seinen ersten Auftritt vor etwa 3 Mrd. Jahren vor. Sie tauchten die Erde in ein tiefes Blau und gestalteten ihn zu einem Planeten um, den der britische Atmosphärenwissenschaftler James Lovelock zu Recht als merkwürdige und schöne Anomalie in unserem Sonnensystem gekennzeichnet hat.

die negative Seite eines anderen an, so wie sich auch die entgegengesetzten Pole zweier Magnetstäbe gegenseitig äußerst attraktiv finden. Als Dipole bilden die Wassermoleküle folglich größere Zusammenlagerungen oder Assoziationen und damit gleichsam Makromoleküle. Ihre molekulare Masse beträgt daher nicht 18, weil die Atomgruppierung $H_2O$ eben nicht als Einzelmolekül vorliegt, sondern als größerer Molekülverband $(H_2O)n$ mit der Molekülmasse von $n \times 18$. Als wesentlich größeres Molekülgebilde als vermutet muss Wasser daher einen recht hohen Schmelzpunkt aufweisen, und der ist dafür verantwortlich, dass Sie es bei angenehmer sommerlicher Temperatur überhaupt als badetaugliche Flüssigkeit erleben. Und ohne diese scheinbare Nebensächlichkeit hätte sich auf der Erde niemals das Leben entwickeln können.

## Meerwasser ist noch viel aufregender

Wasser erweist sich also bei genauerer Betrachtung als Naturstoff mit vielen besonderen und vor allem folgenreichen Eigenschaften. Das im globalen Maßstab weitaus überwiegende Meerwasser setzt noch einige Merkmale darauf. Mit seinem durchschnittlichen Salzgehalt (Salinität) von $S = 35\,\permil$ weicht es von den ungewöhnlichen physiko-chemischen Eigenschaften des Süßwasser in mehrfacher Hinsicht ab. Zwar treten die benannten physikalischen Anomalien des Wassers auch hier in Erscheinung, doch ergeben sich aus der Salinität einige Effekte mit bedeutenden ökologischen Konsequenzen.

Das bei etwa 4 °C liegende Dichtemaximum des Süßwassers verlagert sich mit zunehmendem Salzgehalt zu deutlich niedrigeren Temperaturen. Bei $S = 24,7\,\permil$ liegt der Gefrierpunkt des Meerwassers bei −1,3 °C, bei mehr als 24,7 ‰ sinkt sein Dichtemaximum sogar unter den Gefrierpunkt ab: Meerwasser mit $S = 35\,\permil$ ist bei − 3,52 °C am dichtesten und schwersten. Kaltes Meerwasser schwimmt dann nicht mehr an der Oberfläche, sondern sinkt ab. Der Wärmeaustausch mit der Atmosphäre wird unter diesen Bedingungen nicht wie beim Süßwasser durch Gefrieren unterbrochen, sondern lediglich verzögert, womit sich die winterliche Abkühlung deutlich verlangsamt. Ihr Temperaturminimum im Jahresgang erreicht die Nordsee im Gegensatz zu einem Binnengewässer nicht im Januar, sondern erst im März.

Physiologisch und technisch bedeutsam ist die Gefrierpunkterniedrigung dadurch, dass sich in Abhängigkeit von der Konzentration gelöster Substanzen in einem wässrigen System ein Gefrieren bei mäßigem Frost tatsächlich unterdrücken lässt. Die Zellflüssigkeiten vieler Organismen machen von diesem bemerkenswerten Effekt ebenso Gebrauch wie der winterliche Streudienst, der Auftausalze aufträgt. Mit der Gefrierpunkterniedrigung durch gelöste Substanz ist rein physikalisch auch eine Erhöhung des Siedepunktes verbunden. Diese ist jedoch ökologisch nicht von Belang.

Besonders interessant ist der erniedrigte Gefrierpunkt von Meerwasser: Gewöhnliches Meerwasser mit einer Salinität von rund $S = 35\,\permil$ gefriert erst bei knapp −2 °C. Dieser Sachverhalt hängt natürlich mit seiner stofflichen Befrachtung zusammen. Erstaunlich ist nun aber, dass auch im gefrorenen Meerwasser die Eiskristalle ausschließlich aus Wasser bestehen, denn nur Wassermoleküle können sich zum festen molekularen Raumgitter von Eis zusammenfügen; die im Meerwasser gelösten Salz-Ionen sind nämlich für das Raster des wässrigen Kristallgitters viel zu groß. Die gelösten Salze verbleiben beim Gefrieren also in der flüssigen Phase und bilden eine deutlich konzentriertere Sole. Da diese dichter ist als reines Wasser, sinkt sie bei der Meereisbildung nach unten. Ein gewisser Rest verbleibt jedoch in kleinen Poren und Kanälen im Meereis. Obwohl Meereis im Prinzip gefrorenes Reinwasser darstellt, schmeckt es wegen seiner zahlreichen feinen Solekanälchen dennoch salzig. Die kleinen, dicht gescharten Hohlräume machen zusammen bis etwa 30 % des Gesamtvolumens aus. Das reich verzweigte, zur Unterseite offene und insgesamt ziemlich winzige Kanalsystem haben Wissenschaftler des Alfred-Wegener-Instituts für Polar- und Meeresforschung (Bremerhaven) mit Kunstharz ausgegossen und auf diese Weise sichtbar gemacht.

Diese mikroskopisch kleinen Kanalsysteme im Meereis sind übrigens überraschenderweise ein idealer Lebensraum für Mikroalgen. Vor allem stäbchen- oder bootförmige Kieselalgen von nur wenigen Mikrometern Abmessung siedeln sich hier an und entwickeln sich selbst in der Kälte überaus prächtig. Wegen ihres ungewöhnlichen Wuchsortes fasst man sie auch unter dem Begriff Kryoflora zusammen. Älteres Meereis sieht deshalb wegen der summierten Eigenfärbung der Kieselalgen immer schmutzig bräunlich aus. Diese eigenartige Meereisverfärbung war schon früheren Polarforschern wie Fridtjof Nansen (1861 bis 1930) und Roald Amundsen (1872 bis 1906) aufgefallen, aber sie konnten sich diesen Effekt damals noch nicht so recht erklären.

Das Dichtemaximum von Meerwasser liegt deutlich unterhalb von 0 °C und hat besondere Konsequenzen für die von Gebieten hoher Breiten ausgehenden Meeresströmungen mit Vertikal- und Horizontalbewegungen. Die Bewegungsmuster der Meeresströme haben tatsächlich eine völlig andere Gestalt, als es die meisten Schulatlanten mit ihren vereinfachten Strömungskarten wiedergeben. Unfreiwillige Hilfe erhielt unlängst die damit befasste Ozeanographie von zerborstenen Containern, die Tausende Paare von Sneakers aus asiatischer Produktion bei schwerer See auf dem Pazifik verloren. In einem anderen Fall waren die Objekte der Anschauung bezeichnenderweise Containerladungen kleiner Quietschenten, die sich per Satelliten-Monitoring wochenlang prächtigst verfolgen ließen.

### Salz auf unserer Haut

Der gelungene Titel des in den 1980er-Jahren deutschsprachig erschienenen und sofort bemerkenswert erfolgreichen Romans der französischen Journalistin Benoîte Groult (1920 bis 2016) *„Salz auf unserer Haut"* liefert eine treffliche Überleitung zu den folgenden Sachverhalten, obwohl diese so gar nicht dessen zentraler Handlungsgegenstand sind. Für einen Küstenurlauber ist das Meerwasser schon allein deswegen etwas Besonderes, weil es mit seiner enormen Salzbefrachtung doch ganz anders schmeckt als übliches Leitungswasser. Außerdem trägt es wegen seiner merklich höheren Dichte beim Schwimmen deutlich besser als das Wasser im heimischen Baggersee oder Freibad. Aus Abenteuerberichten über Schiffbrüchige weiß man zudem, dass gegebenenfalls im Überfluss vorhandenes Meerwasser das normale Trinkwasser definitiv nicht ersetzen kann und überraschend schnell auch tatsächlich lebensbedroh-

▽ **3.6** An der französischen Atlantikküste gewinnt man Salz durch die sonnenbetriebene Eindampfung des Meerwassers in großen Salzgärten bzw. -beeten.

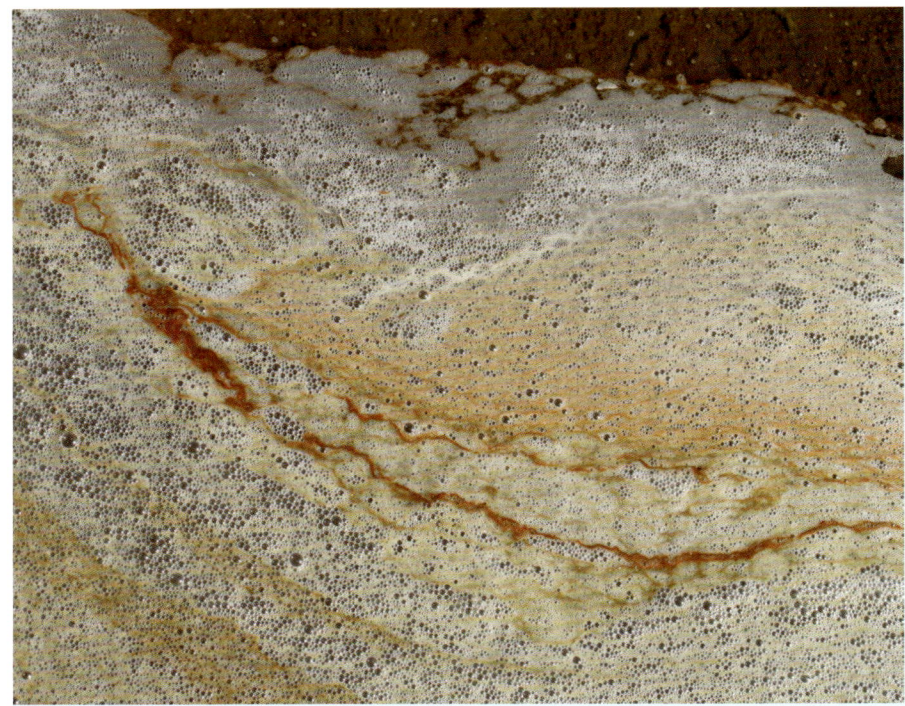

△ **3.7** Die rötliche Färbung in der konzentrierten Salzlake geht vor allem auf extrem salzverträgliche Mikroorganismen zurück.

lich wirkt. Somit ist also eine kurze Programmschleife zum Meer- und Salzwasser angesagt.

Der mittlere Salzgehalt des Meeres ist durchaus beträchtlich: Eintrocknende Wassertropfen auf der Haut nach einem erfrischenden Bad in der Brandung werden durch Auskristallisieren ihrer löslichen Komponenten zunächst milchig trüb und hinterlassen schließlich eine kleine Kruste. Die Salzbefrachtung des Meerwassers (der Massenanteil von Salz) beträgt meist rund 35 g in 1 kg (nicht Liter!) Wasser. Den Salzgehalt, fachmännisch auch Salinität genannt, gibt man üblicherweise in Promille (‰) oder mit der zahlengleichen Einheit PSU *(practical salinity unit)* an. Der üblicherweise zitierte globale Durchschnittswert beträgt 35 ‰ oder 35 PSU. Ganz genau sind es 34,7 ‰. Durch Verdunstung und Niederschlag ergeben sich jedoch in den Weltozeanen bemerkenswerte regionale Unterschiede. Im Mittelmeer liegt der Wert wegen der negativen Wasserbilanz deutlich über dem globalen Durchschnittswert – an der Straße von Gibraltar beträgt er etwa 36,25 ‰, in der Ägäis aber schon 39 ‰. Im Persischen Golf, der sich durch eine hohe Verdunstungsrate und geringfügige Flusseinläufe auszeichnet, liegt die Salinität rekordverdächtig bei 42 ‰. Es gibt aber auch negative Verschiebungen des Salzgehaltes, zum Beispiel in den Polarzonen, wo Eisbildung und Schmelze die Werte modifizieren. Im Nordpolarmeer ist sogar eine besonders starke Ab-

nahme des Salzgehalts zu verzeichnen. Hoher Niederschlag in der Äquatorialzone und starke Verdunstung in den Subtropen bedingen weltweit einen relativ höheren Salzgehalt an der Oberfläche der Meere. In der Nordsee liegt die Salinität wegen des im Vergleich zur Größe des Nordseebeckens relativ bedeutsamen Süßwassereinstroms von Rhein, Weser und Elbe etwa bei 33 ‰, wobei sich die mit etwa 31 ‰ niedrigsten Werte im Jahresgang in den Frühjahrsmonaten einstellen, weil die Flüsse im Winterhalbjahr niederschlagsbedingt mehr Wasser führen.

Von den durchschnittlichen Salinitäten des Weltmeeres gibt es bemerkenswerte Abweichungen: Etliche natürliche Gewässer der Erde sind tatsächlich hypersalin bzw. hyperhalin – ihre Salinität liegt ziemlich deutlich über dem ozeanischen Weltdurchschnitt. Dazu gehört unter anderem das Tote Meer, dessen Wasser sich mit einer Salinität bei 28 bis 31 % (280 bis 300 g je kg!) schon leicht ölig anfühlt. Die Bezeichnung „Meer" ist allerdings irreführend, denn dieses Gewässer war zu allen Zeiten seiner geologischen Geschichte immer ein Binnengewässer. Den Weltrekord der hypersalinen Seen hält übrigens der eigenartige Assalsee im ostafrikanischen Grabenbruchsystem im Tiefland von Äthiopien (nahe der Grenze zu Eritrea) mit tatsächlich S = 36 %.

## Brackwasser ist ein besonderes Nass

Fachmännisch ausgedrückt ist Brackwasser verdünntes Meerwasser oder Wasser mit mixohaliner Salinität. Beim Baden ist es vergleichsweise angenehm, weil es nur wenig nach Salz schmeckt und auch nicht so sehr in den Augen brennt. Tatsächlich entspricht der Salzgehalt unserer Tränenflüssigkeit etwa dem der westlichen Ostsee (ca. 16 bis 18 ‰). Als Brackwasser bezeichnet man Meerwasser unter 18 ‰. Es findet sich zum Beispiel in den Randmeeren mit einem nur schmalen Zugang zu den Ozeanen, also in Gebieten mit geringem Wasseraustausch aus den salzreichen Meeren bei gleichzeitig hohen Flusswasserzufuhren. Die Ostsee mit ihren flachen, schmalen Korridoren zur Nordsee über die dänischen Belte und Sunde oder das Schwarze Meer mit seinem schmalen Zugang zum Mittelmeer bei Istanbul sind sicherlich die beiden besten Beispiele für größere Brackwassermeere. Sie zeichnen sich durch mancherlei hydrographische und biologische Besonderheiten aus.

## Komplette Palette

Während der Salzgehalt in den verschiedenen Meeresgebieten vom globalen Mittelwert 35‰ kaum abweicht, ist die Ionenzusammensetzung des Meerwassers nahezu konstant. Nur vier Kationen (in der Reihenfolge ihrer Massenanteile: $Na^+$, $Mg^{2+}$, $Ca^{2+}$ und $K^+$) sowie drei Anionen ($Cl^-$, $SO_4^{2-}$ sowie $HCO_3^-$) stellen darin nahezu 99 % aller Ionen. Na+ und Cl− allein machen bereits rund 86 % der gelösten Elektrolyte aus. Im Prinzip könnte man das Meerwasser also als Natriumchlorid- bzw. Kochsalzlösung auffassen, dem eine bunte Palette anderer Ionen in kleineren Mengenanteilen beigemischt ist. Hier bietet sich nochmals eine kleine Themenschleife zur Träne an: Unsere Tränenflüssigkeit, ein Filtrat des Blutserums, weist fast die gleiche relative Ionenhäufigkeit wie Meerwasser auf. Offenbar sind viele unserer Körperflüssigkeiten immer noch Zweigstellen bzw. Zitat unserer Urheimat Ozeane.

Die genauere Meerwasseranalytik deckt einen weiteren interessanten Sachverhalt auf: Im Meerwasser ist mit Massenanteilen von durchweg unter 0,02 % das gesamte Periodensystem der Elemente vertreten. Somit finden sich im Meerwasser tatsächlich – wenn auch häufig genug nur im Bereich nahe der jeweiligen Nachweisgrenzen – sämtliche natürlich vorkommenden Isotope von allen 90 Elementen. Ausnahmen sind lediglich Technetium (Tc, Element 43) und Promethium (Pm, Element 61), von denen keine stabilen Isotope (mehr) existieren und die folglich in der irdischen Natur nicht (mehr) vorkommen. Auch wenn die jeweiligen Mengenanteile oft erst ab der dritten Stelle hinter dem Komma anzugeben sind, summieren sie sich fallweise zu ansehnlichen Absolutbeträgen auf: Allein in den rund 54 000 km³ Meerwasser der Nordsee sind rund 220 000 t Gold und etwa 16,5 Mio. t Silber enthalten – alles zusammen sicherlich eine Kleinigkeit mehr, als in Fort Knox gehortet wird, aber bedauerlicherweise (oder eher glücklicherweise) alles so fein verteilt, dass diese Vorräte wirtschaftlich nicht zu gewinnen sind.

## Woher stammt das Salz der Meere?

Sogar ernst zu nehmende Lehrbücher der Geochemie vertreten mehrheitlich die Einschätzung, dass der Ionen- bzw. Elementgehalt des salzigen Meerwassers die Endstadien der Gesteinsverwitterung auf dem Festland widerspiegele. Rinnsale, Bäche, Flüsse und Ströme sammeln nach diesem Vorschlag die freigesetzten, gelösten Bestandteile aus den durchflossenen Sammelgebieten und führen sie sukzessive dem Meer zu. Die typische Stofffracht der Flüsse reiche angeblich sogar aus, in rund 25 Mio. Jahren so viel Salz in die Meere zu transportieren, wie aktuell darin gelöst ist. Soweit die schöne Theorie.

Plausible Erklärungen und übersichtliche Modelle haben in ihren vereinfachenden Ansätzen zugegebenermaßen einen gewissen Charme, sind aber oft unvollständig und mitunter sogar schlicht falsch. Auch die Versalzung der Meere durch ihre Süßwasserzuströme gehört eher in die Kategorie Legendenbildung. Die so glatte und eingängige Vorstellung von der Salzauswaschung aus dem verwitternden Gestein weist nämlich diverse Schönheitsfehler auf.

Sehen wir einmal davon ab, dass selbst die chemische Verwitterung die Festlandgesteine nur selten bis in ihre Molekül- bzw. Ionenbestandteile zerlegt, sondern eher bei Molekülaggregaten und meist bei Partikeln von Tonteilchen- bis Sandkorngröße endet. Wenn nun die terrestrische Verwitterung die Stoffe anliefern würde, die letztlich in der Ionenstatistik

▽ **3.8** Der reicht sicher für lange Zeit: Salzgehalt des Meerwassers.

1000 kg (1 t)
Meerwasser enthalten
– reines Wasser: 965 kg
– Meersalz: ca. 3,5 kg

der Weltmeere auftreten, müsste sich doch die relative Häufigkeit der Elemente in den terrestrischen Festgesteinen zumindest angenähert auch in der Ionenzusammensetzung der Weltmeere widerspiegeln. Das ist nun allerdings ganz und gar nicht der Fall – im Gegenteil, die Unterschiede könnten fast gar nicht größer sein. Die mit Abstand häufigsten Elemente (Ionen) des Meerwassers sind (in dieser Reihenfolge) Chlor (Cl), Natrium (Na), Magnesium (Mg), Schwefel (S), Calcium(Ca) und Kalium (K). In

den Gesteinen des Festlandes stellt sich die Elementstatistik völlig abweichend dar: Hier führen die Elemente Silicium (Si), Aluminium (Al), Eisen (Fe) und Calcium (Ca) die Häufigkeitsliste an. Si, Al und Fe treten in der Meerwasseranalytik in stark abweichender Häufigkeitsabfolge nur auf den mittleren Rängen auf. Chlor, mit 55 % Massenanteil immerhin das mit Abstand häufigste Element unter den gelösten Bestandteilen des Meerwassers, ist im Festgestein nur mit etwa 0,016 % vertreten und erweist sich damit

## Das Salz für die Suppe

Kochsalz (NaCl) ist eine der materiellen Grundlagen unseres Kulturlebens. Und auch Wildtiere laufen kilometerweit, um an ihre Salzsteine zu gelangen. Fossiles Salz gewinnt man aus Bergwerken, rezentes aus dem Meer. Koch- bzw. Speisesalz besteht aus Natrium- und Chlorid-Ionen und in 1 kg Meerwasser sind einigermaßen konstant 35 g Salz enthalten.

Meersalz ist das beste Salz – sagen jedenfalls dessen Hersteller. Mithilfe von Wasser, Wind und Sonne gewinnt man es als eines der natürlichsten und wichtigsten Lebensmittel aus Meerwasser. Salinen, auch als Salzgärten bezeichnet, liegen selbstredend in warmen, trockenen Gegenden – häufige Niederschläge würden im wahrsten Sinne des Wortes die Sole verwässern. Eine weitere Voraussetzung für die Anlage der Salinen sind flache Küstenabschnitte, an denen das Meerwasser durch Wehre in die Verdunstungsbecken eingeleitet werden kann.

Diese uralte Methode hat sich bis heute erhalten. Bis vor nicht allzu langer Zeit wurde das traditionelle Gewerbe von Kleinbauern betrieben, jetzt liegt es in der Hand weniger Konzerne. Es hört sich einfacher an, als es ist. Bis man Salz in hervorragender Qualität aus den Becken der Salinen ziehen kann, vergehen je nach Wetterlage 3 bis 5 Wochen harter körperlicher Arbeit. Temperatur, Wind, Luftfeuchte, Sonnenscheindauer sind die Faktoren, welche kontinuier-

lich beobachtet werden müssen. In den Salzgärten geht es tatsächlich gärtnerisch zu: Das Meerwasser wird in ein flaches, von einem Deich umrandetes Becken, das Beet genannt wird, geleitet und fließt dann von dort in ein nur wenig tiefer gelegenes Beet usw. In den Verdunstungsbecken bleibt das Meerwasser 15 bis 20 Tage. Der Salzgehalt steigt von ursprünglich etwa 3,5 auf 14 bis 17 % bis zur Sättigungskonzentration: Kristallines Salz fällt dann aus. Die Sättigung der Sole mit vielen andere Meeressalze wie Magnesium und Calciumchlorid wird nicht erreicht. Daher bleiben diese weiterhin in Lösung und gelangen nicht in das Salz. Das Salz wird mit Schiebern auf die Ränder der Kristallisationsbecken gezogen, wo es weiter trocknet, bevor man es zum Malen und Verpacken bringen kann. Meerwassersalinen sind die preiswerteste Form der Salzgewinnung. Üblicherweise sind die Verdunstungsbecken kräftig rosa gefärbt – einerseits verursacht von speziell pigmentierten, extrem salzverträglichen Bakterien (Halobakterien), aber auch von Salinenkrebsen (Artemia salina), die starke Salzkonzentrationen aushalten. Die kräftige rosa Färbung mancher Flamingos ist auf den Verzehr von Salinenkrebsen zurückzuführen; blassen Flamingos fehlen die massenhaft auftretenden kleinen Krebse. Salinen sind auch für zahlreiche andere Vogelarten beliebte Nahrungsräume.

△ 3.9 Das erntereife Meersalz, bei Feinschmeckern Fleur de sel genannt, sammelt sich am Rand der Salzbeete und …

△ 3.10 … wird schließlich zu großen Haufen aufgeschüttet.

in der Elementarstatistik klar als typischer Hinterbänkler.

Nun ist zudem die Gesteinschemie in den verschiedenen Teilbereichen der Kontinente keineswegs identisch oder auch nur in gewissem Maße ähnlich. Auch dieser Sachverhalt müsste sich in der Zusammensetzung des Meerwassers abbilden. Der Pazifik ist zwar mit Abstand der größte Ozean, hat aber das kleinste kontinentale Einzugsgebiet. Der nach der gängigen Vorstellung ablaufende ständige Salzimport durch Auswaschung der Kontinente sollte sich daher in messbaren Unterschieden der großregionalen Meerwasserzusammensetzung zeigen. Auch hier stört der unschöne Befund, dass dies definitiv nicht der Fall ist. Pazifikmeerwasser unterscheidet sich in nichts vom atlantischen Stoffmix.

## Doch nicht so ganz einfach

Und noch ein ungelöstes Problem: Wenn nach manchen Rechnungen etwa alle 25 Mio. Jahre der komplette Salzgehalt des Meerwassers durch die Zuflüsse in die Ozeane eingeschwemmt wird, stellt sich doch die vorsichtige Frage, ob sich dadurch in erdgeschichtlich hinreichend langen Zeiträumen die Salinität nicht kontinuierlich erhöht habe. Dafür gibt es allerdings keine geochemischen Befunde. Zwar sind in vergangenen Epochen der Erdgeschichte, beispielsweise in der Zechsteinzeit im Perm, abgetrennte Meeresbecken komplett ausgetrocknet, haben abbauwürdige Steinsalzlager (Evaporite bzw. Halite, so beispielsweise im Niederrheingebiet sowie rund um das Salzkammergut in den nördlichen Kalkalpen) gebildet und damit beträchtliche Salzmengen aus dem Ionenhaushalt der Ozeane ausgekoppelt, jedoch sind solche Prozesse im globalen Maßstab eher von untergeordneter Bedeutung. Gegenwärtig laufen sie beispielsweise nirgendwo in nennenswertem Maße ab. Die wenigen Meersalzgewinnungsanlagen zum Beispiel in der Guérande (Frankreich) oder in der Bucht von San Francisco darf man in ihrer quantitativen Bedeutung getrost übersehen. Allerdings ist nicht zu verkennen, dass durch biogene Prozesse wie Kalkabscheidung bei der Riffbildung einzelne Ionen wie $Ca^{2+}$ oder $Mg^{2+}$ in nennenswerter Menge aus dem gelösten Vorrat entfernt werden. Auch gibt es einen gewissen Chlor-Kreislauf zwischen Ozeanen und Kontinenten durch Gischtbildung und Windverdriftung, doch sind solche Prozesse quantitativ eher vernachlässigbar.

## Woher kommt das Salz wirklich?

Die einschlägige Fachliteratur räumt in Nebensätzen und fast ein wenig kleinlaut ein, dass man viele Prozesse der marinen Hydrochemie noch nicht verstehe. Vermutlich ist der heutige Salzgehalt der Meere, der immerhin 97 % des Gesamtwasservorrats der Erde ausmacht, immer noch ein stoffliches Erbe aus ihrer Frühzeit, als sich erstmals eine Hydrosphäre entwickelte. Das Meer war selbstverständlich schon oft Entstehungsort von Gesteinen, die im Laufe ihrer weiteren Genese irgendwann einmal Bestandteile des Festlands wurden – so beispielsweise die Silt- und Sandsteine des Rheinischen Schiefergebirges oder die meist nicht einmal halb so alten Sedimentgesteine der nördlichen Alpen. Nicht das Festland ist das Liefergebiet für die mineralischen Bestandteile des Meerwassers, sondern eher umgekehrt. Auch diesen geochemisch durchaus bedeutsamen Sachverhalt sollten Sie kritisch bedenken, wenn Sie morgen früh zum Salzstreuer greifen, um die Salinität des Frühstückseis zu korrigieren.

## Ziemlich dicke Luft

Die je nach Definition bis in fast 400 km Höhe reichende Lufthülle der Erde lastet mit dem so definierten Druck von 1 atm (Atmosphäre) = 1,0325 bar = 760 Torr in Meereshöhe auf die Erdoberfläche. Diese physikalisch verstandene Normalatmosphäre unterscheidet sich von der technischen nur um knapp 2 %. Letztere gibt man mit einem Druck von 1 kp/$cm^2$ an, die Normalatmosphäre entsprechend mit 1,033 kp/$cm^2$. Die ursprünglich eingeführte Einheit Torr benannte man nach dem bedeutenden toskanischen Physiker und Mathematiker Evangelista Torricelli (1608 bis 1647), dem direkten Nachfolger von Galileo Galilei als Hofmathematiker des Großherzogs von Florenz. Dieser bemerkenswert vielseitige Naturgelehrte erfand 1640 das Quecksilberbarometer. Er nutzte dabei folgenden Sachverhalt: Die Luftlast drückt je 1 Torr das von Natur aus flüssige Element Quecksilber (Hg) in einem zuvor evakuierten und an

## Zwischen Tief und Hoch

Für die Benennung von Antizyklonen und Zyklonen bestehen feste Regeln. Seit 1954 vergibt das Meteorologische Institut der Freien Universität Berlin für die Hoch- und Tiefdruckgebiete besondere Namen. Früher waren die Tiefs immer weiblich. Nach andauernden Protesten aus der Frauenbewegung wechselt die Namengebung seit 1998 jährlich, und zwar nach folgender Festlegung, der vermutlich auch eine sehr entschlossene Gleichstellungsbeauftragte folgen kann.

Tab. 4: Regelung zur Benennung von Antizyklonen und Zyklonen.

| | Tiefdruckgebiete (Zyklonen) | Hochdruckgebiete (Antizyklonen) |
|---|---|---|
| gerade Jahre (2016, 2018, 2020 …) | weibliche Vornamen A bis Z | männliche Vornamen A bis Z |
| ungerade Jahre (2017, 2019, 2021 …) | männliche Vornamen A–Z | weibliche Vornamen A–Z |

einem Ende verschlossenen Glasrohr um exakt 1 mm hoch. Eine physikalische Atmosphäre entspricht demnach 760 Torr bzw. 760 mm Hg. Übrigens: Mediziner messen den diastolischen und systolischen Blutdruck traditionell nach der bewährten Methode des italienischen Arztes Scipione Riva-Rocci (1863 bis 1937) immer noch in dieser Einheit, obwohl sie seit 1977 gesetzlich nicht mehr zulässig ist. Immerhin liefert sie nicht so unhandliche Zahlen wie die heute vorgeschriebene Einheit Pascal (Pa), die man an modernen Barometern ablesen kann (1 atm = 10 13,25 mbar = 101 325 Pa = 1013,25 hPa). Was würden Sie zu einem Blutdruck von beispielsweise 15 198 zu 10 693 (Pa) sagen?

### Botschaften vom Barometer

▽ **3.11** Es geht auch anders …

Aus den Nachrichtenmedien ist hinlänglich bekannt, dass Hoch- und Tiefdruckgebiete das Wettergeschehen bestimmen. Dabei muss der Durchzug eines Tiefdruckgebiets keineswegs immer Schlechtwetter bedeuten, und ein Hochdruckgebiet garantiert nicht unbedingt eine Schönwetterperiode. Denn: Viele weitere Faktoren sind auf recht komplizierte Weise an der Entstehung des Wetters beteiligt.

In der wetterwirksamen unteren Atmosphäre, der Troposphäre, treten Abweichungen vom durchschnittlichen Luftdruck zwischen 880 und 1080 mbar auf. In Gebieten hohen Drucks dellt die schwerere Luftsäule den Meeresspiegel je Millibar um 1 cm ein. Für die Wasserbewegungen zwischen verschiedenen Meeresgebieten ist dieser Höhenunterschied nicht relevant. Die Druckdifferenz setzt allerdings die Winde in Gang. Wegen der Ablenkungseffekte der Coriolis-Kraft (infolge der Erdrotation, benannt nach dem genialen französischen Physiker Gaspard Gustave des Coriolis, 1792 bis 1843) bewegen sich die Winde über größere Breitenunterschiede jedoch nicht geradlinig, sondern vielmehr spiralförmig zum Zentrum der Druckdepression, einer Zyklone. Auf der Nordhalbkugel verläuft diese Spirale immer gegen den Uhrzeigersinn. Auf Satellitenfilmen zum globalen Wettergeschehen kann man diese eindrucksvollen Drehbewegungen im Internet heute sogar in Echtzeit verfolgen.

Übrigens: Obwohl sie nun wirklich schwer auf uns lastet, scheint die Luft federleicht zu sein. Tatsächlich wiegt 1 m³ Luft am Erdboden bei 0 °C und Normaldruck exakt 1,239 kg. Die Luftmenge eines normalen Wohnraums von 5 × 5 × 2,5 m Abmessung ist daher schon fast ein Fall für einen gut trainierten Gewichtsheber.

Alle Wellenbewegungen auf dem Meer sind letztlich Folgewirkungen von Vorgängen in der Erdatmosphäre. Die Luft umströmt die wetterwirksamen Hoch- und Tiefdruckgebiete, und je nach Windgeschwindigkeit äußert sie sich mit sanftem Säuseln oder als ohrenbetäubender Orkan.

### Die See auf See

Wenn nun der Wind über See geht, nimmt er seinen Weg nicht gar so hemmungslos, wie es zunächst das eingangs bemühte Tassenmodell zeigt. Er streift die Wasseroberfläche und kräuselt zunächst kleine,

STEPHEN'S FORECASTING STONE

| CONDITION | FORECAST |
|---|---|
| Stone is wet | Rain |
| Stone is dry | Not raining |
| Shadow on ground | Sunny |
| White on top | Snowing |
| Can't see | Foggy |
| Swinging | Windy |
| Stone jumping up & down | Earthquake |
| Stone gone | Hurricane |

Kapillarwellen genannte Wellenfronten auf, die sich rasch zu kurzen, steileren Rippeln entwickeln. Physikalisch betrachtet passiert dabei Folgendes: In der direkt über eine Wasseroberfläche streichenden Luft reißt deren laminare Grenzschicht wegen des höheren Widerstandes über dem Wasser ziemlich bald ab und wird dabei turbulent. Dadurch entstehen Wirbel mit kleinräumigen Druckunterschieden, und diese verformen nun effektiv die Meeresoberfläche. Solange der Wind weht, kommt somit ein sich selbst verstärkender Prozess in Gang: Die am Wellenberg aufsteigende Luft erzeugt vor dem Wellenkamm eine kleine Hochdruckzelle, die dahinter zum Wellental abfallende dagegen eine entsprechende Tiefdruckzelle bei entgegengesetzt rotierendem Wirbel. Im Effekt schaukeln sich die Wellenhöhen somit abhängig von Windgeschwindigkeit und Wirkdauer bzw. Weglänge des Windes (in der Fachsprache *fetch* genannt) ständig auf.

Somit leuchtet sofort ein, dass sich beim Durchzug eines Gewitters mit ziemlich heftigen Böen tatsächlich nur selten eine grobe See entwickelt, wie man in der Berufsschifffahrt die hohen Wellen nennt, denn dafür ist die Einwirkungsdauer des Windes meist viel zu kurz. Dagegen kann ein Windanlaufweg von etlichen Hundert Kilometern eine ziemlich hohe See aufbauen. Ab Windstärke 3 werden die Wellen von kleinen Schaumkämmen gekrönt, den sogenannten Hasenpfötchen. Bei noch heftigerem

▽ **3.12** Sturmgeheul und Brecher so laut wie ein vorbeifahrender Güterzug – auch für die Ohren ein eindrucksvolles Erlebnis.

| Grad (Bft) | kn | m/s | km/h | Windbezeichnung deutsch | englisch | Seegang | Wirkung auf See | Wirkung an Land |
|---|---|---|---|---|---|---|---|---|
| 0 | 0–1 | 0–0,2 | 0 | windstill | calm | glatte See | spiegelglatte See | Rauch steigt gerade empor |
| 1 | 1–3 | 0,3–1,5 | 1–5 | leiser Zug | light air | ruhige See | leichte Kräuselwellen, Oberfläche glasig | Windfahne zeigt nichts an |
| 2 | 4–6 | 1,6–3,3 | 6–11 | leichte Brise | light breeze | schwach bewegte See | kleine, kurze Wellen | Säuseln von Blättern; Windfahne bewegt |
| 3 | 7–10 | 3,4–5.4 | 12–19 | schwache Brise | gentle breeze |  | vereinzelt weiße Schaumköpfe; Kämme brechen: „Hasenpfötchen" | dünne Zweige bewegen sich |
| 4 | 11–15 | 5,5–7,9 | 20–28 | mäßige Brise | moderate breeze | leicht bewegte See | kleine, längere Wellen; mehr Schaumköpfe | Zweige, dünne Äste bewegen sich; Papier und Staub werden gehoben |
| 5 | 16–21 | 8,0–10,7 | 29–38 | frische Brise | fresh breeze |  | Wind deutlich hörbar, Wellen schon größer und recht lang; überall Schaumköpfe | kleinere Laubbäume schwanken; auch auf Seen Schaumköpfe |
| 6 | 22–27 | 10,8–13,8 | 39–49 | starker Wind | strong breeze | grobe See | große Wellen, Kämme brechen, hinterlassen Schaumflächen; vereinzelt Gischt | dicke Äste bewegen sich; Regenschirme kaum zu benutzen |
| 7 | 28–33 | 13,9–17,1 | 50–61 | steifer Wind | near gale | sehr grobe See | Schaum, der sich beim Brechen bildet, legt sich in Streifen gegen den Wind | Bäume in Bewegung; beim Gehen Widerstand stark merkbar |
| 8 | 34–40 | 17,2–20,7 | 62–74 | stürmischer Wind | gale | hohe See | Kämme besonders lang; Gischt weht ab; Schaum in Streifen gegen Windrichtung | Zweige brechen |
| 9 | 41–47 | 20,8–24,4 | 75–88 | Sturm | strong gale |  | hohe Wellenberge; Schaumstreifen dichter | kleine Schäden an Häusern |
| 10 | 48–55 | 24,5–28,4 | 89–102 | schwerer Sturm | storm | sehr hohe See | sehr hohe Wellenberge mit langen brechenden Kämmen; schlechte Sicht durch Gischt | Bäume werden entwurzelt; größere Schäden an Häusern |
| 11 | 56–63 | 28,5–32,6 | 103–117 | orkanartiger Sturm | violent storm | außergewöhnlich schwere See | außergewöhnlich hohe Wellenberge; Sicht noch schlechter | verbreitet Sturmschäden |
| 12 | >64 | >32,7 | 118–133 | Orkan | hurricane |  | Luft mit Gischt und Schaum vermischt; See weiß; keine Sicht | schwerste Verwüstungen |

△ **Tab. 5**: Beaufort-Skala der Windgeschwindigkeiten und Petersen-Skala für Seegang.

Luftzug fliegt dann sogar der Schaum davon – wie von den Biergläsern in zugigen irischen Dorfkneipen. Etwa ab Windstärke 6 peitscht der Wind den Schaum von den Wellenkämmen und treibt ihn in langen Gischtfahnen vor sich her. Alle Wellen, die im direkten Einwirkungsbereich des Windes entstehen, nennt der Seemann Windseen.

## Laue Lüftchen und tosende Brecher

Nur um letzte Zweifel auszuräumen: Die Richtung des Windes wird (nicht nur an der Küste) grundsätzlich immer nach derjenigen Himmelsrichtung be-

nannt, aus der er kommt. Ein Westwind weht demnach von West nach Ost und nicht umgekehrt. Beseitigen wir gleich noch eine Verwechslungsgefahr: Mit dem Luv bezeichnet man die dem Wind zugewandte Seite. Als Lee bezeichnet man die vom Wind abgekehrte Flanke.

Die Windstärke gibt man international nach der eingeführten Beaufort-Skala in Bft an. Sir Francis Beaufort (1774 bis 1857), seinerzeit Kapitän des britischen Segelschiffs *Woolwich*, entwickelte sie im Jahre 1806. Er unterschied die verschiedenen Windstärken nach seinem wichtigsten Erfahrungsgut, nämlich nach den beobachteten Effekten in der Takelung. Ein halbes Jahrhundert zuvor hatten seine Landsleute John Smeaton und Thomas Rouse die Winde nach deren Wirkungen auf Windmühlenflügel klassifiziert. Ihre gewiss gutmütig gedachte Skala von 1759 war indessen auf See aus naheliegenden Gründen schlecht bis gar nicht anwendbar. Die heute übliche Beaufort-Skala wurde 1835 in Brüssel durch die *Erste Internationale Meteorologische Konferenz* verbindlich angenommen. Im Jahre 1949 hat man sie von 12 auf 17 Stufen erweitert, wenig später (1970) dagegen die ursprüngliche 12-teilige Skalierung eingeführt. Die besonders heftigen Wirbelstürme, Hurrikane, Tornados und Taifune, wie sie in jüngerer Zeit gehäuft auftraten, erforderten aber wiederum eine erweiterte Skala. Im Prinzip kehrte man daher zur 17-teiligen Beaufort-Skala zurück und unterscheidet nach der neuen Saffir-Simpson-Skala die Wirbelsturmkategorien 1 bis 5 mit den zugeordneten Windgeschwindigkeiten 118–152, 153–176, 177–208, 209–248 sowie > 248 km/h.

Wegen ihrer Herkunft aus der Seefahrt gibt man die Windgeschwindigkeiten traditionell immer noch in Knoten (1 kn = 1 sm/h; 1 sm = 1 Seemeile = 1,852 km = 1 Bogenminute auf dem Meridian bei 45° Breite) an. Tabelle 5 gibt eine Übersicht der heu-

te üblichen Festlegungen. Sie kombiniert zudem die Windgeschwindigkeiten mit dem nach einer längeren Streichstrecke und Einwirkungsdauer zu erwartenden Seegang nach der 9-teiligen Petersen-Skala.

### Wie Meereswellen entstehen

Gänzlich in Ruhe ist das Meer selbst in Strandnähe nie. Manchmal donnern hier bei relativer Windstille und sonst weitgehend glatter Meeresoberfläche beachtliche Brecher an den Strand, eventuell sogar mit der Lautstärke eines Güterzuges. Deren Ursprung ist nicht auf den ersten Blick erkennbar. Also nehmen wir jetzt eine kleine Kompetenzschulung in Sachen Wellenverständnis vor. In Kurzform lautet die einfache Lektion: Wellen sind immer eine Folge von Wind.

Man entdeckt die langgezogenen, hübsch abgerundeten und zunächst noch glatten Wellen oftmals erst, wenn sie in Strandnähe überbrechende und oft wild schäumende Kämme bilden. Was hier wie aus dem Nichts auf den Strand zueilt, bezeichnet man als Dünung. Bei den Dünungswellen handelt es sich immer um die Restwellen bzw. Windseen eines abgeflauten Sturmes. Oft stammen sie sogar aus einem weit entfernten Sturmgebiet. Sie können ohne nennenswerten Energieverlust viele Tausend Kilometer

| Wind-stärke (Bft) | Windgeschwindigkeit | | | | Wellenhöhe (m) | |
|---|---|---|---|---|---|---|
| | kn | m/s | km/h | mph | Tiefsee (Atlantik) | Flachsee (Nordsee) |
| 0 | 0–1 | 0–0,3 | 0 | 0–1,2 | – | – |
| 1 | 1–4 | 0,3–1,6 | 1–5 | 1,2–4,6 | 0,0–0,2 | 0,05 |
| 2 | 4–7 | 1,6–3,4 | 6–11 | 4,6–8,1 | 0,5–0,75 | 0,6 |
| 3 | 7–11 | 3,5–5,5 | 12–19 | 8,1–12,7 | | |
| 4 | 11–16 | 5,5–8,0 | 20–28 | 12,7–18,4 | 0,8–1,2 | 1,0 |
| 5 | 16–22 | 8,0–10,8 | 29–38 | 18,4–25,3 | 1,2–2,0 | 1,5 |
| 6 | 22–28 | 10,8–13,9 | 39–49 | 25,3–32,2 | 2,0–3,5 | 2,3 |
| 7 | 28–34 | 13,9–17,2 | 50–61 | 32,2–39,1 | 3,5–6,0 | 3,0 |
| 8 | 34–41 | 17,2–20,8 | 62–74 | 39,1–47,2 | >6,0 | 4,0 |
| 9 | 41–48 | 20,8–24,5 | 75–88 | 47,2–55,2 | | |
| 10 | 48–56 | 24,5–28,5 | 89–102 | 55,2–64,4 | <20 | 5,5 |
| 11 | 56–64 | 28,5–32,7 | 103–117 | 64,4–73,6 | >20 | >6 |
| 12 | >64 | >32,7 | >118 | >73,6 | | |

Tab. 6: Windgeschwindigkeiten und Wellenhöhen.

## Schaumschlägerei

Nicht nur das Bermuda-Dreieck gibt allerhand Rätsel auf – auch an den Küsten kann man mancherlei ungewöhnliche, aber erklärbare Erscheinungen erleben. Physikalisch hängen sie allesamt mit den komplizierten Wechselwirkungen zwischen Meerwasser und Atmosphäre zusammen, die uns letztlich auch das ganz normale Wetter bescheren.

Ein oft bestauntes und gern fotografiertes Phänomen ist unter anderem der Schaum der donnernd überbrechenden Welle, die zischend und glucksend auf den Strand läuft. Es rührt daher, dass sich eine Welle gleichsam selbst überholt und in ihren oberen Partien zum Wasserfall wird. Während des Überbrechens schließt der Wellenkamm auf breiter Front unter sich einen Zylinder mit stark komprimierter Luft ein. Die Turbulenzen im Wellenkamm zerlegen ihn rasch in kleinere Bläschen, und deren kollektives Zerplatzen erzeugt das heftige Meeresrauschen. Je kleiner die eingeschlossenen Luftbläschen sind, umso länger dauert es, bis sie ihren Inhalt an die Atmosphäre zurückgeben. Dieser Effekt hängt mit der Oberflächenspannung des Wassers zusammen, der die relativ kleineren Bläschen wirksamer und länger stabilisiert als die großen Lufteinschlüsse. Modellhaft kann man diesen Effekt im einem Glas mit sprudelndem Mineralwasser oder alternativ in einer Champagnerschale beobachten – und auch hören, wobei sich das geräuschvolle Platzen kleiner Gasbläschen übrigens nach nicht ganz einfach zu durchschauenden physikalischen Gesetzmäßigkeiten vollzieht.

▷ **3.13** Wellen verlieren bei der Annäherung an den Strand an Länge und an Geschwindigkeit. Die Kreisbewegungen der Wasserteilchen werden zunehmend elliptisch. Der Wellenkamm bekommt schließlich Übergewicht – die Welle bricht und klatscht auf den Strand.

zurücklegen. Ein anhaltender Sturm im Nordatlantik kann somit selbst am südlichen Rand der Nordsee einige Tage später eine starke Dünung bewirken.

Physikalisch gesehen sind die daran beteiligten Abläufe unerwartet spannend. Die Dünungswelle, die sich mit allerhand Getöse auf den Strand wirft, ist – obwohl der Augenschein zunächst dagegenspricht – kein Wasserstrom, sondern eben eine Welle, in der vor allem Vertikalbewegungen vorherrschen. In größerer Wassertiefe beschreiben ihre Wasserteilchen kreisförmige Bahnen (Orbitalbahnen). Die Flaschenpost, die weit vor dem Strand in der Welle dümpelt, erfährt daher ständig gewisse Vertikalversetzungen, aber keinen horizontalen Transport. Erst wenn

sich eine Welle dem Strand nähert und damit in flacheres Wasser gerät, wird die Kreisbahn der Wasserteilchen zu Ellipsen verformt. Dieser bemerkenswerte Effekt setzt ein, sobald die Wassertiefe kleiner als die halbe Wellenlänge ist. Hier fühlt die Dünung unter sich den Boden und gerät – bildlich gesprochen – sozusagen ins Straucheln. Die Wellenlängen nehmen ab, die Wellenhöhen dagegen zu, und die Wellenflanken werden steiler. Solche Aufwärtsbewegung im Wellenlee ermöglichen dem Surfer seine langen Talfahrten. Beträgt der Abstand vom Wellental zum Boden nur noch etwa das 1,3-Fache der Wellenhöhe, wird die Teilchengeschwindigkeit im Wellenkamm größer als im Rest der Welle: Jetzt überschlägt sich der Kamm und überholt sozusagen seine eigene Welle, die nunmehr bricht und hörbar auf den Strand schlägt. Eine 3-m-Welle bricht demnach spätestens in 4 m Wassertiefe. Den Bereich des turbulenten Wellenbrechens bezeichnet man als Brandungszone.

### Hochgehende See

Selbst ein Orkan kann in kleinen, flachen und abgeschlossenen Buchten nur kleine Wellen erzeugen. Daher hat die Ostsee kürzere und niedrigere Wellen als die Nordsee, und diese sind wiederum weniger heftig als am offenen Atlantik.

Die niedrigsten Wellenhöhen weist die westliche Ostsee zwischen Flensburg und Darß bzw. Fischland auf, weil der Wind (mit Ausnahme des Nordostwindes, der voll auf die Steilufer von Klütz Höved bei Boltenhagen, Staberhuk auf Fehmarn und das Brodtener Ufer bei Travemünde trifft) hier nur eine geringe Wirkstrecke hat. In der Deutschen Bucht führen Nordweststürme dagegen zu besonders hohen Wellen. Die Höhe der Windseen liegt hier bei 6 bis 7 m, Einzelwellen können sogar 10 m Höhe erreichen.

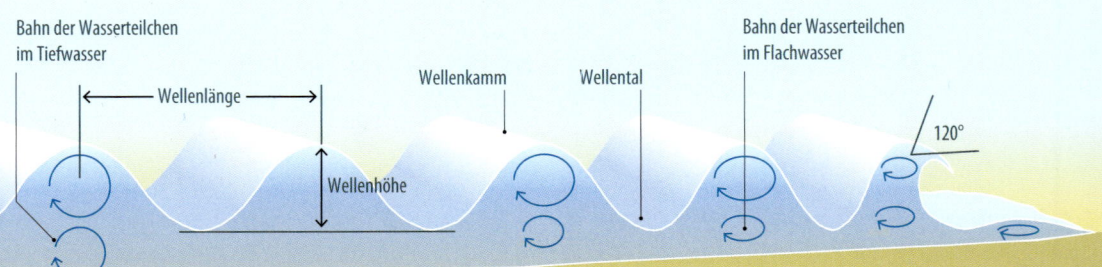

Bahn der Wasserteilchen im Tiefwasser · Wellenlänge · Wellenhöhe · Wellenkamm · Wellental · Bahn der Wasserteilchen im Flachwasser · 120°

Nahezu jede Welle endet an einer Küste. Die Wucht des Aufpralls auf das Festland hängt neben der Wellenhöhe von der Wassertiefe vor der Küste ab. Nähert sich die Welle einer aus der Tiefe aufragenden Felsenküste, so prallt sie gänzlich ungebremst auf das Hindernis. Weist die Küste jedoch eine vorgelagerte Flachwasserzone auf, wird die Energie der Welle schrittweise abgeschwächt. Sie bäumt sich noch einmal steil auf, bevor sie letztlich bricht, auf die Strandböschung donnert und dort – nach erheblichem Energieverlust – sichtlich beruhigt ausläuft.

Die bisher höchsten Wellen an der deutschen Ostseeküste wurden am Ostufer von Rügen gemessen. Hier kann ein Oststurm über lange Strecken bei verhältnismäßig großer Meerestiefe durchaus eine schwere See aufbauen. Die Wellenhöhe an der Ost-

küste von Rügen kann bei einer Windstärke um 9 bis 10 Extremwerte von 9 m erreichen, übersteigt im Mittel (Windsee) aber selten 5 m.

### Umgelenkte Wellenfronten

Die Erfahrung lehrt, dass die Wellenzüge eigenartigerweise fast immer direkt auf den Strand zulaufen. Falls Sie gerade am Weststrand von Amrum oder Sylt stehen, hält die Brandung konsequent und geradewegs auf Sie zu. Der Wind weht hier üblicherweise aus West, und deswegen erreicht die Dünung eine ziemlich genau in nord-südlicher Richtung verlaufende Strandlinie ungefähr im rechten Winkel. Eigentlich klar, oder? Nun rufen Sie doch einmal Ihre Freunde an, die vielleicht gerade auf Ameland, Baltrum oder Wangerooge weilen. Hier verläuft die

△ **3.14** Langfristig ist die Brandung der Ruin auch der härtesten Klippen.

Refraktion. Im Ergebnis schwenken die Wellenzüge jeweils ungefähr küstenparallel ein. An allen Stränden, an denen die Brandung den Auswurf des Meeres als Spülsaum deponiert, richten sich die Strandlinien aus Abfall, Muschelschill, Tangresten oder sonstigem Treibgut, das den Frontverlauf früherer Wellenzüge markiert, immer erstaunlich genau nach dem Küstenverlauf aus.

### Wasserhosen in der Luft

Gelegentlich bilden sich über See für kurze Zeit Mini-Tornados, vor allem bei starken Temperaturgegensätzen. Dann wächst aus einer Wolke ein rasch rotierender, gierig saugender Rüssel, der hin und her schwenkt, schließlich die Wasseroberfläche erreicht und die Gischt an der Wasseroberfläche hochreißt. Mit Windgeschwindigkeiten bis zu 150 kn werden Wind und Wasser durch den Rüssel gesogen. Ein solcher Wirbelwind, der sich über dem Meer austobt, ist eine Wasserhose. Dieses gespenstische Phänomen ist vor allem bei Gewittern und an Wetterfronten zu beobachten. Voraussetzung dafür sind erwärmtes Wasser und eine Gewitterwolke. Die feuchtwarme Luft über dem Wasser wird von der Wolke wie von einem Staubsauger angesogen. Ein gut sichtbarer, trichterartiger grauer Schlauch (eine Trombe, italienisch *tromba* = Trompete) reicht von der Wolkendecke bis auf die Wasserfläche und zieht mit den Wolken schnell über das Wasser. Der Spuk verschwindet so schnell wie er kam – er dauert höchstens 30 min.

Auch in Bereichen von Luftmassengrenzen zwischen plötzlich auftretender polarer Kaltluft und sehr warmem Oberflächenwasser entwickeln sich Wirbel, die Wasserhosen ausbilden können. In Verbindung mit Kaltfronten treten sie meistens im Herbst auf, nicht selten auch an Nord- und Ostsee.

### Monsterwellen und andere Katastrophen

Besonders hohe Wellen, wie sie sich nach schweren Stürmen aufbauen, können sogar von oben auf das Schiffsdeck schlagen. Solche Wellenereignisse nennt man Sturzseen. Nach Aussage der konventionellen Wellenphysik können auf dem offenen Ozean Wasserberge bis maximal 15 m Wellenhöhe auftreten. Entsprechend legte man moderne ozeangängige

△ **3.15** Drunter und drüber: Mitunter ist der Aufenthalt am Wasser recht ungemütlich.

Strandlinie ziemlich geradlinig west-östlich – aber trotzdem branden die Wellen hier strikt von Norden und senkrecht auf die Strandlinie an.

Die Dünung läuft tatsächlich immer direkt auf die Küste zu, weitgehend unabhängig von der Orientierung der Strandlinie. Der Grund ist leicht einzusehen. Treffen Wellenkämme in einem Winkel unter 90° auf die Küste, bleiben die strandnäheren Kämme hinter den seewärtigen ein wenig zurück, und die gesamte Welle erfährt eine Umlenkung oder

Schiffe mit einer Sicherheitsmarge für Wellenhöhen bis 16,5 m aus.

Nun haben Seefahrer aber schon immer von „haushohen" Wellen mit Höhen deutlich über 20 m berichtet. Lange Zeit hat man solche Notizen allerdings unter der Kategorie Seemannsgarn abgelegt, bis man aus glaubwürdigen Aussagen und noch objektiveren Messungen Hinweise enthielt, dass enorm hohe Wellen (englisch *freak waves* genannt) tatsächlich auftreten. Radarmessungen von der norwegischen Nordsee-Ölplattform *Draupner* registrierten in zehn Jahren über 400 Monsterwellen. Satellitenmessungen von ESR-1 und ESR-2 stellten in drei Wochen zehn solcher Wellenereignisse mit Wellenhöhen über 25 m fest. Das Kreuzfahrtschiff *Bremen* lief im Februar 2001 im Südatlantik vor Argentinien in eine solche Monsterwelle, die sogar die Fenster der Kommandobrücke einschlug – immerhin 30 m über der Wasseroberfläche gelegen. Mehrere Hundert ungeklärte Verluste von Großschiffen und Bohrplattformen schreibt man unterdessen der Einwirkung von Monsterwellen zu.

In der Seeschifffahrt unterscheidet man mit der ihr eigenen Fachsprache heute drei Typen von Monsterwellen: Ein *Kaventsmann* ist eine relativ dicke Welle, die nicht dem allgemeinen Seegang folgt und selbst ein Schiff der 300-m-Klasse einfach herumwirbeln kann. Als *Drei Schwestern* bezeichnet man drei sehr kurz aufeinanderfolgende Riesenwellen, wobei ein getroffenes Schiff beim Eintauchen in das erste Wellental keinen genügend raschen Auftrieb entwickeln kann und dann spätestens vom dritten Wellenberg geradezu erbarmungslos überrollt wird. Auch Varianten mit zwei oder vier bis fünf solcher Wellen sind denkbar. Die *Weiße Wand* ist eine besonders steile Riesenwelle, von deren Kamm die Gischt rieselnd herunterläuft.

In der Theorie fasst man Monsterwellen heute als nichtlineare Gebilde auf, deren Entstehung nur mithilfe komplexer Modelle annähernd, aber längst noch nicht erschöpfend zu erklären ist. In Gebieten,

▷ **3.16** Auch Felsenfestes kann der Wucht der Wellen nicht dauerhaft widerstehen.

▷ **3.17** Das Watt an der Nordsee ist eine der großartigsten Naturlandschaften Europas.

in denen der Seegang gegen die Strömung gerichtet ist, scheinen sie gehäuft aufzutreten.

Grundsätzlich zu trennen sind solche Riesenwellen von den Tsunamis, die auf tektonische Ereignisse am Meeresboden (Hangrutschungen, Erdbeben nach Plattenversetzungen) zurückzuführen sind. Auf hoher See haben Tsunamiwellen erstaunlicherweise nur eine Wellenhöhe von etwa 1 m bei Wellenlängen von mehr als 100 m. Sie werden dort kaum registriert, entfalten aber beim Anbranden an der Küste verheerende Wirkungen. Monsterwellen haben dagegen beim Anlaufen gegen eine Küste ihre Energie schon vorher großenteils abgegeben (dissipiert) und verpuffen am Strand ohne nennenswertes Spektakel.

### Zwei gänzlich ungleiche Nachbarn

Zwar liegen sie sozusagen direkt vor unserer (norddeutschen) Haustür, aber unterschiedlicher könnten zwei so eng benachbarte Meere wie die Nord- und die Ostsee eigentlich gar nicht sein: Auf der Höhe der dänisch-deutschen Grenze, die den schmalen Landrücken Jütlands bei ungefähr 55° N quert, liegen ihre Ost- bzw. Westküste gerade einmal etwa 50 km auseinander. Dennoch steht man an ihren jeweiligen Stränden tatsächlich am Rande gänzlich verschiedener Lebensraumgefüge mit vielen geologischen, physiko-chemischen und biologisch-ökologischen Besonderheiten. Nord- und Ostsee repräsentieren demnach verschiedene Welten, aus denen sich für beide Meeresgebiete eine Fülle von Alleinstellungsmerkmalen ableiten lässt. Die fast schon grundsätzliche Verschiedenheit betrifft bereits das höchst unterschiedliche Alter: Die Nordsee war schon vor 180 Mio. Jahren im Jura (mittleres Erdmittelalter) ein Schelfmeer am Rande des damals noch ziemlich schmalen Nordatlantiks. Die Ostsee entstand dagegen tatsächlich erst nach der letzten Eiszeit vor rund 12 000 Jahren und damit gleichsam in der Altsteinzeit. Sie ist also nach erdgeschichtlichen Maßstäben ein unverhältnismäßig junges Meer, das aber heute gleichwohl – und im Unterschied zur Nordsee – die ältesten Gesteine Europas überdeckt.

## Aus friesischer Sicht

Für Mitteleuropa ist die Nordsee geographisch, historisch sowie wirtschaftlich zweifellos das mit Abstand bedeutsamste Meer. Die heutige Benennung des so empfundenen *mare nostrum* geht vermutlich auf die an seinen Küsten schon lange ansässigen Friesen zurück. Aus deren (allerdings nur geographisch gesehen) etwas beschränkter Perspektive liegt dieses Meer direkt vor ihrer Küsten- bzw. Inselwelt und eben in nördlicher Richtung. Die Hanse übernahm diese Einschätzung und setzte zudem für das östlich anschließende Großgewässer die Bezeichnung Ostsee durch. In Dänemark ist, topographisch ebenfalls völlig nachvollziehbar, die Bezeichnung *Vesterhavet* (Westmeer) neben dem ebenfalls verwendeten *Nordsøen* verbreitet.

Als Nordgrenze der Nordsee nimmt man meist die engste Stelle zwischen dem ostschottischen Kinnairds Head und dem westlichsten Punkt Norwegens bei Stavanger an – beide liegen etwa 450 km weit auseinander (Abb. 3.20). Andere Einteilungen setzen die Nordgrenze erst beim 60. Breitengrad an. Die Grenze zum Europäischen Nordmeer als östlichem Teil des Nordatlantiks ist naturräumlich allerdings nicht besonders klar markiert. Die Konvention nimmt hier die Abgrenzung zwischen Nordschottland, den Shetland-Inseln und dem norwegischen Ålesund vor, wo die norwegische Küste definitiv von ihrer hauptsächlichen Nord-Süd-Ausrichtung in einen ziemlich geradlinigen Verlauf nach Nordost abknickt. Das Oslo-Pariser Abkommen von 1962 legt die Grenzen gar mit dem Meridian 5° W und dem Breitenkreis 62° N fest, der das norwegische Festland etwa in Höhe des Geiranger-Fjords schneidet. Untermeerisch entspricht dieser gedachten Linie in etwa der Kontinentalschelfrand. Die britischen Orkney- und Shetland-Inseln gehören demnach trotz ihrer vorgeschobenen Lage noch zur Nordsee. Die Südwestgrenze ist mit der gedachten Verbindungslinie zwischen der Themse- bzw. Rhein-Mündung (52° N) und dem französischen Cap Gris Nez bei Calais festgelegt. Westlich davon liegt der Ärmelkanal, oft auch nur als

Kanal zitiert, französisch *La Manche* und englisch *The Channel* genannt. Auf den Shetland-Inseln führt die (hier angenommene) Grenze zwischen Nordsee und Nordatlantik über eine Straße.

Wenn man auf einer der west-, ost- oder nordfriesischen Inseln den Urlaub verbringt, markiert die Strandlinie sichtlich die Grenze eines atlantischen Randmeeres, von dem sie gleichsam nur der Saum eines Zipfels ist: Mit ihren rund 575 200 km$^2$ Fläche gehört die Nordsee zu den kleineren Randmeeren, ist mit dieser Flächenbemessung aber dennoch deutlich größer als das Schwarze Meer. Im Kartenbild nimmt sie ungefähr die Form eines Rechtecks von rund 1000 km Länge und bis 600 km Breite ein. Ihre Wasserfüllung beträgt immerhin 54 069 km$^3$ und enthält die ansehnliche Menge von 1 838 142 000 t Meersalz. Das wird für die Küstengastronomie gewiss eine Weile reichen.

Durch die etwa 100 km breite Öffnung zwischen den Orkney- und den Shetland-Inseln nordöstlich von Schottland führt der Fair-Isle-Strom dem Nordseebecken jährlich etwa 9000 km$^3$ Atlantikwasser zu. Ein deutlich stärkerer Einstrom von etwa 51 000 km$^3$ führt über die rund 900 km lange Norwegische Rinne. Davon verlässt der überwiegende Teil den Nordseeraum wieder mit dem Baltischen Strom entlang der Norwegischen Küste. Etwa 3400 km$^3$ Wasser erhält die Nordsee über den Ärmelkanal. Mit den Niederschlägen auf See treffen 380 km$^3$ ein und gleichen damit die jährliche Verdunstung von ca. 325 km$^3$ gut aus. Die Nordseezuflüsse entwässern eine Landfläche von annähernd 84 500 km$^2$ und tragen ihr jährlich etwa 300 km$^3$ Süßwasser zu. Das Flusswasser macht damit insgesamt nur etwa 0,5 % des Nordseewassers aus. Der Rhein ist daran mit etwa 2200 m$^3$/s beteiligt, die Elbe mit 856 m$^2$/s. Die fluviatilen und marinen Wasserkörper durchmischen sich allerdings nur zögerlich. Das Wasser aus Rhein und Elbe ist noch bis Nordwestdänemark klar von typischem Meerwasser zu unterscheiden. In knapp zwei Jahren tauscht die Nordsee ihr gesamtes Wasser mit dem Nordatlantik aus, wobei die durchschnittlichen Verweilzeiten im Bereich der deutschen Küstenanteile höher sind.

Die auf jeder Europakarte offensichtliche westliche, südliche und östliche Begrenzung bilden die Küsten der Anrainerstaaten. Diese haben die Nordsee nach dem Mittellinienprinzip (Großbritannien vs. übrige Anrainerstaaten; Norwegen vs. Dänemark, Deutschland und Niederlande) unter sich aufgeteilt. Zwischen Dänemark, Deutschland und den Niederlanden wurden die Grenzen auf dem Nordseeboden nach langwierigen Verhandlungen und zuletzt durch eine Entscheidung des Internationalen Gerichtshofes festgelegt. Die Ländersektoren entsprechen daher nur ungefähr ihrer Küstenlänge. Auf Deutschland entfällt dennoch nur ein relativ kleiner südöstlicher Sektor mit einer bis etwa 50 km nördlich der Doggerbank reichenden Spitze, dem sogenannten Entenschnabel.

### Ein ausgedehntes Schelfgebiet

Der weitaus größte Teil der Nordsee ist Schelfgebiet und damit ein untermeerischer Kontinentalsokkel. Die Wassertiefen sind daher moderat und nehmen von rund 30 m im südlichen Nordseebecken bis auf etwa 200 m an der Kontinentalkante (Schelfrand) zu. Daraus errechnet sich für die gesamte Nordsee eine Durchschnittstiefe von nur knapp 94 m – für das Herumdümpeln in einer kleinen Nussschale auf hoher See dennoch eine ungemütliche Vorstellung. Eine Ausnahme bildet die Norwegische Rinne, denn sie ist ein ausgeprägtes Tiefengebiet. Sie beginnt im Europäischen Nordmeer, folgt in höchstens 20 km Abstand der norwegischen Südwestküste und fällt an der tiefsten Stelle im Skagerrak bis auf 725 m ab. Für den Wasseraustausch mit der Ostsee ist sie von besonderer Bedeutung.

Zentral in der Nordsee liegt die Doggerbank – in west-östlicher Richtung bis 350 km lang, in nord-südlicher bis 120 km breit und somit ein Gebiet etwa von der Größe der Niederlande. Die Wassertiefen liegen im Südwestteil bei 13 m und nehmen nach Osten bis auf 30 m zu. Etwas nördlich davon verlief während der Eiszeiten die südliche Küstenlinie der Nordsee. Nach manchen Darstellungen kann man hier anhand der Vertiefungen im Nordseeboden Lage und Vernetzung früherer Flusssysteme ablesen. Das Elbe-Urstromtal hat schon früh seinen eigenen Weg genommen. Die Themse war dagegen einst ein Nebenfluss des Rheins. Vor rund 10 000 Jahren mündete

der Rhein direkt in den Ärmelkanal. Heute grenzt das flache Seegebiet der Doggerbank die südliche von der zentralen Nordsee ab. Im Südteil der Nordsee unterscheidet man die *Southern Bight* vor der belgischen und niederländischen und die Deutsche (Helgoländer) Bucht vor der deutschen Küste.

### Die Ostsee als kontinentales Mittelmeer

Betrachtet man die Land- bzw. Seekarte Nordeuropas, müsste man eigentlich die Ostsee unter Einschluss des Kattegats – mit ihren rund 413 000 km² Fläche nur wenig größer als Deutschland – als Nordsee bezeichnen (Abb. 3.20). Sie liegt zwar klar östlich des heutigen Nordseebeckens, erstreckt sich mit ihren entferntesten Ausläufern jedoch ungleich höher in den Norden: Während die Nordsee ungefähr zwischen dem 52. (Themse- bzw. Rheinmündung) und dem 60. Breitengrad (Shetland-Inseln) liegt, reicht die Ostsee immerhin vom 54. (Travemünde) bis zum 63. Breitengrad und damit bis fast an den nördlichen Polarkreis heran. Da sie vergleichsweise schmal und rundum von Festland eingeschlossen ist, gilt sie in der modernen Ozeanographie wegen ihrer eingekeilten Lage übrigens als kontinentales Mittelmeer. Auch das (mediterrane) Mittelmeer ist angesichts seiner betonten Klemmlage zwischen Nordafrika, Asien und Europa eben ein Mittelmeer.

Wegen der vergleichsweise kleinen Flächenbemessung und der schmalen Verbindungen zum offenen Nordatlantik treten in der Ostsee keine deutlichen Gezeiten auf – der Tidenhub beträgt hier lediglich etwa 15 cm. Nur drei enge Öffnungen zwischen der dänischen Inselwelt bilden eine direkte Verbindung zum Kattegat und von dort über das Skagerrak zur Nordsee. Im Unterschied zur Nordsee gliedert sich die Ostsee in mehrere selbstständige Becken, die jeweils durch flache Schwellen voneinander getrennt sind. Als Flachwassermeer weist sie eine durchschnittliche Tiefe von 55 m auf und ist – im Landsorttief südlich von Stockholm – maximal 459 m tief.

Die erdgeschichtliche Entwicklung der Ostsee ist so alt wie Europa selbst. Tatsächlich ist sie nicht ein Meer *zwischen* Kontinentgrenzen, sondern ein Großgewässer *auf* einem Kontinent. Ihre heutigen Küsten entstanden allerdings erst in geologisch jüngerer Zeit durch die letzten Eiszeiten und vor allem deren (vorerst) letzte Episode (Weichsel-Eiszeit). Mehrmals schoben sich von Norden ausgehende Eisschichten von 300 bis 500 m Mächtigkeit über die norddeutsche Tiefebene. Da die Gletscher jahrzehntausendelang die ursprünglichen skandinavischen Hochgebirge auf das Maß von Mittelgebirgen abgeschliffen haben, verfrachteten sie Unmengen Schotter und Steine nach Süden. Ihre Vorstöße nach Süden form-

△ **3.18** Die Ostsee bietet ganz andere Landschaftseindrücke als die atlantischen Küsten: auf der Kurischen Nehrung.

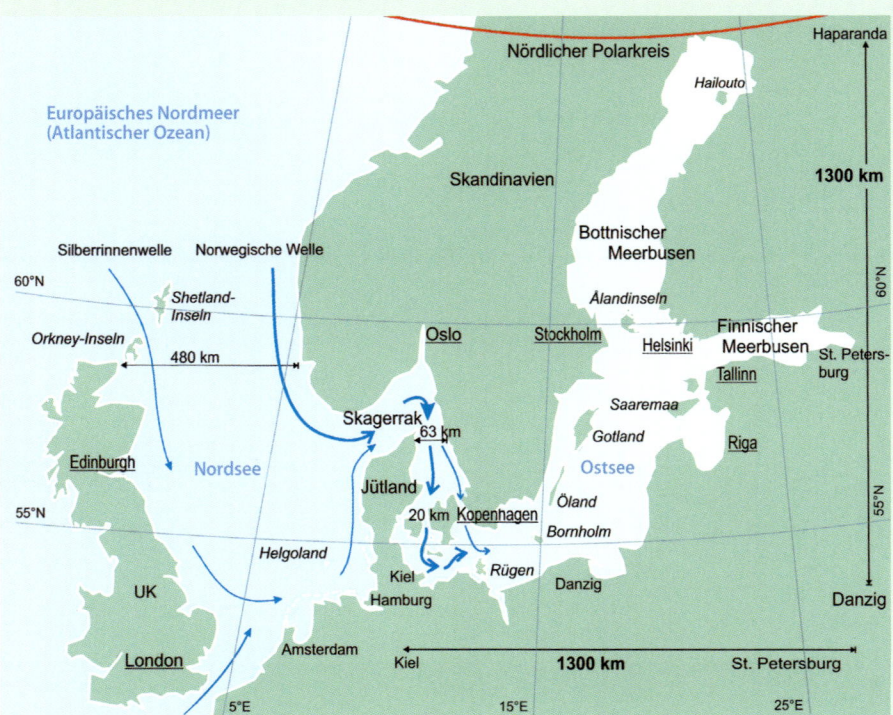

△ **3.19** Eng benachbart, aber gänzlich ungleich: Nord- und Ostsee im Kartenvergleich.

ten das Ostseebecken und schufen hier ein abwechslungsreiches Bodenrelief. Streng genommen lebt man in Norddeutschland also auf skandinavischem Boden. Das Abschmelzen der Gletscher setzte vor etwa 15 000 Jahren ein und hinterließ die heute angenehm gewellte Hügellandschaft im Küstenhinterland von Schleswig-Holstein und Mecklenburg-Vorpommern.

Erdgeschichtlich gliedert man die jüngere Geschichte der Ostsee in sechs Stadien – sie unterscheiden sich vor allem im jeweiligen Salzgehalt des Ostseewassers und den davon abhängigen Leitorganismen. Praktischerweise verwendet man dazu die relativ dauerhaften Schalen bzw. Gehäuse von Muscheln (überwiegend die Phasen mit Meerwasser) oder Schnecken (überwiegend die Zeitabschnitte mit Süßwasser), die gleichsam als geschichtete Geschichte in den jeweiligen Sedimenten stecken. In erstaunlich kurzen Zeitabschnitten fanden mehrfach Wechsel zwischen Meer-, Brack- und Süßwasser statt – jeweils abhängig von den Verbindungen der Ostseebecken mit dem Atlantik und den Zuflüssen von Süßwasser aus den Kontinentalräumen. Als der Eisrand nur noch etwa auf der Höhe der heutigen Åland-Inseln lag, sammelte sich sein Schmelzwasser

in einem großen Vorlandbecken und bildete etwa vor 14 000 Jahren den Baltischen Eis(stau)see, der einen Abfluss durch den Øresund besaß. Er war ein reiner Süßwassersee mit der Südküste etwa nördlich von Rügen. Die weiterhin abtauenden Gletscher ließen den Wasserspiegel dieses Eissees kontinuierlich ansteigen, bis er an der flachsten Stelle, der mittelschwedischen Senke im Gebiet der heutigen großen Seen (Vättern und Vänern südlich von Stockholm), schließlich überlief und nach Westen in die damals noch tiefere Nordsee abfloss. Sein Wasserspiegel sank auf etwa – 25 m. Der Schmelzeissee hatte bis vor etwa 14 200 Jahren vor heute Bestand.

Bis etwa 12 000 bis 11 700 Jahren vor heute stieg nun der Nordseespiegel mit den übrigen Meeresgebieten stark an und erreichte schon bald einen höheren Wasserstand als der Baltische Eissee. Über den bereits bestehenden Verbindungsweg drang nunmehr das Salzwasser der Nordsee in den Ostseeraum ein. Kurzfristig und auf die schwedische Küste begrenzt stellten sich damit ab etwa 11 200 Jahre vor der Gegenwart marine Verhältnisse ein, während das Wasser der südlichen Ostsee etwa den derzeitigen Brackwasserverhältnissen entsprach. Konsequent siedelten sich Meeres- und Brackwasserarten an. Nach der marinen Muschelart *Yoldia arctica* (heute *Portlandica arctica* genannt) bezeichnet man diesen Zeitabschnitt als Yoldia-Meer. Es hatte bis etwa 12 400 Jahre vor heute Bestand. Bald darauf setzte ein weiterer entscheidender Vorgang ein: Die skandinavische Landmasse und ihre Nachbarschaft hoben sich, weil das Abtauen der Gletschermassen die zuvor gewaltige Auflast verminderte. Somit entfiel alsbald der offene Zugang zum Atlantik über Mittelschweden. Die folgende Abtrennung von der Nordsee brachte eine erneute Aussüßung, die wiederum die Einwanderung von Süßwasserorganismen aus den einmündenden Flüssen nach sich zog: Die Meeresmuschel *Yoldia arctica* verschwand, und neue Leitart wurde nun die kleine Flussnapfschnecke *(Ancylus fluviatilis)*. Danach, ab etwa 12 400 Jahre vor heute nennt man dieses Ostsee-Entwicklungsstadium Ancylus-See. Der Wasserspiegel lag etwa 18 bis 20 m niedriger als heute, und der heutige deutsche Teil der Ostsee war noch weitgehend trocken. In der zweiten Auflage ihres Buches *Die deutsche Ostseeküste* räumen R.-O. Niedermeyer und seine Mitautoren mit der althergebrachten und durchaus logisch klingenden Meinung auf, der Ancylus-See sei über die Kadetrinne in die Nordsee abgelaufen. Sie zitieren den Warnemünder Geologen W. Lemke, der schon 1998 diese Auffassung widerlegte. Allerdings bleibt es weiterhin ein Rätsel, wo der Abfluss stattgefunden hat. Dass der Wasserstand schnell sank und weite Randbereiche trocken fielen, geht aus Baumresten am Meeresboden hervor.

Wiederum drang Meerwasser, diesmal über den Großen Belt, in die Ostsee ein. In erdgeschichtlich geradezu dramatisch kurzen Etappen kam es innerhalb von nur rund 600 Jahren zu einem starken Anstieg des Wasserspiegels um 15 m, das heißt um etwa 2,5 m pro Jahrhundert. In der Mecklenburger Bucht herrschten schon etwa 10 000 Jahre vor heute marine Bedingungen, die sich im Arkonabecken erst mehrere Hundert Jahre später etablierten. Schon knapp 8000 Jahren vor der Gegenwart erreichte der Meeresspiegel damit etwa das heutige Niveau.

Jetzt drang über die niedrige Festlandbrücke zwischen Südschweden und Dänemark erneut Salzwasser in die Ostsee ein. Da die Verbindung zur Nordsee jedoch schmal und relativ flach war (und es bis heute ist), blieb der Salzwasserzufluss gering. Somit entstand ein Meer mit geringem Salzgehalt – eben ein Brackwassermeer und übrigens das größte der Welt. Diese Phase bezeichnet man nach der Strandschnecke (*Littorina littorea*) als Littorina-Transgression und das darauf folgende Brackwasserstadium als Littorina-Meer. Die Strandschnecke drang wegen des nach Osten weiter abnehmenden Salzgehalts allerdings nur bis zur Odermündung vor.

Erst vor rund 2000 Jahren setzte wiederum eine leichte Aussüßung des Ostseewassers ein, die auf eine Anhebung der Schwellen in den Dänischen Straßen (Großer und Kleiner Belt, Øresund) und damit auf einen geringeren Zufluss von Meerwasser aus der Nordsee zurückzuführen ist. Mit dem Rückgang des Salzgehalts wich auch die Strandschnecke wieder etwas nach Westen zurück. Sie ist heute nur noch bis Rügen und schon nicht mehr bis zur Oder nachzuweisen. Diese Epoche benannte man konsequenterweise nach einer Süßwasserschnecke, der Schlammschnecke (*Lymnaea ovata = Radix balthica*), Lymnaea-Meer (auch Limnaea-Meer). Das derzeitige Stadium erhielt den Namen Mya-Meer nach der Sandklaffmuschel (*Mya arenaria*). Diese Art kam erst im 16. Jahrhundert (wahrscheinlich schon früher durch die Wikinger eingeschleppt) aus Nordamerika zu uns. Es ist eine marine Art, die jedoch Brackwasser toleriert und heute bis in den Bottnischen Meerbusen vorkommt.

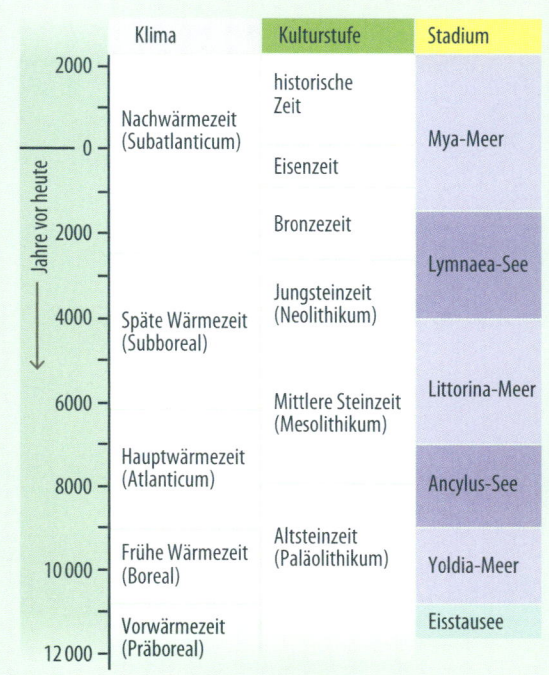

◁ **3.20** Entwicklungsgeschichte der Ostsee in der Nacheiszeit.

Das aktuelle Bild der Ostsee stellt sich also als Brackwassermeer dar, das möglicherweise langsam erneut zum Süßwassersee wird. Andere Einschätzungen gehen allerdings von einer allmählichen Ozeanisierung aus. Ein Wasseraustausch mit der Nordsee findet nämlich nur über vergleichsweise schmale Zuflüsse statt, eben die Dänischen Straßen Großer und Kleiner Belt sowie den Øresund. Hier dringt Nordseewasser in die Ostsee ein, während Ostseewasser in die Nordsee abfließt. Die Flüsse im Einzugsgebiet der Ostsee führen dem Ostseebecken jährlich etwa 480 km² Süßwasser zu. Die Hälfte dieser Flusswassermengen spenden die sieben großen Flüsse Newa (Russland), Weichsel (Polen), Düna (Lettland), Memel (Litauen), Kemijoki (Schweden), Oder (Polen) und Lule älv (Schweden). ◄

## 4

Es gibt keinen Tropfen Wasser im Ozean [...],
der nicht die geheimnisvollen Kräfte,
welche Ebbe und Flut schaffen,
spürte und ihnen gehorchte.

Rachel Carson (1907 bis 1964)

# Gezeiten – ein gänzlich geheimnisvolles Geophänomen

**D**as ist schon reichlich eigenartig: In jeder (meist gar nicht so verschwiegenen) Badebucht an der Mittelmeer- oder Schwarzmeerküste trifft man das Wasser heute ziemlich zuverlässig im gleichen Uferbereich an wie am Vortag, und morgen wird es wiederum so sein. Dagegen muss man am offenen Atlantik, beispielsweise in der Bretagne, und fast überall an der Nordsee dem erfrischenden Nass eventuell sogar Hunderte von Metern hinterherlaufen. Immerhin beträgt der Niveauunterschied zwischen Flutmarke und Niedrigwasserlinie an der südlichen Nordseeküste durchweg 3 m. In der Bucht von St. Malo am Ärmelkanal sind es sogar bis 8 m. Den Weltrekord hält die Bay of Fundy in Neufundland: Hier fällt das Wasser bei Niedrigwasser von seinem Höchststand um 14 bis 21 m.

Den Küstenanwohnern sind die ausgeprägten Wasserstandsschwankungen im ungefähren 6-Stunden-Rhythmus der Gezeiten natürlich so vertraut, dass sie schon fast gar nicht mehr darüber nachdenken. Diese faszinierende Naturerscheinung ist für sie ein Bestandteil des Alltagsgeschehens. Für gewöhnlich küstenfern beheimatete Urlauber stellt sich die Sache eventuell etwas anders dar – sie empfinden für die Gezeiten einen deutlichen Erklärungsbedarf. Das war auch in früheren Zeiten nicht grundsätzlich anders.

So erlebten beispielsweise die Römer in völliger Unkenntnis der ausgeprägten Gezeiten am Ärmelkanal recht unliebsame Überraschungen, als sie von der Seine-Mündung aus die Britischen Inseln okkupieren wollten. Caesar berichtet darüber – allerdings relativ leidenschaftslos – in seinen Schilderungen des Gallischen Krieges (4. Buch, Kapitel 29).

## Himmlischer Kraftakt mit irdischen Effekten

Dass die Gezeiten mit Ebbe und Flut (Abb. 4.13) „irgendwie" mit dem Mond zusammenhängen, weiß an der Küste (fast) jeder. Fragen Sie aber etwas insistierend einmal nach, warum die Hoch- und Niedrigwasserzeiten nicht jeden Tag zum gleichen Zeitpunkt eintreten wie der Glockenschlag punkt zwölf, dann werden die Erklärungen schon spärlicher und enden womöglich bald mit Augenrollen oder Kopfkratzen. Nach der Lektüre der folgenden Seiten werden Sie es besser wissen und auch verstehen. Die Materie ist zwar recht komplex und füllt sogar dickleibige Lehrbücher, aber in ihren Grundzügen ist sie gut nachvollziehbar. Der nächsten Wette oder einem Wissenstest zu vorgerückter Stunde können Sie also getrost entgegensehen.

Bei einem Baggersee, Gartenteich oder Parkweiher kann man die jeweilige Wasserstandslinie am Ufer zentimetergenau ablesen. Innerhalb eines Tages oder einer Woche sind hier meist keine nennenswerten Veränderungen zu beobachten. Am Meer scheitern solche Versuche jedoch absolut kläglich, denn man findet hier praktisch keinen Ruhewasserspiegel vor. Selbst bei idealem Urlaubswetter reichen die Wellenzüge mal höher und mal tiefer auf den Strand – von der wild schäumenden Brandung bei handfesten Sturmwetterlagen sicherlich ganz zu schweigen.

Neben den völlig chaotischen und im Detail kaum beschreibbaren Wellenbewegungen (Abb. 3.14) erlebt man dagegen an den Küsten (und bei genauer Messung auch auf hoher See) eine ganz andere Form

△ **4.1** Obwohl die Gezeiten gewaltige Wassermassen versetzen, zeigen die Strände zunächst nur wenig davon.

von Wasserstandsveränderungen, deren Ursachen nicht in den Luftbewegungen der turbulenten Atmosphäre liegen: Die Gezeiten mit ihrem eindrucksvollen Spektakel von Ebbe und Flut sind das Ergebnis eines wahrhaft himmlischen Kräftespiels, denn die Kraftfelder, die zur Ebbezeit größere Wassermengen von der Küste abziehen und mit dem nächsten Flutstrom Stunden später wieder auf sie loslassen, haben tatsächlich astronomische Ursachen und Dimensionen.

Obwohl die Gezeiten im Mittelmeer und Schwarzen Meer mit ihren Dezimeterhüben eher schwach und undeutlich ausfallen, blieben sie als rhythmische Wasserstandsänderungen den frühen mediterranen Naturbeobachtern natürlich nicht verborgen. Zunächst begnügte man sich mit der eher naiven Erklärung, die Gezeiten seien gleichsam die Bugwellen des Meeresgottes Neptun bzw. Poseidon, wenn

er irgendwo mit seinem Dreizack heftigst die Fluten durchpflügt. In einem um 29 v. Chr. entstandenen Text schrieb der römische Dichter Vergil jedoch: *„Lehre mich die verschiedenen Tätigkeiten des Mondes, wie er Sonnenfinsternisse hervorruft, warum er die fließende Flut aufstaut und in welche dunkle Abgründe sie wieder zurückweicht."* Hier findet sich erstaunlicherweise zwar der erste fassbare Hinweis auf eine astronomische Ursache der Gezeiten, doch dauerte es noch rund 1600 Jahre, bis für dieses auffällige Naturschauspiel auch eine annehmbare Erklärung vorlag.

### Galileis Milchkanne

Der berühmte Astronom und Physiker Galileo Galilei (1564 bis 1642) machte den Anfang. In einem Brief an Johannes Kepler (1571 bis 1630) äußerte er die Ansicht, die Gezeiten seien eine unmittelbare Folge der planetarischen Bewegung der Erde um die

Sonne und insofern ein besonders kräftiger Beweis für die Richtigkeit der kopernikanischen Sicht auf das Sonnensystem. Eine genauere Darstellung dieser Theorie lieferte er 1616 in seiner Schrift *„Discorso sul flusso e il reflusso del mare"* (Diskurs über Fluss und Rückfluss des Meeres). Folgende Überlegung liegt seiner Erklärung zugrunde: Die Erde dreht sich um ihre eigene Achse (Rotation) und bewegt sich gleichzeitig um die Sonne (Revolution). Für alle Objekte auf der Erdoberfläche ergibt sich daraus eine ständige Geschwindigkeitsänderung. Einen halben Tag lang addieren sich die Effekte von Rotation und Revolution, weil die Bewegungsrichtungen gleichsinnig verlaufen, aber wenig später bewegt sich jeder Oberflächenpunkt 12 h lang mit der Erdrotation entgegen dem planetarischen Umlauf um die Sonne.

Eine solche Geschwindigkeitsumkehr muss aber – so Galilei – wegen der von ihm entdeckten Trägheit von Flüssigkeiten zu Flutbergen führen.

Diese sicherlich einleuchtende Erklärung kam ihm schon ein paar Jahre früher in den Sinn, als er einmal Milch in einem offenen Gefäß auf einer Barke transportierte. Immer wenn die Barke ihre Geschwindigkeit oder Richtung änderte, schwappte die Flüssigkeit im Behälter heftig. Die Richtungsänderung und die damit einhergehende veränderte Krafteinwirkung waren also offenbar die Ursachen für die Bewegung der Milch. Galilei war so begeistert von seiner Theorie, dass er sie auch in sein berühmtes Hauptwerk *„Dialogo sopra i due massimi sistemi del mondo"* (Dialog über die beiden hauptsächlichen Weltsysteme) einbezog und als Beweis für die Richtigkeit der koperni-

▽ **4.2** Ob gerade Ebbe oder Flut ist, lässt sich am Wellenbild des Strandes nicht sicher entscheiden.

kanischen Lehre anführte. Das sollte ihm allerdings zum Verhängnis werden: Im Sommer 1632, kurz nach Erscheinen des „Dialogo", begann der unbarmherzige Konflikt mit der Kirche.

Galileis heliozentrisches Weltbild ist zwar korrekt, aber seine Theorie der Gezeitenentstehung durch Herumschwappen bei der Richtungsumkehr stimmt so nicht. Galileis Zeitgenosse Johannes Kepler, der sich bereits um 1609 mit dem Problem der Gezeiten befasst hatte, war mit seinen Einschätzungen deutlich näher am Problem: Er notierte nämlich folgende bemerkenswerte Überlegung: *„Die Einflusssphäre der Anziehung des Mondes ist ebenso ausgedehnt wie die der Erde. Sie zieht das Wasser weg von der heißen Region."* Obwohl er das Newton'sche Gravitationsgesetz noch nicht kannte (dieses wurde erst rund ein halbes Jahrhundert später, nämlich 1666, aufgestellt), hatte er dennoch intuitiv die Beteiligung der für ihn noch recht mystischen Schwerkraft („Einflusssphäre") erfasst und als Erster zutreffend erkannt, dass vor allem der Mond durch seine Massenanziehung für die beiden globalen Flutberge verantwortlich ist. Isaac Newton erkannte dagegen zutreffend, dass bei den Gezeiten die Schwerefelder von Erde, Mond und Sonne zusammenwirken. Die Gezeiten, mit einem niederdeutschen Wort auch als Tiden bezeichnet, sind somit nicht nur ein besonderes Na-

turschauspiel mit stetigem Auf und Ab von Wasserspiegeln, sondern auch ein recht verzwicktes geophysikalisches Phänomen und zudem ein besonders schwieriges Problem der Himmelsmechanik. Sie gehören erstaunlicherweise sogar eher in den Themenkatalog der Astronomie.

## Der Mond ist der Motor

Zum Verständnis der den Gezeiten zugrunde liegenden Ursachen ist nun ein kleiner Schnellkurs zur Astronomie des Sonnensystems erforderlich. Weitverbreitet und ungemein populär ist die Einschätzung, dass der Mond als Trabant die Erde umkreist und sich manchmal sogar so zwischen Erde und Sonne schiebt, dass sein Schattenwurf den helllichten Tag verdüstert (Sonnenfinsternis). Der wahre Sachverhalt stellt sich jedoch etwas anders dar: Tatsächlich umläuft der Mond die Erde nicht einfach in gebundener Rotation, indem er ihr ständig die gleiche Hälfte zukehrt, sondern Erde und Mond drehen sich vielmehr um eine gemeinsame Schwerpunktachse. Wegen der arg ungleichen Massenverhältnisse beider Himmelskörper (Erde : Mond = 81 : 1) und des nach den Hebelgesetzen in diesem Verhältnis zu teilenden Abstands Erde–Mond (im Mittel 384 401 km) befindet sich die gemeinsame Drehachse bzw. der Schwerpunkt (Baryzentrum) noch innerhalb der Erde, genauer rund 4745 km außerhalb des Erdmittelpunkts oder 1630 km unter der Erdoberfläche. Modellhaft kann man sich die gemeinsame Drehbewegung der benachbarten Himmelskörper als Walzertanz eines schwergewichtigen Möbelpackers mit einem gertenschlanken Mannequin vorstellen – auch hierbei befindet sich die gemeinsame Schwerpunktachse erwartungsgemäß nicht exakt zwischen den Tanzpartnern, sondern klar innerhalb des Schwergewichtlers. Der nicht unerhebliche Unterschied ist jedoch folgender: Beim Tanz von Erde und Mond eiert der irdische Möbelpacker zwar auf einer Kreisbahn, aber er rotiert bei dieser Bewegung nicht. Diese eigentümliche Drehung nennt man Translation.

Bei der gemeinsamen Drehbewegung treten deshalb auf der Erde Fliehkräfte auf, die immer vom Mond weg gerichtet und überall auf der Erde gleich groß sind. Ihnen wirkt die Massenanziehung (Gra-

▽ **4.3** Anziehungs- und Fliehkräfte aus den gemeinsamen relativen Bewegungen der Himmelskörper Erde, Mond und Sonne bestimmen das Tidengeschehen.

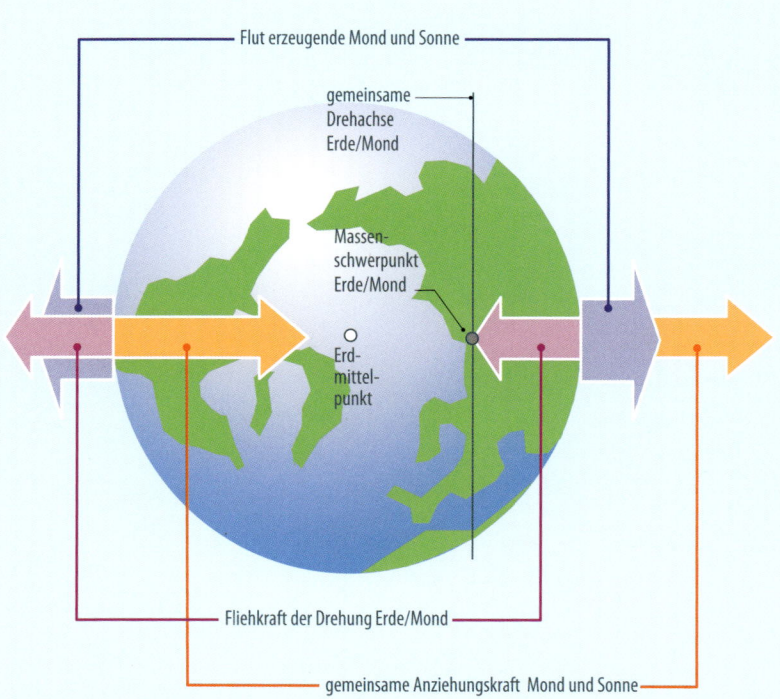

Flut erzeugende Mond und Sonne

gemeinsame Drehachse Erde/Mond

Massenschwerpunkt Erde/Mond

Erdmittelpunkt

Fliehkraft der Drehung Erde/Mond

gemeinsame Anziehungskraft Mond und Sonne

vitation) des Mondes entgegen. Beide Kräfte sind nun vektoriell zu verrechnen (Abb. 4.3): Auf der dem Mond zugewandten Seite der Erde bleibt als Unterschiedsbetrag aus Anziehungskraft und entgegengesetzter Fliehkraft eine gezeitenerzeugende Restkraft übrig. Sie bewirkt im Zenit (Scheitelpunkt) des Mondes eine zusätzliche Beschleunigung von 0,115 mm/s. Dieser Wert liegt im Promillebereich der Beschleunigungskraft der normalen Erdanziehung (g = 9,81 m/s), und am Erdäquator wird ein Mensch dadurch tatsächlich nur etwa um das Gewicht einer Träne leichter als in unseren mittleren Breiten. Das reicht natürlich nicht, um die gewaltigen Wassermassen von Atlantik oder Pazifik um Dezimeterbeträge anzuheben. Das Zusammenströmen der wässrigen ozeanischen Hülle ist vielmehr eine Folge der wirksamen Horizontalkomponente der fluterzeugenden Restkraft. Für besonders Wissbegierige: Die in Abbildung 4.3 skizzierten Kräfte müsste man tatsächlich ganz korrekt nach einem Kräfteparallelogramm zerlegen, und nur die ungefähr oberflächenparallel gerichtete Teilkraft türmt das Meerwasser zum Flutberg auf.

Auf der mondabgewandten Seite der Erde ist die Massenanziehung des Mondes wegen der deutlich größeren (weil um den Erddurchmesser vergrößerten) Entfernung zu seinem Massezentrum dagegen messbar geringer. Dafür kann sich hier die Fliehkraft aus der gemeinsamen Drehbewegung von Mond und Erde stärker auswirken und ergibt rechnerisch ebenfalls eine gezeitenerzeugende Restkraft. Aufgrund dieser gravitativ bedingten Kräfte türmt sich nun auf der mondzu- und ebenso auf der -abgewandten Seite (hier allerdings um etwa 5 % vermindert) der Erde jeweils ein Flutberg auf. Darunter dreht sich unser Planet infolge seiner täglichen Eigenrotation hinweg. Die kontinentalen Küsten geraten daher mit der Erddrehung zweimal täglich in einen Flutberg und werden anschließend auch zweimal in ein Ebbetal geschoben. Zunehmende und wieder abnehmende Gezeitenwasserstände treten so an den Küsten immer im rhythmischen Wechsel auf. Meist sind es – zumindest in den meisten Küstenregionen der mittleren Breiten – halbtägige Tiden mit täglich zwei Hoch- und zwei Niedrigwassern.

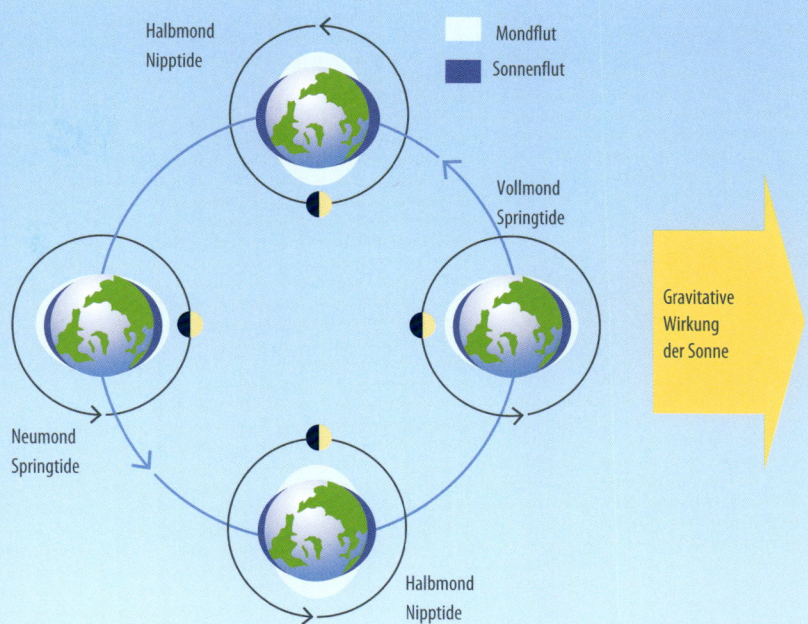

### Die Tiden in der Nordsee

Für eigene Flutberge nach den oben geschilderten Kräftewirkungen ist das Nordseebecken bei Weitem zu klein. Die in der Nordsee wirksamen Tiden entstehen tatsächlich auf dem offenen Atlantik und schwappen mit deutlich zeitlicher Verzögerung in das Nordseebecken ein. Die atlantische Gezeitenwelle erreicht etwa drei Tage nach ihrer Entstehung im Mittelatlantik das Nordseebecken an der Ostküste Schottlands. Als Silberrinnen- oder Shetland-Welle tritt sie zwischen den Orkney- und den Shetland-Inseln in das Nordseebecken ein und wird hier durch die von der Erdrotation verursachten Coriolis-Kraft so abgelenkt, dass sie zunächst an der ostenglischen Küste entlangläuft und erst bei der niederländischen Insel Texel die südliche Nordseeküste erreicht. Bei Borkum trifft sie erstmals auf die deutsche Küste und bewegt sich dann in Form einer Drehwelle gegen den Uhrzeigersinn und – immer noch von der Coriolis-Kraft beeinflusst – weiter an Weser- und Elbmündung vorbei nach Norden. Für diesen Weg benötigt sie nur rund 3,5 h. Die deutschen Küstenorte in Ost- und Nordfriesland haben also niemals gleichzeitig Hoch- oder Niedrigwasser. Von hier wandert die Flutwelle entgegen dem Uhrzeigersinn an den west- und ostfriesischen Inseln entlang und dann weiter nordwärts über die nordfriesisch-dänische Küste.

Diese Gezeitenwelle ist somit eine typische Drehtide oder Amphidromie – ihr Drehpunkt liegt über

▷ **4.4** Sie zerren gemeinsam: Der monatliche Wechsel der Mondposition zur Erde und die Zusatzwirkung der Sonne verursachen die Unterschiede zwischen Nipp- und Springtiden.

64

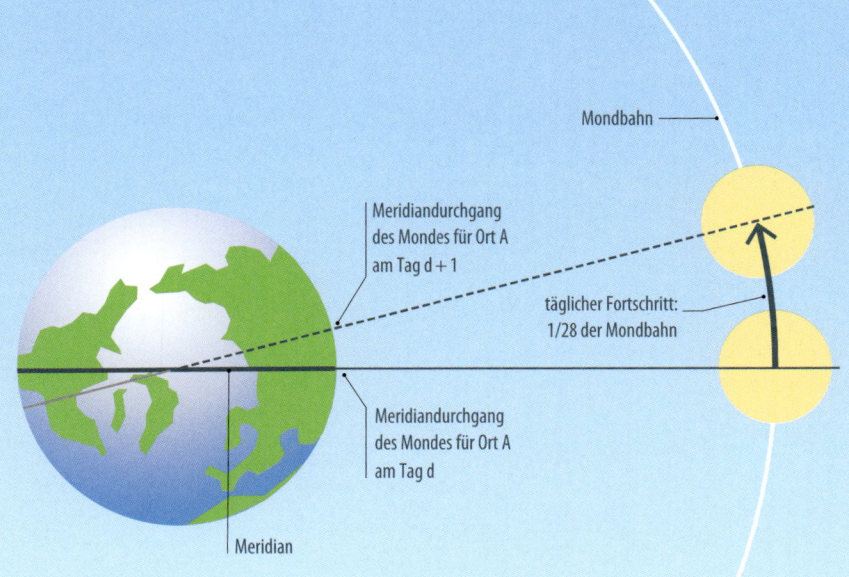

Mondbahn

Meridiandurchgang
des Mondes für Ort A
am Tag d + 1

täglicher Fortschritt:
1/28 der Mondbahn

Meridiandurchgang
des Mondes für Ort A
am Tag d

Meridian

Inselgruppen, sondern erst weiter östlich der Shetland-Inseln in das Nordseebecken ein. Sie überlagert sich hier mit der Silberrinnen-Welle und bildet vor Südnorwegen (südwestlich von Stavanger) einen weiteren Drehpunkt aus. Silberrinnen- und Norwegische Welle treffen nun zeitlich so aufeinander, dass sich ihre Tidenwirkungen im Kontaktraum nahezu aufheben. An der dänischen Skagerrak-Küste liegt der Tidenhub daher nur bei wenigen Zentimetern und findet somit praktisch gar nicht statt (Abb. 4.15).

Im Nordseebecken besteht eigenartigerweise noch eine dritte Amphidromie: Am östlichen Ausgang des Ärmelkanals trifft die zwischen Frankreich und Großbritannien durchrauschende Gezeitenwelle auf die Silberrinnen-Welle und wird von ihr im Uhrzeigersinn abgelenkt. Ihr Drehpunkt liegt ungefähr in der Mitte der Linie Amsterdam–Ipswich.

Nimmt man das westliche Großbritannien und den Ärmelkanal hinzu, so zeigen die nordwesteuropäischen Küsten die gesamte Bandbreite zwischen Megatiden mit enormen Tidenhüben und Mikrotiden, deren Wasserstandsschwankungen kaum noch auffallen. Europarekord hält die Bucht von St. Malo auf

△ **4.5** Die Tidenuhr geht nach dem Mond: Die Bewegung des Mondes um die Erde diktiert die tägliche Verspätung der Gezeit.

dem östlichen Zipfel der Doggerbank auf 55° 25' N und 05° 15' O rund 300 km nordwestlich von Sylt. Für die komplette Runde durch das Nordseebecken von Schottland bis Südnorwegen benötigt die Gezeitenwelle rund 16 h.

Ein anderer Teil dieser Gezeitenwelle tritt als Norwegische Welle nicht zwischen den schottischen

▷ **4.6** Jeder Strand an den Gestaden des atlantischen Europas spiegelt in seinem Tidengeschehen äußerst komplexe Beziehungen.

der Grenze zwischen Normandie und Bretagne mit einem Tidenhub von zeitweilig bis zu 10 m. Innerhalb der Nordsee hat die Meeresbucht „The Wash" in Ostengland mit 6,8 m den höchsten Tidenhub. An den deutschen Küsten liegen die Tidenhübe bei etwa 3 m, in den Ästuaren von Ems, Jade, Weser und Elbe sogar noch etwas darüber.

## Jeden Tag ein neuer Fahrplan

Eine wichtige und kennzeichnende Größe für das Tidengeschehen ist die Hafenzeit oder das Mondflutintervall. Damit bezeichnet man fachmännisch den Zeitunterschied zwischen dem täglichen Höchststand des Mondes für einen definierten Küstenort und dem dort zu erwartenden nächsten Hochwasserstand. Für Helgoland beträgt das Mondflutintervall genau 11 h 20 min, für die anderen deutschen Küstenorte weicht es von diesem Wert nur unwesentlich ab.

Wenn die Erdrotation eine Küste in den Flutberg dreht, läuft dort das Wasser auf – es ist Flut. Das Steigen des Wassers (Tidenstieg) endet mit dem Hochwasser, dem jeweils höchsten Wasserstand. Flut ist

somit kein Zeit*punkt*, sondern ein Zeit*raum* der tidalen Wasserbewegung. Während der anschließenden Ebbe fällt das Wasser kontinuierlich bis zum Niedrigwasserstand (Abb. 4.12). Zwischen einem Hochwasser und dem nachfolgenden Niedrigwasser vergehen durchschnittlich 6 h 13 min. Eine vollständige Gezeit (Tide) umfasst somit den Zeitraum von einem Hochwasser bis zum nächsten bzw. von Niedrigwasser zu Niedrigwasser. An offenen Küstenorten dauert sie im Durchschnitt 12 h 25 min. Von Tag zu Tag verspätet sich der Eintritt von Hoch- oder Niedrigwasser somit um rund 50 min (im Mittel sind es genau 50 min 28 s) – ebenso wie sich auch die Mondaufgangszeiten täglich verlagern. Damit ist also für diesen seltsamen zeitlichen Verschiebungseffekt der Mond die eigentliche Ursache: Er braucht für die oben beschriebene gemeinsame Walzerrunde mit der Erde rund 28 Tage, eben einen siderischen Monat von ganz genau 27,321662 Tagen oder 27 d 07 h 43 min 11,6 s Dauer (oder in der astronomisch üblichen Schreibweise 27d07h43m11,6s). Ein Mondtag dauert demgemäß rund 24 h 50 min (24h50m): Jeder Bezugspunkt der rotierenden Erde muss den Mond von Tag zu Tag bis

△ **4.7** Im Wechsel der Gezeiten fällt ein amphibischer Streifen des Meeresbodens trocken.

◁ **4.8** Die Ebbe setzt sie alle erbarmungslos an die frische Luft – selbst individuenreiche Muschelbänke.

zum folgenden Meridiandurchgang ein kleines Stückchen einholen, weil unser irdischer Begleiter täglich um rund 1/28 auf seiner rund 28-tägigen Bahn innerhalb eines siderischen Monats um die Erde weiter gewandert ist (Abb. 4.5). Dafür braucht er eben 24/28 h oder umgerechnet knapp 50 min. Somit geht die Tidenuhr also im Wesentlichen wirklich nach dem Mond.

Nun ist die Mondbahn gegen die Erdbahn (Ekliptik) um etwa 6° (astronomisch genau 5° 08' 43") geneigt. Der Mond steht im Laufe eines Monats erfahrungsgemäß mal höher und mal tiefer am Himmel – er weist also periodisch recht unterschiedliche Deklinationen (Höhen über dem Horizont) auf. Weil der Gipfel des mondbedingten Flutberges sich auf dem Weltmeer immer an dem Bereich aufhält, für den der Mond gerade im Zenit steht, unterliegt auch er einer periodischen Verlagerung. Ist der Mond auch tagsüber sichtbar, fallen die Vormittagstiden deutlich höher aus als die Tiden der zweiten Tageshälfte.

## Haben wir gerade Ebbe oder Flut?

Ob an einem bestimmten Küstenabschnitt gerade Ebbe oder Flut herrscht, lässt sich zwar durch den Blick in den Tidenkalender (oder in die Küstenausgabe der Tageszeitung) kurzfristig und leicht feststellen, doch gibt es auf die jeweilige Bewegungsrichtung des Wassers auch direkte Hinweise: Schwimmende Seezeichen (Tonnen) können im gegebenenfalls recht kräftigen Gezeitenstrom eine deutlich erkennbare Bugwelle ausbilden und zeigen mit der Spitze jeweils in Richtung der Wasserbewegung. Die Gezeitenströme erreichen vor den offenen Küsten in der Deutschen Bucht immerhin Geschwindigkeiten von 4 bis 6 km/h oder seemännisch ausgedrückt 2 bis 3 kn. Wo es besonders eng wird, beispielsweise in der Elbmün-

◁ **4.9** Die Bewohner der Gezeitenzone sind auf die Wechselverhältnisse ihres Lebensraumes optimal eingerichtet – darunter auch die Strandschnecken.

△ **4.10** Die Ebbe legt seltsame Lebensgemeinschaften frei.

▽ **4.11** Die meisten Arten sind an den Tidenrhythmus optimal angepasst.

dung vor Cuxhaven, im Bereich vom Minsener Oog am Jade-Ausgang oder vor Wangerooge kann der Flutstrom zeitweilig auch 4 bis 5 kn (8 bis 10 km/h) erreichen. Wattwanderer müssen daher als Faustregel vor Augen haben, dass der Flutstrom mit der Geschwindigkeit eines sehr (!) rasch schreitenden Fußgängers über den Wattboden auf die Hochwasserlinie zuläuft. Dabei ist zusätzlich zu berücksichtigen, dass tiefer liegende Wattgebiete wie Priele ungleich rascher überflutet werden als höhere Schlickbänke.

## Auch die Sonne ist im Spiel

Verglichen mit dem Mond hat die Sonne eine ungleich größere Masse, aber dafür ist sie mit ihren durchschnittlich rund 150 Mio. km Abstand auch wesentlich weiter von der Erde entfernt. Ihre gezeitenerzeugenden Kräfte fallen nach den Gesetzen der Newton'schen Himmelsmechanik daher deutlich schwächer aus. Sie betragen tatsächlich nur etwa 40 % der des Mondes, mischen aber bei dieser Größenordnung in den Gezeiteneffekten dennoch auf jeden Fall spürbar mit. Bei Voll- und Neumond, während der Syzygien, befinden sich Mond, Erde und Sonne räumlich sozusagen auf einer geraden Linie. Die fluterzeugenden Kräfte von Mond und Sonne summieren sich daher. Die irdische Folge sind Springtiden mit besonders hohen Hoch- und tiefen Niedrigwasserständen (Abb. 4.4 und 4.12). Rund eine

| Kürzel | Bezeichnung |
|---|---|
| SpThw | Springtidenhochwasser |
| MThw | Mitteltidenhochwasser |
| NThw | Nipptidenhochwasser |
| **MW** | **Mittelwasser [NN]** |
| NTnw | Nipptidenniedrigwasser |
| MTnw | Mitteltidenniedrigwasser |
| SpTnw | Springtidenniedrigwasser |

△ **Tab. 7**: Tidendeutsch im Überblick.

## Hin und weg: Ebb- und Flutströme

Die Gezeiten bewegen im täglichen Rhythmus beträchtliche Wassermassen über die Wattflächen. Die beteiligten Fließgeschwindigkeiten sind je nach Tidestand erstaunlich verschieden: Der Flutstrom beginnt mit der Überflutung der Wattflächen mit recht hohen Strömungsgeschwindigkeiten, die im weiteren Verlauf der Tide deutlich nachlassen. Etwa eine Stunde vor Hochwasser ist keine Strömung mehr wirksam. Der Ebbstrom weist aus mancherlei hydrodynamischen Gründen anfangs eine generell höhere Spitze der Strömungsgeschwindigkeit auf.

Von den Wasserströmungen hängt in besonderem Maße das Sedimentationsgeschehen ab: Bei etwa 20 cm/s kann der Gezeitenstrom Feinsand verschleppppen. Bei etwa 50 cm/s verlagert er auch Partikeln bis 2 mm Korndurchmesser. Etwa 150 cm/s reichen aus, um Steine bis 15 cm Durchmesser zu verlagern. Generell überschreiten die Strömungsgeschwindigkeiten auf den Wattflächen aber selten mehr als 50 cm/s. Das reicht jedoch allemal aus, um nennenswerte Materialverlagerungen zu verursachen und fallweise auch den Verlauf von kleineren Prielen zu modifizieren.

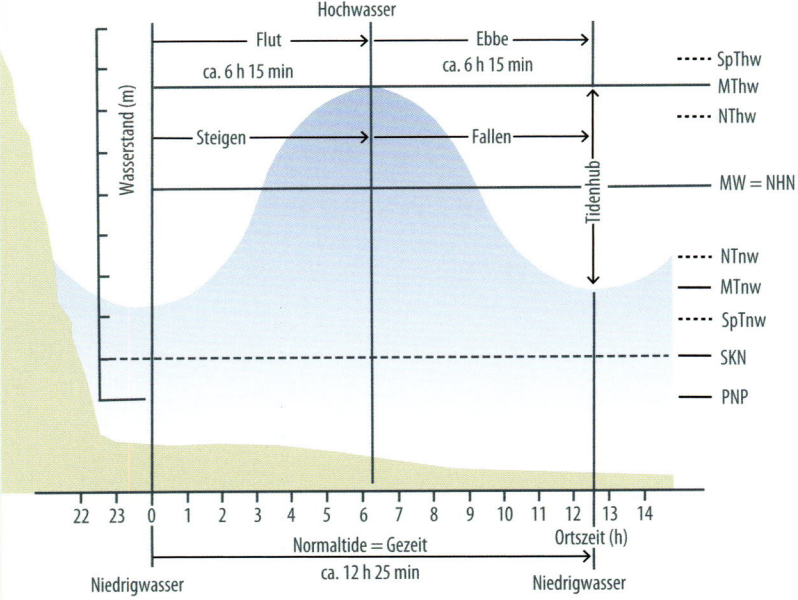

△ **4.12** Für die wechselnden Gezeitenwasserstände ist behördlich (vor allem für die Schifffahrt) ein festgelegtes Begriffssystem eingeführt worden: SpThw = Springtidenhochwasser, MThw = Mitteltidenhochwasser, NThw = Nipptidenhochwasser, MW = Mittelwasser, NHN = Normalhöhennull, NTnw = Nipptidenniedrigwasser, MTnw = Mitteltidenniedrigwasser, SpTnw = Springtidenniedrigwasser, SKN = Seekartennull, PNP = Pegelnullpunkt.

Woche später stellt sich die Situation am Himmel völlig anders dar: In den Quadraturen, also während des ersten und letzten Viertels, bilden Mond, Erde und Sonne zueinander ein rechtwinkliges Dreieck. Jetzt verringert sich die Mondflutkraft um die Gezeitenwirkung der Sonne: Die daraus resultierenden Nipptiden bleiben erwartungsgemäß deutlich hinter den durchschnittlichen Tidenwasserständen zurück. Mit einer exakten Periode von 14,77 Tagen schwanken die Wasserstände also zwischen den Nipp- und Springtidenniveaus bei Neu- bzw. Vollmond und fallen folglich jeden halben Tag messbar und vielfach auch beobachtbar anders aus.

Außer den benannten sind dafür noch weitere Gründe anzuführen. Da auch die Mondbahn kein idealer Kreis ist, sondern elliptisch verläuft, verändert sich während eines synodischen Monats (von Neumond zu Neumond) der Abstand zur Erde: Zum Zeitpunkt der Erdferne (Apogäum) ist der Mond im Mittel 405 504 km von uns entfernt, bei der rund 14 Tage später folgenden Erdnähe (Perigäum) beträgt die Distanz nur noch 363 296 km. Diese Unterschiede wirken sich natürlich auf den Betrag der gezeitenerzeugenden Kraft aus. Ähnlich verhält es sich mit der Erdbahn um die Sonne: Die kleinste Entfernung zwischen beiden Himmelskörpern (Sonnennähe/Perihel, Anfang Januar) beträgt 147 087 767 km, die größte (Sonnenferne/Aphel, Anfang Juli) 152 104 981 km. So beeinflussen zahlreiche Faktoren und Konstellationen Größe und Zeitpunkt des Eintreffens eines Flutberges an einem bestimmten Küstenort.

Zur Bezeichnung der von den Mondphasen abhängigen verschiedenen Gezeitenwasserstände sind

Bei den Gezeiten sind im Detail mindestens die folgenden Größen zu berücksichtigen:

- halber zirkadianer Mondrhythmus (12 h 25 min)
- halber Sonnentag (12 h)
- halber synodischer Monat (14,77 Tage; Mondphase)
- halber siderischer Monat (13,66 Tage; Veränderlichkeit der Monddeklination)
- anomalistischer Monat (27,55 Tage; Wechsel vom Apogäum ins Perigäum)
- halbjährige Veränderung der Sonnendeklination (182,6 Tage)
- anomalistisches Jahr (365,26 Tage; Aphel/Perihel-Position der Erde)
- prograder Umlauf des Perigäums (8,8 Jahre)
- retrograde Drehung der Knotenlinie (18,6 Jahre; Variation der Extreme der Monddeklination)

△ **4.13** Gebiete gleicher Tidenhübe an der Nordsee sowie an den nordwesteuropäischen Küsten.

besondere selbsterklärende Begriffe im Gebrauch (Tab. 7), durch deren richtigen Gebrauch man sich in Küstenfragen sofort als Fachmann outet. Ebbe mit Niedrigwasser oder Flut mit Hochwasser zu bezeichnen, ist dabei jedoch fast so unbarmherzig verheerend wie das Verwechseln von Backbord und Steuerbord.

Das Mittelwasser ist der rechnerische Mittelwert aller Gezeitenwasserstände und entspricht in den Niederlanden, in Luxemburg, Deutschland, Dänemark und Schweden dem Mittelwasser des Amsterdamer Pegels (Abb. 4.12). Seekartennull (SKN, für Wasserstandsangaben in deutschen nautischen Kartenwerken) war bis 2004 das mittlere Springtidenniedrigwasserniveau. Seit 2005 hat man es für die Nordsee bei allen Anrainerstaaten auf den Bezugswasserstand LAT (*lowest astronomical tide*) und damit auf den niedrigstmöglichen Gezeitenwasserstand umgestellt. Der neue Bezugswert liegt 50 cm unterhalb des bisher gültigen SKN. Die Tiefenangaben in einer Seekarte nennen demnach den Abstand (in m) vom neuen SKN bis zum Meeresboden.

Nach den obigen Darstellungen wird wohl eines klar: Der rechnerische Aufwand für einen möglichst viele Küstenorte berücksichtigenden Tidenkalen-

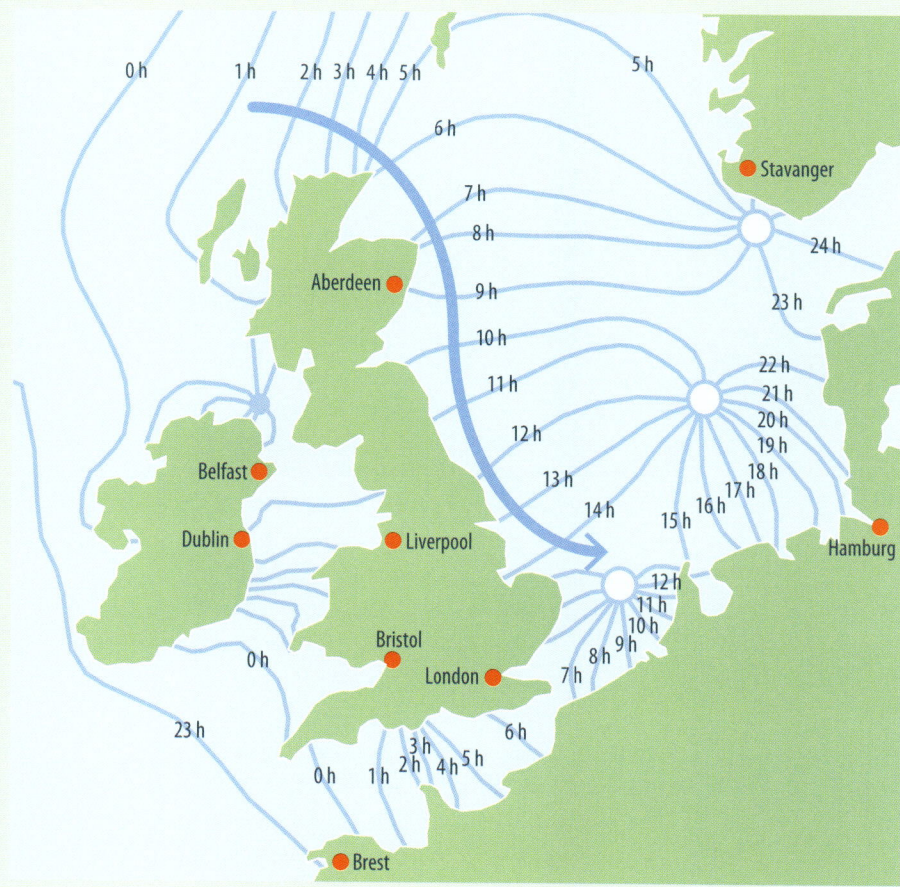

▷ **4.14** Flutstundenlinien und Amphidromien in der Nordsee und in Westeuropa.

△ **4.15** Wenn die Wattflächen freiliegen, könnte noch die Ebbe vorherrschen, aber auch schon der Flutzeitraum eingesetzt haben. Die Details verrät nur der lokale Tidenkalender.

der ist beträchtlich. So gesehen wundert es eigentlich nicht, dass die früher für dieses Aufgabenfeld verwendete mechanische Gezeitenrechenmaschine im Hamburger Deutschen Hydrographischen Institut (DHI, heute Bundesamt für Seeschifffahrt und Hydrographie, www.bsh.de), die jetzt im Deutschen Schifffahrtsmuseum in Bremerhaven zu bestaunen ist, tatsächlich die Abmessungen einer kleinen Loko-

### Wellenfronten laufen flussaufwärts

In manchen Trichtermündungen von Flüssen mit besonderer Bodenausformung bietet sich zur Springtidenzeit das besondere Naturschauspiel einer sogenannten Bore: Die auflaufende Flut entwickelt sich zu einer flussaufwärts wandernden Front recht steiler und meist auch überbrechender Wellen. Boren kennt man weltweit von etwa 30 Flüssen. In Europa sind sie nur in Frankreich an der Seine und an der Gironde sowie in Großbritannien am Severn und Trent zu erleben. Die eindrucksvollsten Boren zeigt übrigens das Mündungsgebiet des Amazonas: Die Wellenhöhen erreichen hier fallweise 8 m und laufen mit etwa 25 km/h stromaufwärts.

motive aufweist. Im Computerzeitalter sind die Berechnungen zur Lösung von Gleichungen mit unzähligen Unbekannten zwar immer noch reichlich aufwendig und unübersichtlich, aber längst nicht mehr so langwierig wie früher.

### Es gibt weitere Mitwirkende

Außer der Astronomie spielt im konkreten Tidengeschehen die jeweilige regionale Geographie bzw. Topographie eines Küstenabschnitts eine bedeutende Rolle. In den großen Flussmündungen (Ästuaren) verschieben sich die Gezeiten deutlich, weil das meerwärts abfließende Flusswasser in gewissem Umfang eine Bremswirkung ausübt. So dauert in Cuxhaven eine Flut im Durchschnitt eben nicht rechnerisch korrekt 6 h 12 min, sondern nur rund 5 h 40 min. Die Ebbe erstreckt sich entsprechend über einen Zeitraum von 6 h 45 min. In Hamburg betragen die entsprechenden Zeiten 5 h 4 min bzw. 7 h 21 min. Für Geesthacht, am Ende der Tideelbe, dauert die Flut 4 h 18 min gegenüber einer Ebbe von 8 h 7 min. Der im Prinzip fast ideal sinusförmige Verlauf einer Gezeit wird daher lokal bemerkenswert stark asymmetrisch verformt.

## Der Wind setzt eins drauf

Aus den in der Theorie gut bekannten und zuverlässig mit der Präzision einer Maschine ablaufenden Bewegungen von Mond und Erde um die Sonne lassen sich die Gezeiten exakt für längere Zeit im Voraus berechnen. Die tatsächlich eintretenden Gezeitenwasserstände stimmen mit dem vorausbestimmten Zeitpunkt aber oft dennoch nicht ganz genau überein. Daran sind nicht etwa Rechenfehler oder andere Ungenauigkeiten der marinen Hydrodynamik beteiligt, sondern Einflüsse, die man eben langfristig nicht vorherbestimmen kann – nämlich die betont launischen Größen von Wind und Wetter. Vor allem der Wind und erst recht ein stärkerer Sturm können die zu erwartenden Gezeitenwasserstände enorm modifizieren. Die tatsächliche Abweichung vom be-

rechneten Wasserstand nennt man Stau oder meteorologische Gezeit. Auflandiger Wind oder Sturm aus West oder Nordwest schiebt in der Deutschen Bucht das oberflächennahe Wasser gleichsam als Bugwelle vor sich her und erzeugt im Wasserkörper eine Strömung gleicher Richtung. Sobald diese auf die Küste trifft oder gar in eine Bucht eintritt, steigt dort der Wasserstand enorm an (Abb. 4.16). Unter Wind- und erst recht unter Sturmeinfluss baut sich somit ein Wasserstandsgefälle von der Küste zur offenen See auf – und damit gleichzeitig ein Druckgefälle, welches das Wasser in Bodennähe wieder zurückfließen lässt. Abhängig von der Kraft des Windes steigt das Wasser an den Küsten bis zum Gleichgewicht zwischen Zustrom und Abfluss. In tiefem Wasser ist der druckbedingte Rückfluss stärker. Folglich ist der Stau bei Ebbe relativ größer als bei Flut. Orkanartige Stürme bauen an der deutschen Küste einen Stau von mehr als 3 m auf. Die bisher höchsten Sturmflutwasser-

▽ **4.16** Unter Windeinfluss verstärken sich die Tideneffekte an der Küste.

▷ **4.17** Tidenströme und Wellenschlag fordern auch immer wieder Opfer: Die wenig schwimmfähigen Ohrenquallen gehören dazu.

stände wurden im Januar 1976 beobachtet – mit einem historischen Stau von bis zu 5 m. Neuere Messungen zeigen übrigens, dass die Flutwellen seit einigen Jahrzehnten im Durchschnitt um Zentimeterbeträge höher auflaufen, die Niedrigwasser aber nicht in gleichem Maße tiefer ablaufen. Für diese eigenartigen Effekte gibt es derzeit noch kein brauchbares theoretisches Modell. Die vorsorgliche Erhöhung der Deichkronen ist angesichts dieser Entwicklung sicherlich eine unstrittige Maßnahme.

### Gezeiten wirken wie Bremsbacken

Die kombinierte Wirkung von Mond und Sonne betrifft nicht nur den Weltozean und die damit gekoppelten Randmeere, sondern auch die irdische Lufthülle. Allerdings sind die Gezeiteneffekte auf die Atmosphäre vernachlässigbar gering – sie bedingen Luftdruckschwankungen im Bereich von 0,1 hPa (Hektopascal) bzw. 0,1 mbar. Für das aktuelle Wettergeschehen sind diese Unterschiede somit völlig unerheblich. Bedeutsamer sind dagegen die Gezeiten-

effekte auf die Erdkruste, die den Erdkörper als stehende Welle durchlaufen. Der vom Mond verursachte Tidenhub liegt bei etwa 30 cm, der von der Sonne bei etwa 15 cm. Zur Springtidenzeit hebt und senkt sich der Boden unter unseren Füßen also täglich zweimal um bis zu 0,5 m. Dieser Effekt bleibt normalerweise jedoch völlig unbemerkt, weil die gesamte Umgebung die Bewegung eben mitvollzieht und der Alltagserfahrung somit ein fester Bezugspunkt fehlt. Die ziemlich wahrscheinlichen Zusammenhänge zwischen Erdbebentätigkeit oder Vulkanismus werden gegenwärtig allerdings intensiv erforscht.

Langfristig haben die Gezeiten jedoch einen weitaus dramatischeren Einfluss auf das Himmelskörpersystem Erde/Mond: Die beiden aufgetürmten Flutberge, unter denen sich der Festkörper Erde hinwegdreht, wirken nämlich wie angelegte Bremsbacken. Infolge der davon ausgehenden Gezeitenreibung wird die Erdrotation mit der Zeit immer langsamer, und dadurch verlängern sich die Tage. Je 100 000 Jahre nimmt die Dauer der Erdrotation nach zuverlässigen Rechnungen um etwa 1,8 s zu. Vor 400 Mio. Jahren, in der Frühzeit des Devons waren die Verhältnisse anders: Damals lag die Tageslänge noch bei 22 h, und ein Jahr hatte damals 400 Tage. Vor 900 Mio. Jahren, im Präkambrium war ein Tag sogar nur 18 h lang, und das Jahr dauerte 490 Tage. In fernen 300 Mio. Jahren wird sich die Tageslänge auf 26 h vergrößert haben. Ein synodischer Monat (von Vollmond zu Vollmond) umfasst dann 28 solcher 26-Stunden-Tage und entspricht dann schon recht angenähert einem Kalendermonat.

Da jedoch bei dieser gezeitenbedingten Abbremsung der Erde auch Beträge des Drehimpulses auf den Mond übertragen werden, erfährt dieser eine kleine Beschleunigung und entfernt sich folglich in jedem Jahr um rund 4 cm von uns. Daraus folgt, dass in ferner Zukunft totale Sonnenfinsternisse immer seltener auftreten und außerdem kürzer werden. Übrigens: Die Gezeitenwirkung der Erde auf den Mond hat durch ihren Bremsbackeneffekt die Mondrotation schon soweit verringert, dass er uns heute immer die gleiche Seite zuwendet – die beiden von der Erde erzeugten Flutberge durchwandern seinen Festkörper nicht mehr. Nach wie vor durchlaufen allerdings infolge der Gezeitenwirkung der Sonne Flutberge auch den Mondkörper. Sie sind aber deutlich schwächer als auf der Erde.

◁ **4.18** Im Tidenablauf ändert sich das Bild der Küste dramatisch: Zwischen der ersten und letzten Aufnahme dieser Serie liegen knapp 3,5 h.

5

# Zwischen Land und Meer

**D**er Atlas oder eine Straßenkarte in mittlerem Maßstab verzeichnen die Grenze des Festlandes gegen das offene Meer meist mit einem leicht geschwungenen oder sogar schnurgeraden Strich. Aus einem solchen vereinfachenden Kartenbild ist natürlich überhaupt nicht zuverlässig abzuleiten, wie sich die erwartete Küstenlandschaft denn tatsächlich darstellt, zumal die Küste nicht nur eine horizontale, entsprechend den Flutlinien verlaufende Komponente aufweist, sondern auch eine vertikale: In manchen Küstengegenden fällt das Land unter recht flachem Winkel gegen das angrenzende Meer ab. In anderen endet das Festland mit einem gestuften oder jähen Steilabbruch, der viele (Dutzende) Meter hoch sein kann: Auf der roten Felsinsel Helgoland steht man am

Westfalm etwa 55 m über dem Meeresspiegel, auf dem malerischen Kreidefelsen Königsstuhl im unbedingt besuchswerten Nationalpark Jasmund auf Rügen gar 118 m und an den nicht minder empfehlenswerten, weil berühmten senkrecht abfallenden Cliffs of Moher im westlichen Irland stellenweise über 200 m. Noch gewaltiger sind die Höhenunterschiede in den norwegischen Fjorden.

## Am und im Meer

Wenn man den ultimativen Rand des Festlandes an oder über der Wasserlinie zunächst einmal als vergleichsweise sicheren Standpunkt erlebt, von dem der Blick ungehindert in die Ferne gehen kann, und das Meer sich davor – vom Relief seiner anbran

▽ **5.1** Das Bild ändert sich minütlich – wo ist die Grenze zu ziehen?

▷ **5.2** Die Strandlinie ist ein von Natur aus hochdynamisches Gebilde und allenfalls eine theoretische Grenze.

denden Wellen abgesehen – weithin recht gleichförmig präsentiert, denkt man zunächst sicherlich nicht daran, dass man für diese beeindruckenden Weiten (und nicht direkt gefühlten Tiefen) aus Gründen der genaueren Verständigung auch eine sauber gliedernde Begrifflichkeit benötigt. Dass Strand und Küste nicht unbedingt den gleichen Sachverhalt bezeichnen, wurde bereits weiter oben kurz erläutert. Jetzt geht es vor allem darum, die gesamte erlebbare Szenerie noch mit ein paar weiteren verdeutlichenden Bezeichnungen zu versehen, die zweifellos zum besseren Verständnis und aktiven Erleben der besonderen Lebensraumverzahnung zwischen den beiden grundverschiedenen biosphärischen Teilbereichen Land und Meer beitragen.

Von besonderer Bedeutung sind dabei die mit den Gezeiten und ihren wechselnden Wasserständen gekoppelten Effekte. Diese haben nicht nur unmittelbare Folgen für Ausflugsverkehr, Badebetrieb und Küstenschifffahrt, sondern sind neben den Wellenaktionen der wichtigste bestimmende Faktor für die Struktur der Küstenlebensräume und deren Besiedlung durch Meeresorganismen.

### Keine klare Linie

In ausgeprägten Tidegebieten kann die Küste keine klar gezogene Trennlinie sein, auch wenn sie in Atlanten bzw. Kartenwerken vereinfacht so dargestellt ist. In der Wirklichkeit vor Ort zeigt sie sich daher

tatsächlich als mehr oder weniger breiter Saum – eben als amphibischer Streifen, der gezeitenabhängig mal dem Land und wenige Stunden später schon wieder dem Meer angehört, sozusagen eben ein Land vor dem Land. Seewärts reicht die Küste definitionsgemäß so weit hinaus, wie bei Niedrigwasser (MTnw = Mitteltidenniedrigwasser; Abb. 4.12 und Tab. 7) typische Landformen auftreten. Landseitig erstreckt sie sich bis an die direkte Grenze des Gezeiteneinflusses (MThw = Mitteltidenhochwasser).

Die gesamte Uferzone am Meer bildet das Litoral. Diesen Begriff verwendet man ganz ähnlich auch in der Limnologie für die oberflächennahen Uferbereiche stehender Gewässer. An der Meeresküste gliedert man das Litoral allerdings ein wenig anders und zwar nach Maßgabe der durchschnittlichen Tidenwasserstandslinien: Das gesamte Gebiet zwischen der mittleren Tidenhochwasserlinie (Hochwassermarke) und der mittleren Tidenniedrigwasserlinie (Niedrigwasserniveau) bildet innerhalb des Litorals die Wechselflutzone (Eulitoral; Abb. 4.12). Schaut man sich den Zeitablauf einer Tide genauer an, so zeigt sich sofort, dass hinsichtlich der Lebensbedingungen in der Wechselflutzone beträchtliche Unterschiede bestehen. Ein nahe der Niedrigwasserlinie siedelndes Lebewesen schaut im Tidenzyklus nur für relativ kurze Zeit aus dem Wasser. Kaum hat die Ebbe seinen Standort freigegeben, geht fast schon wieder die nächste Flut darüber hinweg. Am oberen Ende, im Bereich der Hochwassermarken, sitzen die dort dauerhaft siedelnden Lebewesen dagegen erheblich länger auf dem Trockenen. Wenn die Tide deren Sitzplatz geräumt und sie sozusagen an die Luft gesetzt hat, können bis zur nächsten Flutdusche eventuell sogar mehr als 10 h vergehen. Die weiter oben in der Wechselflutzone vorkommenden Arten müssen also vor allem mit dem drohenden Wasserverlust während der Ebbe fertig werden.

Wegen des 14-tägigen Wechsels von Nipp- und Springtiden sind die genauen Grenzen der Wechselflutzone allerdings nicht ganz exakt festzulegen – die Wasserstände fallen eben jeden Tag ein wenig anders aus, und außerdem ist auch immer der unter Windeinfluss stehende wechselnde Wellenschlag im Spiel. Wenn man darauf achtet, kann man während eines zweiwöchigen Ferienaufenthaltes diese Veränderungen eindrucksvoll verfolgen. Trotz der ständig wechselnden Szenarios hat man auch für die

an das Eulitoral angrenzenden Bereiche eigene gliedernde Begriffe eingeführt:

▶ Das Epilitoral ist zwar vom Meer noch in gewissem Maße beeinflusst (beispielsweise durch die Windschur-Effekte auf seine Gehölze), aber ansonsten ein Lebensraum von zwar küstentypischen, aber festländischen Lebensgemeinschaften.

▶ Oberhalb der höchsten jeweils von Flutwasserständen erreichten Zone liegt der Spritzwasserbereich (Supralitoral). Bis hierhin reicht bei auflandigem Wind und erst recht bei einem handfesten Sturm die heftige Benässung durch Brandung bzw. Wellenschlag. Organismen, die hier dauerhaft siedeln, werden also noch regelmäßig mit Meerwasser imprägniert und müssen solche ständigen Salzduschen ohne Weiteres ertragen können. Meist sind es spezialisierte marine Arten. In diesem Bereich beginnt bzw. endet die eigentliche Domäne des Meeres.

▽ **5.3** Von den Kreideklippen der dänischen Insel Møn schaut man auf die über 100 m tiefer liegende Ostsee.

▷ **5.4** Klippenfelder in der Gezeitenzone sind für den typischen Strandurlaub gewiss nicht sehr geeignet, aber geomorphologisch und ökologisch unglaublich spannend.

▶ Am unteren Ende der Gezeitenzone, im Bereich der Niedrigwasserniveaus schließt sich die Dauerflutzone (Sublitoral) an. Hier sind keine Gezeiteneffekte mehr wirksam, und hier beginnt definitiv Neptuns überaus interessantes Reich, das nur in seinen oberen Dutzend Metern allenfalls noch für Taucher zugänglich ist. Der weitaus größte Teil des Lebensraumes Meer gehört demnach zum Sublitoral. In der Limnologie nennt man diese uferferne Tiefenzone eines Stillgewässers abweichend Profundal.

Auch wenn das Eulitoral als periodisch trockenfallender und nachfolgend wieder überstauter Streifen nur ein schmaler Saum in wechselnder Breite sein kann, gehört es nach ökologischen Kriterien tatsächlich zu den spannendsten Lebensraumgefügen überhaupt, weil es an seine spezifischen Besiedler doch recht ungewöhnliche öko-physiologische Herausforderungen stellt.

Für die Kennzeichnung der Lebensräume und ihrer Lebensformen zwischen Festland und Meer sind noch zwei weitere gliedernde Bezeichnungen wichtig: Das Pelagial meint die gewaltigen Freiwasserräume und damit den gesamten ozeanischen Wasserkörper von der Wasserlinie am Ufer bis in die tiefsten Ozeangräben, die wir hier natürlich nicht berück-

▷ **Tab. 8**: Gliederung der Lebensräume an den Küsten.

| Großstrukturen | Teillebensräume |
| --- | --- |
| offenes Meeresgebiet | Benthal mit Schlick, Fein- bis Mittelsand, Grobsand, Kies und Schill sowie Hartsubstrat, im Allgemeinen nicht zugänglich |
| Flachwasserzone | Schlick, Fein- bis Mittelsand, Grobsand, Kies und Schill, Hartsubstrat, Miesmuschelbank, Austernbank, Röhrenwurm-Riff |
| Hartsubstrat | Fels- bzw. Steilküste mit Sand- oder Kalkstein, Geestkliff, Torf, Geschiebemergel, Felswatt, Geröllstrand, Blockstrand, ferner künstliche Hartböden wie Buhnen, Molen, Hafenbauten sowie schwimmende Seezeichen |
| Weichsubstrat Typ A | tonig betonter Wattboden mit Schlickwatt, Mischwatt, Wattrinne bzw. Priel, Seegraswiese, Quellerwatt, Schlickgrashorst, Brackwasserwatt (Ästuar) |
| zugehörige Kontaktlebensräume | Untere Salzwiese (Andelrasen), Obere Salzwiese (Bottenbinsenrasen, Salzgrünland), Brackwasser-Röhricht, Brackwasser-Hochstauden |
| Weichsubstrat Typ B | sandig betonter Wattboden mit Sandwatt, Sandstrand, Sandbank, Wattrinne bzw. Priel, Strandwall, Strandsee |
| zugehörige Kontaktlebensräume | Dünenserie vom Spülsaum über Vordüne, Weißdüne, Graudüne, Braundüne, Küstendünenheide bis zum Dünenmoor bzw. zur Feuchtheide |

sichtigen. Das sind angesichts ihrer enormen räumlichen Anteile die Ozeane schlechthin. Das Benthal ist dagegen der Fachbegriff für den Bodenbereich des Meeres. Die dazu gehörenden Lebensgemeinschaften sind das Pelagos und das Benthos.

Die folgende Übersicht gibt Orientierung über Lebensgemeinschaften und ihre Aufenthaltsbereiche, von denen wir in den folgenden Kapiteln die wichtigsten ein wenig näher betrachten werden.

### Gestaltendes Gestein

Das Erscheinungsbild einer Küste hängt also im Wesentlichen nur von dem Rahmen ab, den die jeweilige regionale festländische Geologie absteckt: Wo anstehendes Festgestein direkt an die Wasserlinie grenzt, sprechen die Geologen von einer Felsküste, und diese weist gewöhnlich steilere oder flachere und fallweise recht unzugängliche Partien auf. In solchen Fällen spricht man jedoch nicht von Küsten- oder Strandabhängen, sondern von einem Kliff. Oft ist auch die Bezeichnung Klippen zu hören, obwohl man darunter – zumindest im seemännischen Milieu – eher eine Untiefe, also ein gefährliches Schifffahrtshindernis – versteht. Und übrigens: Nach geologischen Kriterien bestehen auch marine Weichböden mit Sanden und Schlick aus Gestein – im Unterschied zum Festgestein der Kliffs und Klippen spricht man in diesen Fällen sinnvollerweise von Lockergestein.

△ **5.5** Ein völlig glatter Wattboden stellt meist keine Trittfestigkeit in Aussicht – es sei denn, man ist ein Leichtgewicht wie ein Vogel.

◁ **5.6** Rippelmarken im Misch- oder Sandwatt garantieren einen (einigermaßen) trittfesten Boden.

Auch diese Weichbodenküsten mit ihrem Lockergestein bergen ernstzunehmende Gefahren: Ein zähes Schlickwatt durchqueren zu wollen, ist vermutlich eines der letzten Abenteuer der Menschheit und geht selten gut aus. Weitaus unproblematischer stellen sich ein Sand- oder in vielen Fällen auch ein Mischwatt dar. Ein für die wie immer motivierte Passage zu Fuß absolut nicht empfehlenswertes Schlickwatt erkennt man – glücklicherweise rechtzeitig genug – an seiner spiegelglatten und meist auch stark glänzenden Oberfläche. Sand- und Mischwatten verraten ihre deutlich trittfestere Natur gewöhnlich durch ihre auffälligen Rippelstrukturen (Abb. 5.6). ⚓

6

# Felsen, Klippen, Hartsubstrate

> Eine schöne Freude am Strande ist mir das:
> mit dem Blick nach unten über die Millionen
> Steine und Steinchen zu wandern, zu steigen,
> zu kriechen. Um in ihrer mannigfachen Masse
> Formen- und Farbenwunder zu entdecken.
>
> Joachim Ringelnatz (1883 bis 1934)

**B**adeurlauber mögen sie eigentlich nicht so besonders: Eine klippen- und kliffreiche Felsküste ist nämlich selbst für sehr entschlossenen Enthusiasten, die gern zu Fuß an der Wasserlinie unterwegs sind, ein durchaus schwieriges Terrain, denn es gibt – zumindest im Eulitoral – meist keine gut gangbaren Wege. Außerdem ist der Abstieg in die Nähe der jeweiligen Wasserlinie für die Bänder im Bereich der störanfälligen Fußgelenke eine echte Herausforderung.

Aber an vielen Kliffküsten Nordwesteuropas finden sich – zumindest im einigermaßen sicheren Bereich des Epilitorals – überaus erlebnisreiche Saumwege, welche die Blicke auf geradezu spektakuläre landschaftliche Szenerien eröffnen. Rund um die Bretagne sind das etwa die aus ganz anderen Gründen angelegten *Sentier des douaniers*, auf denen in früheren Zeiten die Zöllner den Schmugglern auf die Schliche kommen wollten, die im frühen 19. Jahrhundert die napoleonisch diktierte Kontinentalsperre zu umgehen versuchten – meist übrigens bemerkenswert effektiv. Angesichts der vielen aus dieser Zeit überlieferten und durchweg recht abenteuerlichen Geschichten weiß man eigentlich nicht so recht, über welche Erfolge auf welcher Seite man sich tatsächlich besonders freuen soll.

## Das Meer – ein genialer Bildhauer

Unaufhörlich nagt die Brandung am Gestein und modelliert bei schweren Stürmen wie mit Hammerschlägen daran herum – und fast immer in beachtlichem Maße erfolgreich. Hochgehende Brandungswellen klatschen immerhin im Sekundentakt mit einem Druck von mehreren Dutzend Tonnen auf das anstehende Gestein. Nicht nur steter Tropfen höhlt

den Stein – erst recht gilt diese schon im Altertum bekannte Sentenz *(gutta cavat lapidem ...)* für das unausgesetzte Geschehen an einer Felsküste. Selbst anscheinend für die Ewigkeit gesetztes und unverrückbar erscheinendes Felsenfestes wie etwa Gneis oder Granit hat hier auf Dauer absolut keinen Bestand. Vor allem an Küstenabschnitten, wo das Anstehende aus Sedimentgesteinen jeglicher Alterstellung besteht, zeigen sich vergleichbare Erosionsformen mit ausgeprägter Brandungshohlkehle am Klippenfuß, mit Brandungshöhlen, Brandungstoren oder einzeln aufragenden Felstürmen. Das Bild solcher Küsten wirkt meist sehr malerisch.

Küsten mit anstehendem Gneis oder Granit zeigen meist ganz andere Verwitterungsformen. Hier bestimmen Grate und Rücken das Bild, oft auch wie von Zyklopenhand locker hingestreute riesige Blöcke. Vor allem solche am Strand mengenweise vorgefundenen Einzelblöcke verwendeten die bronze- und eisenzeitlichen Menschen der Megalithkultur(en) Nordwesteuropas für ihre imposanten Steinsetzungen in Gestalt von Dolmen (Steingräber), Menhiren (Steinstelen), Steinkreisen (Cromlechs) oder Steinzeilen (Alignements). Im Bereich der an anstehendem Festgestein armen Nord- und Ostseeküste verwendeten die damaligen Menschen dazu ausschließlich beachtliche Granitblöcke, welche der eiszeitliche Gletscherschub aus Skandinavien bis in das Tiefland verfrachtet hatte. In der modernen Kulturlandschaft sind sie nicht mehr so zahlreich präsent, wie sie einmal vorhanden waren. Die seit Jahrzehnten intensivierte Landnutzung hat viele dieser vorgeschichtlichen Fund- und Kultstätten leider längst wieder verschwinden lassen.

▷ **6.1** Eindrucksvolle Felsszenarien an der Küste sind immer ein Werk der Brandung: Steilküste auf den Shetland-Inseln.

▷ **6.2** Selbst die malerischsten Küstenfelsen sind die Folge der unablässig wirkenden Erosion.

Die meisten atlantischen Felsküsten bieten erfahrungsgemäß kalenderblattreife Szenarien – faszinierende Ensembles mit ungewöhnlichen Konturen und einer Menge aktuell erlebbarer Dynamik des wässrigen Elements. Eigentlich können diese packenden Bilder jedoch bei aller zugegebenen Eindrücklichkeit immer nur eine Momentaufnahme liefern. Wo die geogene Erosion erkenn- und manchmal sogar direkt miterlebbar unerbittlich voranschreitet, spricht man auch von einem aktiven Kliff. Wegen der ständig zu erwartenden, aber gewöhnlich schlecht vorhersagbaren Materialabgänge kann der Aufenthalt auf einem Hochuferweg ebenso gefährlich sein wie am Klippenfuß, wie Unfälle leider immer wieder bestätigen. Vor dem Klippenfuß breiten sich mitunter ausgedehnte Block- und Geröllfelder oder Steinstrände mit kleineren Materialabmessungen aus – allesamt unübersehbare Zeugnisse dafür, dass die wind- und wasserbedingte Erosion langfristig auch hier keineswegs Halt macht – ganz gleichgültig, ob es sich um Sandstein- oder Kreidefelsen handelt, die man mit dem Fingernagel ritzen kann, oder um betonharte Granit-, Gneis- oder Basaltkliffs, die zunächst natürlich deutlich mehr Widerstand leisten. Letztere findet man im Bereich der Nordsee beispielsweise in Südnorwegen und Südschweden sowie am Ärmelkanal von der Normandie bis zur Bretagne.

Je nach Qualität des Ausgangsgesteins dehnen sich vor dem aufragenden Kliff oft auch die fast tellereben abgeschliffenen, seewärts nur noch flach geneigten Klippenfelder oder Felsterrassen aus. Beispiele für diesen Lebensraumtyp finden sich auch nordwestlich und westlich des eindrucksvollen roten Buntsandsteinkliffs von Helgoland (Abb. S.102).

▷ **6.3** Kaum zu glauben: Selbst dieses heute völlig vereinsamte Eiland weit vor der Küste war einmal Bestandteil des Festlandes.

## Steinhartes Substrat

Wo hartes und einigermaßen dauerhaftes Material ansteht, sprechen die Meeresökologen von Hartboden- bzw. Hartsubstratküsten. Festgestein stellt eben ein spezielles Lebensraumangebot dar und bestimmt nachhaltig die Ansiedlung besonderer Lebensgemeinschaften. Menschliches Tun hat den Küsten allerdings weitere Hartbodensubstrate zugefügt. Hafenbauten mit ihren Molen aus schweren Steinblöcken oder die in jüngerer Zeit häufig eingesetzten, der Ufersicherung dienenden Wälle aus Beton-Tetrapoden sind sekundäre Hartsubstratbereiche. In den Niederlanden, wo es von Natur aus nirgendwo eine Hartbodenküste gibt, reihen sich heute auf weiten Strecken in der Folge der umfangreichen Deich- und Ufersicherung mit Steinschüttungen sozusagen sekundäre Felsküstenabschnitte.

Für die spezielle Lebensraumkennzeichnung der Meeresküsten ist übrigens auch noch die folgende Beobachtung wichtig: Im Unterschied zu Acker, Garten, Feld und Wiese können sich die Pflanzen einer Felsküste nicht mit Wurzeln oder vergleichbaren Organen *im* Substrat verankern, sondern leben gleichsam oberflächlich *auf* dem Hartsubstrat. Daher spricht man hier von Epiflora und im Fall der auf den Felsen verankerten Tiere von Epifauna (oder Aufwuchs). Beide Besiedlungselemente sind – eigentlich geradezu wider Erwarten – an einer Hartbodenküste außerordentlich artenreich. Das ist aber noch nicht alles. An Küsten mit relativ weichen Gesteinen kommen dennoch überraschenderweise auch zahlreiche

▷ **6.4** Für geologisch Interessierte liefert die Brandungserosion an der Küste geradezu spektakuläre Einblicke.

▷ **6.5** Auch die berühmten Erbsenhaufen-Inseln vor der bretonischen Küste (*Les tas des pois*) gehörten einst zu landfestem Gebiet.

▷ **6.6** Der Rest ist über-schaubar: Sogar grobes Blockwerk arbeitet die Brandung bis auf Sandkorngröße auf.

△ **6.7** Selbst Blockfelder aus schon weitgehend gerundeten Gesteinsfragmenten sind meist geologisch wie ökologisch interessant, auch wenn sie extrem fußunfreundlich sind.

▷ **6.8** An Kreideküsten bleiben meist nur die kaum verwitterbaren, weil silikatischen Flintknollen aus den längst vergangenen Kreidekalken übrig.

flora und -fauna. Weitere Beispiele sind in das Gestein vertiefte Entwicklungsstadien mancher Grünalgen, die das Gestein bemerkenswert erfolgreich durchteufen. Fallweise sieht das anstehende Küstengestein bei genauerer Betrachtung daher mindestens so löcherig aus wie ein Schweizer Käse. Diese Fauna und Flora bereitet das massive Gestein zum Abtrag durch das Meer vor.

bohrende Arten vor, die sich selbst eine Wohnung in das anstehende Substrat fräsen. Bohrmuscheln und Bohrschwämme, dazu auch eine Anzahl bohrender Würmer und Meeresasseln, sind hier die Hauptakteure. Neben der „aufsässigen" Epiflora und -fauna gibt es hier also auch eine erstaunlich artenreiche In-

### Feste Sitzplätze

Ein etwas analytischerer Blick auf eine buntblumige Bergwiese zeigt, dass sich hier dem Auge ein durchweg regelloses Mosaik aus Gräsern, Kräutern, Hochstauden, Strauchgehölzen und Jungbäumen darbietet. Die Verteilung der einzelnen Pflanzenarten und Individuen scheint gänzlich dem Zufall überlassen gewesen zu sein. Wachsen, gedeihen und blühen darf an einem definierten Wuchsplatz, wer zuerst eintraf und genügend Kraftreserven besaß, um die Konkurrenz erfolgreich in die Schranken zu verweisen.

Am Küstensaum stellen sich die Dinge dagegen grundlegend anders dar. Vor allem die Gezeitenküsten sind echte amphibische Lebensräume, weil sie im täglichen Rhythmus von Ebbe und Flut wechselweise regelmäßig dem Meer und dem Festland angehören. Obwohl die Küste der Grenzsaum ist, lässt sich der ganz genaue Grenzverlauf zwischen Meer und Festland nicht exakt angeben: Die rastlosen Tidenwech-

▽ **6.9** Formelemente einer felsigen Kliffküste.

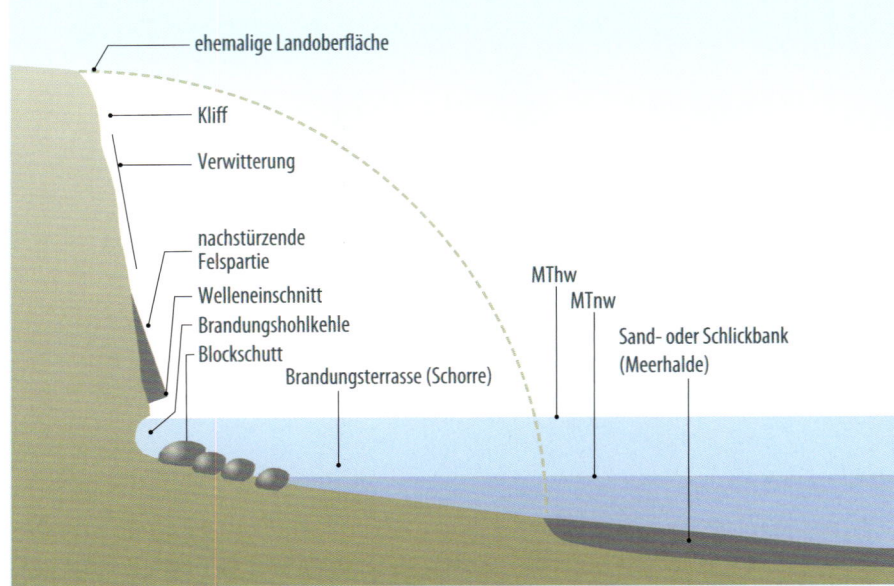

ehemalige Landoberfläche

Kliff

Verwitterung

nachstürzende Felspartie

Welleneinschnitt

Brandungshohlkehle

Blockschutt

Brandungsterrasse (Schorre)

MThw

MTnw

Sand- oder Schlickbank (Meerhalde)

◁6.10 An Weichboden-
kliffs, wie es sie an
vielen Teilen der Ost-
see gibt, hat der An-
griff des Meeres ein
ungleich leichteres
Spiel.

sel stecken das Terrain zwischen Land und Wasser in jedem Augenblick neu ab. Was zur Ebbezeit ein Lebensraum mit vielen Eigenschaften eines typischen Festlandbiotops war, wandelt die nächste auflaufende Flut wieder in einen typischen Unterwasserstandort.

In einer so wechselhaften Umwelt ist das Leben mit Sicherheit nicht besonders einfach. Tatsächlich kommen in der Gezeitenzone überwiegend ökologische Spezialisten vor, die sich trickreich und äußerst bewundernswert darauf eingerichtet haben, im täglichen Tidenrhythmus gleich zweimal an die trockene Luft gesetzt zu werden. Vom angrenzenden Festland wagen sich dagegen kaum einmal Arten in dieses schwierige Milieu vor. Bis in die oberste Spritzwasser-

▽6.11 Gliederung einer atlantischen Felsküste und ihrer typischen Lebensgemeinschaften.

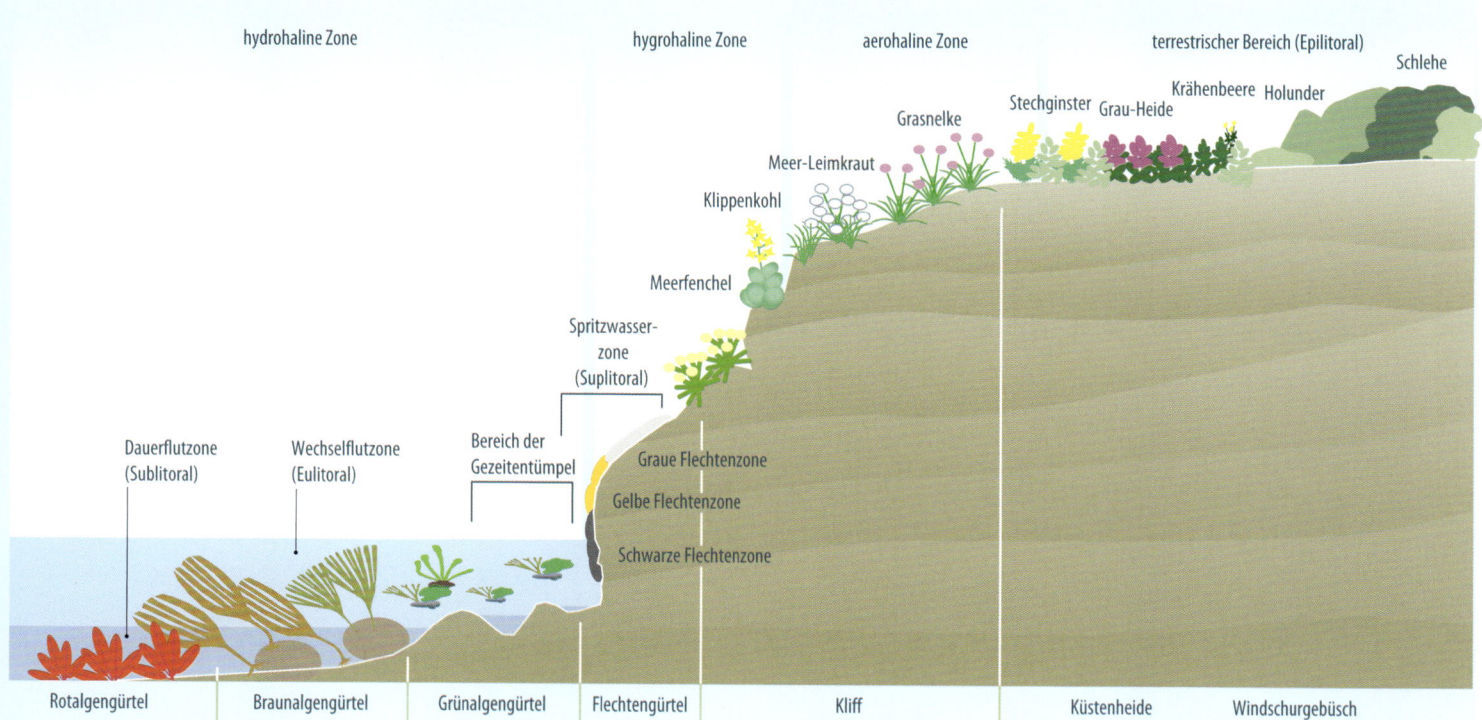

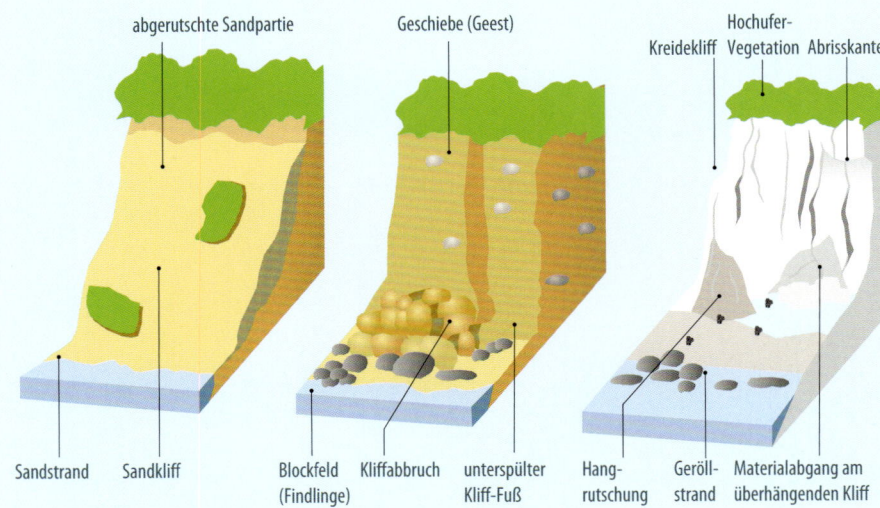

abgerutschte Sandpartie

Geschiebe (Geest)

Hochufer-
Kreidekliff Vegetation Abrisskante

Sandstrand  Sandkliff

Blockfeld  Kliffabbruch  unterspülter   Hang-   Geröll-  Materialabgang am
(Findlinge)              Kliff-Fuß     rutschung strand überhängenden Kliff

△ **6.12** Die Brandung nagt unentwegt und modelliert aus Lockermaterial (Geschiebe) wie aus anstehendem Festgestein abwechslungsreiche Klifftypen.

▽ **6.13** Wind und Wellen haben unter anderem an der Ostseeküste einen ganz spezifischen Formenschatz hinterlassen.

zone besteht die organische Besatzung von Felsen, Steinen oder anderen Festmaterialien des Gezeitenraums somit nur aus echten Meeresorganismen. Auch aus der Dauerflutzone wird man hier so leicht keinen Vertreter finden.

## Von Gürteln und Streifen

Im Unterschied zu einer Wiese oder einem Waldstück findet man an einer felsigen Gezeitenküste immer ungleich klarere Verhältnisse vor. Hier treten die den Gesamtaspekt bestimmenden Organismen nicht in unübersichtlichen Mustern nach dem Diktat einer Zufallsverteilung auf, sondern nehmen klar definierte und horizontal säuberlich gestaffelte Sitz- bzw. Wuchsplätze in Gürteln oder Bändern ein. Fast ist es so wie im Theater: Bestimmte Gesellschaftsschichten findet man nur im Parkett, andere hingegen ausnahmslos auf den höheren Rängen.

Hochufer

aktives Kliff

Moränenzug

Haken

Innenküste

Bodden

Blöcke

Nehrung

Außenküste

Als rigorose Platzanweiser wirken am Meer die Summeneffekte bestimmter Umweltfaktoren. Da die Gezeitenorganismen von der Niedrigwasserlinie bis zur Flutmarke in einer europaweit einheitlichen und offenbar ziemlich festgelegten Reihenfolge auftreten, müssen wohl die Gezeitenwasserstände die Hand im Spiel haben. Der Zeitablauf einer Tide zeigt – wie bereits in Kapitel 5 ausgeführt –, dass zwischen oben und unten in der Wechselflutzone (Eulitoral) tatsächlich gewaltige Unterschiede bestehen. Weil die verschiedenen Organismenarten diese spezielle Anforderung unterschiedlich gut und offensichtlich verschieden effizient bewältigen, ergibt sich in der Gezeitenzone durch Vorsortierung somit fast automatisch eine bestimmte Vertikalverteilung.

Auffällig und eindrucksvoll zugleich zeigen diese besondere Anpassung beispielsweise die seltsamen Seepocken, denen man auf den ersten Blick so gar nicht ansieht, dass es sich um lebenslänglich (fest-) sitzende Kleinkrebse handelt – sieht man einmal von ihrer pelagischen Jugendphase ab. Während der Ebbezeit machen sie ihre mehrklappigen Luken einfach dicht und verhindern auf diese Weise unnötige Wasserverluste. An der Obergrenze des weißen Seepockengürtels kann man übrigens zuverlässig den durchschnittlichen Hochwasserstand auch während der Ebbe ablesen und gewinnt so einen direkten Hinweis auf den lokalen Tidenhub.

## Arten im Doppelpack

In keinem Lebensraum sind Flechten wirklich selten, aber dennoch nehmen viele Naturfreunde sie nicht so recht wahr, weil man relativ viele Arten in ihrer Unauffälligkeit leicht übersieht. Dabei verdienen gerade sie besondere Aufmerksamkeit, gehören sie doch allemal zu den besonders seltsamen Lebewesen. Die schwarze Kruste oder der dottergelbe Fleck, den Sie gerade auf einem küstennahen Stein betrachten, besteht tatsächlich aus (mindestens) zwei grundverschiedenen Organismentypen und -arten: In einer Flechte schließen sich jeweils eine Pilz- sowie eine mikroskopisch kleine Bakterien- oder Algenart zu einer innigen Lebens- und Funktionsgemeinschaft zusammen. Die in einer Flechte enthaltenen Cyanobakterien oder Grünalgen sind der energetische Kern des

In der Tat völlig geheimnisvoll ist nun, wie der Pilz und die Gesamtheit seiner jeweiligen mikroskopisch kleinen Photosynthese-Partner mit ihrem Zusammengehen ein gänzlich anderes Aussehen annehmen. So rein gar nichts an einem Flechtenlager erinnert an ein gewöhnliches Pilzgeflecht, und von den darin eingebauten Algen ist mit bloßem Auge auch nichts zu sehen. Weiterhin überaus erstaunlich ist auch, dass das Gemeinschaftsgebilde Flechte ökologisch sehr viel mehr kann als jeder der kooperierenden Einzelpartner für sich genommen: Eine Flechte erträgt höllische Hitze ebenso wie klirrende Käl-

◁ **6.14** Der weiße Seepockengürtel markiert die durchschnittliche Tidenhochwasserlinie. Darunter beginnen die Tanggürtel.

Flechtenbetriebs: Genauso wie die grünen Pflanzen stellen nur sie durch Photosynthese energiereiche organische Stoffe her, von denen auch ihr jeweiliger Pilzpartner lebt. Bei den in Mitteleuropa vorkommenden Flechten ist dieser fast immer ein Vertreter der Schlauchpilze (Ascomyceten). Angesichts dieser seltsamen Artenkonsortien ist es sicher nicht ganz korrekt, von einer Flechten*art* zu sprechen, denn es stecken ja mindestens zwei verschiedene Organismenarten darin, aber im biologisch-ökologischen Sprachgebrauch hat sich diese Bezeichnung tatsächlich so eingebürgert.

◁ **6.15** Den obersten Tanggürtel bildet meist der kleine Rinnentang. Während der Nipptiden wird er nicht oder nur selten benetzt.

◁ **6.16** Die Organismenzonierung ist am besten an steil einfallenden Kliffbereichen zu erkennen. Flechten nehmen die obersten Sitzränge ein.

te. Auch von längerer Trockenheit lässt sie sich überhaupt nicht beeindrucken. Und die direkt am Meer vorkommenden Flechten vertragen natürlich auch die ständige Belastung durch salzhaltiges Wasser im raschen Wechsel mit Regengüssen. Solche physiko-chemischen Belastungen würden die getrennt vorkommenden Flechtenpartner auf keinen Fall überstehen.

### Eine europäische Trikolore

Zwischen der typischen terrestrischen, eben aus Kräutern und Gehölzen zusammengesetzten Vegetation und den tiefer ansetzenden Tanggürteln bilden die Meeresflechten recht auffällige, weil horizontal gestaffelte und zudem kräftig gefärbte Siedlungsbänder. Vom Nordkap bis nach Gibraltar treten sie übereinander in den drei Leitfarben graugrün, goldgelb und schwarz auf. Zuoberst der dreifarbigen Flechtengürtel siedeln verschiedene betont graue bis graugrüne Arten. Gänzlich einfarbig hellgrau bis fast weiß ist die in großen krustigen Flecken mit zahlreichen gleichfarbenen Fruchtkörpern auftretende *Ochrolechia parella*. Ferner finden sich – nach oben zuneh-

mend dichtere – Bestände mit bemerkenswert formschönen Strauchflechten, von denen sich einige Vertreter auch auf das Geäst der Pionierstrauchgehölze aus der Festlandvegetation vorwagen. Ein Beispiel ist die Grüngraue Astflechte *(Ramalina siliquosa)* mit ihren breiten, bandförmigen Lagerästen, die eher etwas schattige Partien als Wuchsplatz bevorzugt. Sie kommt auch im Ostseeraum vor, darunter auch auf den dänischen und schwedischen Inseln.

Enorm kontrastbetont verzahnt sich mit dem graugrünen Flechtengürtel ein breites Band knallgelber, ziemlich artenreicher und fallweise nicht einfach zu unterscheidender Flechten. Nach ihrer Gestalt sind sie entweder der Unterlage dicht anliegende, an den Rändern aber deutlich gelappte Krusten oder Gebilde, die man eher als blättrig bezeichnen könnte. Leitart ist die Goldgelbe Schönflechte *(Caloplaca marina)*, eine formenreiche Flechte mit krustigem, unregelmäßig schuppenförmig aussehendem Lager, das in den Randbereichen deutlich gelappt, aber nicht rosettenartig ausgebreitet ist. Meist trägt sie zahlreiche scheibchenförmige, mit dem übrigen Lager gleichfar-

▽ **6.17** Küstenflechten überkleiden die Strandfelsen nahezu lückenlos.

△ **6.18** Unter den beteiligten Flechtenarten finden sich flache Krusten- und Blattflechten, aber auch strauchförmig verzweigte Formen.

△ **6.19** Die flach-bandförmigen *Fucus*-Arten finden man nur innerhalb der Gezeitenzone.

bene Fruchtkörper in verschiedenen Größen. Etwas gröber sind die Lagerlappen bei der kräftig gelben Mauerflechte (*Xanthoria parietina*), die meist ebenfalls deutlich sichtbare Fruchtkörper aufweist. Im feuchten Zustand sieht sie leicht grünlich aus.

Zwischen diesem von seinem Farbeindruck her auffälligen Flechtenband und direkt anschließend an die obersten Algen und Seepocken treten überall und nahezu flächendeckend teerschwarze Flechten auf. Küstenurlauber verwechseln sie oft mit den unsäglichen Mineralölhinterlassenschaften aus der Schifffahrt. Die hier wichtigste Art ist die Schwarze Krustenflechte (*Verrucaria maura*), deren Lager im angefeuchteten Zustand tiefschwarz, grobrissig gefeldert und samtig rau erscheinen. Zusammen mit den Seepocken markiert sie ungefähr die Hochwasserlinie. Hier und da sind ihre Bestände aufgelockert von den kleinen, ebenfalls tiefschwarzen und etwas pelzig aussehenden Büscheln der Strauchigen Zwergflechte (*Lichina confinis*) oder einer nahe verwandten Form. Deren Siedlungsband ist die sogenannte Schwarze Zone, die eigentliche ökologische Grenze zwischen Festland und Meer.

## Tange etagenweise

Alle Felsküsten Europas sind der typische Lebensraum besonders großer Algenarten, deren eventuell sogar viele Meter lange Vertreter man nach einem norwegischen Wort als Tange bezeichnet. Im Eng-

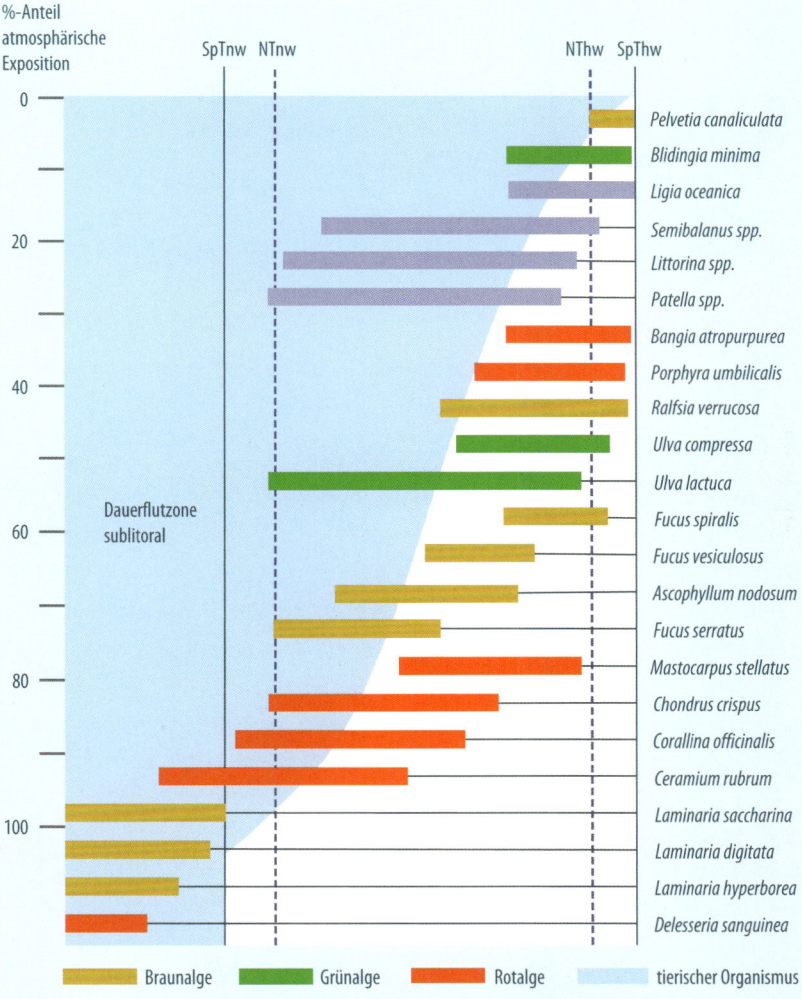

△ **6.20** Die typischen Leitorganismen einer Felsküste zeigen eine charakteristische und recht strikt eingehaltene Zonierung zwischen den Tidemarken.

lischen nennt man sie übrigens etwas verächtlich *seaweed* – was man mit deutlichem ökologischem Vorbehalt als „Seeunkraut" übersetzen könnte. Eine besondere Wertschätzung drückt sich darin gewiss nicht aus.

Besonders auffällig sind an einer Hartboden- bzw. Felsküste die etagenförmig angeordneten Tanggürtel. Sie stellen sich auf Buhnen, Molen, Spundwänden oder ähnlichen wasserbaulichen Hartstrukturen innerhalb des Gezeitenbereichs ein. Auf die immer zuoberst siedelnden Seepocken folgt meist ein Band aus feinen grasgrünen Fadenalgen, an die sich nach unten die Bänder olivgrüner Brauntange anschließen. Die Artenreihung ist an allen europäischen Atlantikküsten die gleiche und findet sich so mit fast allen Arten auch an der nordamerikanischen Ostküste. Die Spritzwasserzone dominiert der schmalbandige Rinnentang (*Pelvetia canaliculata*). Dann schließt sich das Siedlungsband mit dem charakteristischen Spiraltang (*Fucus spiralis*) an, gefolgt von Blasentang (*Fucus vesiculosus*) und Knotentang (*Ascophyllum nodosum*). In der unteren Gezeitenzone herrscht gewöhnlich der gut kenntliche Sägetang (*Fucus serratus*) vor. Von oben nach unten nehmen die Abmessungen dieser Algen zu: Der Rinnentang wird höchstens handlang, der Knotentang kann dagegen schon rund 1 m Länge messen.

Alle diese derblederigen Tange trocknen während der Ebbe kaum aus, weil sie äußerst raffiniert das lebensnotwendige Wasser in ihren dickwandigen Geweben durch Kapillarkräfte binden. Sie sind – obwohl sie eigentlich aquatische Organismen darstellen – tatsächlich auch während der Zeit des Trockenliegens bei Niedrigwasser mit bemerkenswerter Effizienz photosynthetisch aktiv. Zwischen den meist dicht wachsenden Tangbüscheln bleibt es auch während der Ebbe feucht. Daher können sich hier die mit Kiemen atmenden ortsbeweglichen Tiere wie Strandkrabben, Strandschnecken und Meerasseln geradezu optimal geschützt vor dem Austrocknen aufhalten.

Natürlich sind am Sitzplan innerhalb der Gezeitenzone auch noch weitere ökologisch wirksame Faktoren beteiligt, zum Beispiel die Konkurrenz der Arten untereinander (Fraßdruck, Raumkonkurrenz) oder ihr Beharrungsvermögen gegenüber wild tosender Brandung. Ein ständig starkem Wellenschlag ausgesetzter Standort zeigt daher ein etwas anderes Besatzungsmuster als eine geschützte Unterlage etwa in einem Hafenbecken. Wo es zumindest zeitweilig so heftig zugeht wie in einer Waschtrommel, ist verständlicherweise betonte Flexibilität angesagt. Die großen Tange, der zu den Rotalgen gehörende knorpelig-zähe Kraussterntang ebenso wie die elastischen Spiral-, Blasen- oder Sägetange, verbiegen sich problemlos unter jeder über sie hinweggehenden Wellenbewegung und bieten somit kaum Angriffspunkte. Sie sind demnach ziemlich weich im Nehmen. In einem solchen Milieu Halsstarrigkeit beweisen zu wollen, wäre eine gänzlich falsche Überlebensstrategie.

Gerade die großen Braunalgen bzw. -tange sehen wie ein alternativer Pflanzenentwurf aus. Nichts an ihren seltsamen Gestalten erinnert an eine typische und vertraute Landpflanze. Eine richtige Wurzel fehlt ihnen, und wenn sie ein wurzelartiges Basisorgan aufweisen, dient dieses lediglich der Verankerung am Gestein und nicht wie bei den Pflanzen zu Hause im Garten der Stoffaufnahme aus dem Boden. Blätter besitzen sie auch nicht. Stattdessen sehen sie eher aus wie verzweigte Schläuche oder Bänder und manchmal sogar wie heftig zerfetzte Plastikfolien. Fallweise könnte man sie sogar als Einblattsträucher oder -bäume auffassen.

Auf jeden Fall sind sie erstaunlich stabil und sogar in beachtlichem Maße reißfest wie starkes Leder. Diese Eigenschaft ist klar im Zusammenhang mit ihrem speziellen Lebensraum zu sehen: Die meisten derben Braunalgen besiedeln ein durch Brandung

▽ **6.21** Die großen *Laminaria*-Arten der Tangwälder unterhalb der Gezeitenzone tauchen nur bei Springtidenniedrigwasser auf. Aus ihnen gewinnt man die technologisch so vielseitig eingesetzten Alginate.

und Wellenschlag äußerst heftig bewegtes Ambiente, in dem es zeitweilig ziemlich turbulent zugeht. Im stetigen Gezerre der Brandungswellen ein stocksteif starres Achsensystem zu entwickeln, wäre also eine völlig verfehlte Strategie. Stattdessen ist beachtliche Flexibilität angesagt. Tatsächlich hat die Evolution die meisten Tange auf beachtliche Biegsamkeit bzw. Zähigkeit optimiert – sie können so fast jede mechanische Beanspruchung bestens ertragen – wie oben bereits erläutert. Selbst an den wildesten Küstenabschnitten mit voller Wellenwucht finden sich daher ausgedehnte und üppige Tangfelder.

### Zwischen filigran und knüppeldick

Natürlich kennt man vom heimischen Gartenteich die grünen, fädigen Algenbüschel, die sich wie frisch gewaschene Haare anfühlen und meist als unerwünschtes Übel gelten. Auch am Meeresstrand erzeugen die manchmal mengenweise driftenden Algen und Tange nach aller Erfahrung eher zwiespältige Gefühle. Sie gelten vielen Küstenurlaubern als recht suspekter Auswurf des Meeres. Viele ordnen sie gar irgendwo zwischen „Algenpest" und „Killeralgen" ein, zumal sie sich nach längerer Liegezeit an der Strandlinie eventuell ziemlich anrüchig zeigen wie ein gammelndes Hafenbecken. Aber: Exakt diese seltsamen Meerespflanzen sind außerordentlich wertvolle Rohstofflieferanten mit unerwartet vielfältigen und heute geradezu unentbehrlichen Anwendungen. Auch wenn Sie nicht gerade einen sonnigen Strandurlaub verbringen, sondern gegen das Morgengrauen eines durchschnittlichen rheinischen Herbsthimmels ankämpfen, sind Sie heute mit Sicherheit schon mehrfach und gewiss ungewollt mit Inhaltsstoffen aus den großen Meeresalgen in Kontakt gekommen – und zwar äußerlich wie innerlich. Doch der Reihe nach.

Wie so häufig, begeht die allgemeine Einschätzung auch im Fall der großen Meeresalgen also einen klaren Rufmord. Eine im Spülsaum zusammengeschwemmte Algenmasse hinterlässt zweifelsohne nicht unbedingt einen hinreißenden Eindruck. Aber lassen Sie sich einmal von einem Taucher seine Eindrücke von einem Tangwald im Seegang schildern. Hier fehlt eigentlich nur noch die Melodie eines Wiener Walzers.

Tatsächlich überraschen Meeresalgen bei genauerer Inspektion mit einem ungewöhnlichen Formenspektrum sowie mit ausgesucht abgestufter Farbigkeit. Sie sind nicht einfach ein untermeerischer Ersatz für Kopfsalat oder Petersilie, sondern bestechen neben ihren vielen Farben auch mit ausgesucht hübschen Gestalten.

### Bewundernswerte Zellwandchemie

Möglich wird die Sonderanpassung der Großalgen durch die recht ausgefallenen Zellwandbaustoffe. Sie tragen im Fall der großen Braunalgen den etwas einfallslosen, aber international eingeführte Bezeichnung Alginsäure oder – sofern sie als deren Alkali-Salze vorliegen – Alginate. Diese ungewöhnlichen Stoffe bestehen aus besonders langkettigen Kohlenhydraten, die es so bei anderen Pflanzen nicht gibt. In den Zellwänden der Braunalgen ersetzen sie die bei höheren Pflanzen sonst übliche Zellulose, die technisch in der Papierindustrie, aber auch im Textilbereich Verwendung findet: Jede Faser einer Jeans war schließlich einmal ein Samenkornhaar einer Baumwollpflanze.

Alginsäure und Alginate bestehen im Unterschied zur Zellulose, die nur einen einzigen Bausteintyp (β-Glucose) aufweist, aus den eher ungewöhnlichen Säurederivaten bestimmter Einfachzucker (α-Guluron- und β-Mannuronsäure) in unregelmäßig wechselnden Mengenanteilen. Diese bilden lange, unverzweigte Kettenmoleküle. Nur durch zweiwertige Erdalkali-Ionen werden die Einzelstränge dreidimensi-

△ **6.22** Gerade die Rotalgen entwickeln bemerkenswert grazile Formen wie die aparte Kammalge.

onal vernetzt und entsprechend stabilisiert. Entdeckt hat man die Alginsäure bereits um 1880 in England und zwar bei dem Versuch, ein technisch vereinfachtes Verfahren für die Sodagewinnung aus Braunalgen zu entwickeln. Die ersten dabei erhaltenen Präparate waren aber noch so sehr mit Stickstoffverbindungen verunreinigt, dass ihr Entdecker sie zunächst für ein spezielles Protein hielt. Erst rund 100 Jahre später bestand Klarheit über die genauere chemische Struktur, die sich als recht komplex herausstellte. Heute werden Alginsäure und Alginate aus den Braunalgenzellwänden im industriellen Maßstab isoliert und sind als weißes, wasserlösliches Pulver im Fachhandel erhältlich. Während die freie Säure nur wenig wasserlöslich ist, kann man aus ihren Kalium-, Natrium-, Calcium- oder Magnesium-Salzen technisch vielseitig verwendbare Gele beliebiger und vor allem genau einstellbarer Steifigkeit (Viskosität) zubereiten. Genau diese Eigenschaft begründete erst vor wenigen Jahrzehnten die geradezu einzigartige technische Karriere dieser Naturstoffe.

### Sahnetorte, Speiseeis und Sprengstoff

Haben Sie sich schon einmal darüber gewundert, dass die im morgendlichen und abendlichen Badritual eingesetzte Zahncreme auf sanften Druck so hübsch glatt und problemlos aus der Tube quillt? Vor allem der Alginat-Zusatz verhilft dem Zahnpflegemittel zur bewundernswerten Gleitfähigkeit. Alginate finden sich aber auch in vielen Duschgelen. Hier erhöhen sie wirksam die wünschenswerte Kontaktzeit zwischen der Haut und den reinigenden Detergenzien, die nach dem Auftragen nicht mit dem zweiten Duschstrahl schon wieder auf und davon sein sollten. Auch im Fruchtjoghurt, der eventuell Ihr Frühstück bereichert, erzeugt ein gut dotierter Alginat-Zusatz die nötige Steifigkeit, wodurch die leckeren Fruchtstückchen zuverlässig schön in der Schwebe bleiben und sich nicht als kompakter Bodensatz am Becherboden versammeln. Im Speiseeis vor allem der edleren Marken verhindern die im Übrigen völlig geschmacksneutralen Alginate, dass beim Tiefgefrieren scharfkantige Kristalle entstehen, die beim Abschlecken empfindlich stören und schlimmstenfalls sogar die Zunge aufschlitzen könnten. In ähnlicher Mission sind diese Stoffe auch in Bonbon- und Pralinenfüllungen im Einsatz. Alginate garantieren ferner, dass die durchweg verwegene Sahnearchitektur einer handflächenhohen Schwarzwälder Kirschtorte nicht schon nach kurzer Zeit wieder erbarmungslos in sich zusammensinkt. Und falls Sie je ein appetitliches Nudelgericht mit weniger als 100 Kalorien oder ein sonstiges Menü mit der ausdrücklichen Deklaration *low calory diet* konsumiert haben sollten – auch das waren einmal Braunalgen von irgendeiner atlantischen Meeresküste. Alginate können, obwohl sie im Prinzip Kohlenhydrate sind, vom menschlichen Organismus tatsächlich nicht aufgeschlossen werden, sodass ihr theoretischer Nährwert absolut nicht zu Buche schlägt. Im europäischen Ausland wird Alginat schon seit geraumer Zeit auch dem Bier zugesetzt, um den Schaum zu stabilisieren. In Deutschland lässt das (vorerst) noch geltende Reinheitsgebot die Alginat-Verwendung nicht zu. Ob in einer käuflichen Lebensmittelzubereitung Phycokolloide vom Typ der Alginate enthalten sind, kann man übrigens der vorgeschriebenen Inhaltsstoffdeklaration auf den Verpackungen entnehmen: Die Braunalgen-Alginate tauchen dort mit den Nummern E 401 bis E 405 auf.

Die Lebensmitteltechnologie ist aber bei Weitem nicht der einzige Einsatzbereich. Tatsächlich gelingt auch der Druck so mancher Zeitungsseite nur mithilfe von Braunalgen-Zellwandstoffen: Der Zusatz von Alginat zur schwarzen Druckerpaste sorgt nämlich zuverlässig dafür, dass die von der Druckwalze frisch aufgetragenen Buchstabenbilder im porösen Papier-

▷ **6.23** Knorpeltang ist der Lieferant wichtiger Gelierstoffe (vgl. S. 93).

lierten Anzucht von Kleinstorganismen verwendet. Der berühmte Robert Koch (1843 bis 19109) soll bei einem schnuppernden Gang in seine heimische Küche auf die Idee gekommen sein, das mit Fleischextrakt angereicherte Steifungsmittel Agar für die kontrollierte Kultur von Bakterien zu verwenden. Aber das könnte eine moderne Legende sein. Die genauere methodische Entwicklung von Agar-Nährböden schreibt man heute eher dem weniger bekannten Mikrobiologen Walther Hesse (1846 bis 1911) zu, der eine Anregung aus der Küche seiner Frau Angelina

◁ **6.24** Die hübsche *Palmaria* kann einem in Frankreich – allerdings unter anderem Namen – auf einer Menükarte begegnen.

bogen genauso konturscharf wie gewollt bleiben und nicht unkontrolliert und unschön verlaufen. Sogar in manchen Arzneimitteln sind die Algenbaustoffe im Einsatz: Sie garantieren eine verzögerte und damit gleichmäßige Wirkstofffreisetzung über den gesamten Tag. Man könnte die Aufzählung von Alginat-Anwendungen beinahe beliebig fortsetzen. Sie sind Bestandteil der Abformmaterialien in der Zahnprothetik, Komponenten von Bremsbelägen, auch in manchen Karosserieteilen von Nobelautomarken enthalten, in Sprengstoffen eingemischt und sogar Zuschlagstoff im Beton für gewagte Designerarchitektur an der Grenze der statischen Machbarkeit.

◁ **6.25** In Japan nennt man den Hauttang Nori. Botanisch heißt er *Porphyra*. Sushi-Liebhaber kennen sie als Ummantelung der delikaten Reisröllchen.

## Auch Rotalgen sind im Geschäft

In vielen Meeresrotalgen kommen den Alginaten vergleichbare Zellwandbaustoffe vor, die naturstoffchemisch betrachtet bemerkenswert variantenreiche Abkömmlinge des Zuckers Galactose sind. Je nach chemischer Struktur und Herkunft nennt man sie nach einem malaiischen Wort Agar oder nach einer irischen Bezeichnung Carragheen(an). Auch diese Zellwandsubstanzen sind durch vergleichsweise einfache Extraktionsverfahren in industriellem Maßstab zu gewinnen und werden als Emulgatoren oder Stabilisatoren vor allem in der Lebensmitteltechnik eingesetzt. Vielfach verwendet man sie auch in der Laboranalytik als Trenngele.

Agar ist ein recht komplexes Mischpolysaccharid, dessen wichtigste Komponente das Disaccharid Agarose ist. Bekanntestes Einsatzgebiet ist die Mikrobiologie, die dieses Material für Nährböden zur kontrol-

umsetzte: Im Hause Hesse verwendete man Agar nämlich für die Zubereitung von Fruchtgelee und Gemüsesülze. Hesse hat das Verfahren nachweislich 1884 veröffentlicht.

Vom Carragheen sind mehrere komplexe Strukturvarianten bekannt. Verwendet wird es beispielsweise in Marmeladen, Babynahrung und Milchprodukten. Manche Strukturverwandten bleiben bei allen Temperaturen löslich, weil keine Vernetzungen möglich sind. Man setzt sie lebensmitteltechnologisch vor allem in Instantprodukten ein.

Der aus Rotalgen stammende Agar, der als künstlich hergestellter Nährboden für die gezielte Anzucht von Mikroorganismen von enormer Bedeutung ist, erscheint in der Liste der zulässigen Lebensmittelzusatzstoffe als E 406. Das ebenfalls aus Rotalgen gewonnene Carrageenan trägt die Nr. E 407.

## 7

> Ihr Leben und Weben bildet eine zauberisch anmutende Welt nicht überirdisch, sondern untermeerisch schöner Formen, Farben und Bewegungen.
>
> Gunter Steinbach (1936 bis 2002)

# Gezeitentümpel – Einblick in die Unterwelt

**D**er Gezeitenbereich einer Felsküste ist wegen der auffälligen gürtelartigen Anordnung der auffälligeren Leitarten zwischen Hochwasserlinie und Niedrigwasserniveau gewöhnlich ein Lebensraum der langen Streifen. Tatsächlich ändert sich der Artenbestand der einzelnen vorhandenen Siedlungsbänder in horizontaler Richtung über Hunderte von Kilometern Küstenlinie fast kaum und präsentiert hinsichtlich der Litoralvegetation praktisch vom Nordkap bis Gibraltar äußerst ähnliche Erscheinungsbilder einer Gezeitenküste – von den Eigenarten des anstehenden Gesteins natürlich abgesehen. Das gilt für die beteiligten Flechtenkonsortien ebenso wie für die eigenartigen Makroalgengesellschaften, die man zusammenfassend als Makrophytobenthos bezeichnet.

Aus diesem sinnvollerweise in ziemlich engen Grenzen festgelegten Zonierungsprogramm fällt bei näherem Hinsehen allerdings ein besonderer Typ von Kleinlebensräumen ganz und gar heraus. Je nach Küstengestalt und Kliffneigung tritt er zwar nur wenig aspektbestimmend in Erscheinung, gehört aber zweifellos zu den ökologisch spannendsten Teilbereichen einer gezeitengeformten Felsküste: Es sind dies die kleineren oder größeren Gezeitentümpel oder Lithotelmen (Gezeitenaquarien; engl. *tidepool* oder *intertidal rockpool*, frz. *cuvette rocheuse*) in den natürlich entstandenen Vertiefungen des anstehenden Gesteins irgendwo zwischen den Tidemarken. Mit einem festländischen Tümpel sind sie natürlich nicht zu vergleichen. Weil diese Vertiefungen gewöhnlich abflusslos sind, bleiben hier zur Ebbezeit Wasseransammlungen unterschiedlicher Volumina zurück. Während dieser Zeit sind sie vom restlichen Eulitoral so gut wie komplett abgeschnitten und erfahren im

tidalen Rhythmus meist auch keine nennenswerten Wasserstandsänderungen – es sei denn, sie sind sehr klein und befinden sich zudem nahe der Hochwassermarke. Dann trocknen sie bei hochsommerlichen Verhältnissen tagsüber fast regelmäßig aus.

## Jeder ist ein eigener Lebensraum

In ihrer Flächenausdehnung und Tiefendimensionierung fallen die eigenartigen Gezeitentümpel höchst unterschiedlich aus. Manche sind extrem flachgründig und nehmen nur einige Quadratdezimeter Grundfläche bei einem Wasservolumen von wenigen Litern ein. Andere sind weitflächiger, tiefer, damit auch voluminöser und eventuell stärker untergliedert. Sie können demnach beliebige Abmessungen zwischen einem Suppentopf und dem Vielfachen einer Badewanne einnehmen. Ihre Verteilung im Profil einer felsigen Gezeitenküste ist normalerweise völlig zufällig und regellos. Anzahl und Lage hängen lediglich vom Streichen und Fallen der anstehenden Gesteinsserien bzw. deren erosiver Zerschneidung ab. Eine nahezu senkrecht abfallende Kliffküste mit

## Marine Lebensräume

Für die Lebensweise und die Wuchs- bzw. Aufenthaltsorte der Lebensgemeinschaften verwendet man fachmännisch unter anderem die folgenden begrifflichen Festlegungen.

| Lebensraum | Lebensgemeinschaft | |
|---|---|---|
| Pelagial | Pelagos | |
| Benthal | Benthos | Infauna: Tiere im Boden |
| | | Epifauna: Tiere auf dem Boden |
| Phytal | Makrophytobenthos: Tanggesellschaften und submerse Blütenpflanzen (Seegraswiesen, Laichkräuter, Salden) | |
| | Mikrophytobenthos: Kleinstalgenaufwuchs | |

△ **7.1** Reich gegliederte Felsküsten versprechen immer auch faszinierende Serien von Gezeitentümpeln.

vorgelagerter Brandungsplattform ist in dieser Hinsicht weniger gut bestückt als ein Küstenprofil, das überwiegend aus zyklopischem Blockwerk besteht. In etwa gilt die Faustregel, dass die nahe der Hochwasserlinie liegenden Gezeitentümpel deutlich klei-

ner sind als die in der unteren Gezeitenzone. Dieser Zusammenhang erklärt sich aus der Dauer der Brandungsbelastung und der damit einhergehenden erosiven Bearbeitung des anstehenden Gesteins durch die Wellenaktion. Ein „Rockpool" im unteren Tiden-

△ **7.2** Die oberhalb der Tidenhochwasserlinie dominierenden Flechten wird man selbst in den obersten Gezeitentümpeln niemals finden.

△ **7.3** In diesen speziellen Teilbereichen fehlen auch die sonst für die Gezeitenzone typischen Organismenarten.

niveau, der durch Wellenschlag fast ständig im Kontakt mit dem offenen Meer steht, gehört fast noch dem obersten Sublitoral an. Im mittleren bis oberen Eulitoral finden sich dagegen Tümpel, die während der Ebbezeit vollständig von der Wellenaktivität isoliert bleiben, eventuell stark sonnenexponiert sind und auf jeden Fall von Niederschlagswasser erreicht werden. Manche Gezeitentümpel, vor allem diejenigen im Supralitoral, erhalten sogar nur bei Springtiden oder anderen Extremsituationen (Sturm) eine Meerwasserzufuhr. Es versteht sich auch, dass die hoch im Tidenniveau gelegenen Tümpel im Gezeitenrhythmus länger exponiert sind als diejenigen nahe der Tidenniedrigwasserlinie. Und besonders hervorhebenswert: Tatsächlich gleicht kein Gezeitentümpel einem anderen – alle tragen hinsichtlich Abmessung und Organismenbesatz erstaunlich individuelle Züge und sind sozusagen Biotop-Unikate. Dieser Sachverhalt lädt natürlich zur genaueren Erkundung ein.

## Ausgefallenes Besiedlungsprogramm

Der bemerkenswerte Lebensraumtyp Gezeitentümpel ist an den Nordseeküsten innerhalb der Deutschen Bucht (mit Ausnahme kleiner Teilbereiche des Helgoländer Felswatts) und auch in der südlichen Ostsee nicht vertreten, aber an der britischen bzw. französischen Kanalküste, ferner in Wales, Irland und Schottland sowie in Südnorwegen im Allgemeinen reichlich vorhanden. Man findet ihn aber auch an vielen Felsküstenabschnitten des Mittelmeeres.

Im größten Teil der Gezeitenzone, in der sich im uhrwerkgenauen tidalen Rhythmus ein stetiger und präzise abschätzbarer Wechsel zwischen aquatischen und terrestrischen Milieubedingungen vollzieht („Wechselflutzone"), entscheidet im Wesentlichen nur die Fähigkeit zur Verhinderung oder Vermeidung fataler Wasserverluste während des Trockenfallens dauerhaft über die Ansiedlungserfolge der beteiligten Organismen. Die hier an allen atlantischen Küsten bestandsbildend auftretenden Arten sind überwiegend Tange aus der Braunalgenordnung Fucales; sie weisen schon allein wegen ihrer ausgefallenen Zellwandchemie hervorragende Voraussetzungen zur Minimierung von Wassereinbußen auf, wenn sie sich an der freien Atmosphäre finden. Ganz

anders stellen sich jedoch die Besiedlungsbilder der Gezeitentümpel dar: Darin wachsen eigenartigerweise keine Spiral-, Blasen-, Knoten- oder Sägetange wie auf den unmittelbar benachbarten Felsflanken. Gegenüber dem eher amphibischen Eulitoral erscheinen die Gezeitentümpel vielmehr wie portionsweise verpflanzte Ausschnitte aus dem Sublitoral (Dauerflutzone). Im Vergleich zu den Lebensräumen unterhalb der Niedrigwasserlinie zeigen sie – was auf den ersten Blick so vielleicht noch gar nicht deutlich wird – zu-

▷ **7.4** Die zuoberst in der Gezeitenzone gelegenen Gezeitentümpel sind stets von Grünalgen dominiert.

△ **7.5** Nur außerhalb der Gezeitentümpel finden sich die pittoresken Weidespuren der meist zahlreich vorhandenen Strandschnecken.

△ **7.6** Die hellen Krusten im Gezeitentümpel sind Kalkrotalgen, die weißen Flecken außerhalb haben dagegen Seepocken beigesteuert.

▽ **7.7** Gezeitentümpel sind zeitweilig vom Meer abgeschnittene Lebensräume mit eigenem Organismenbesatz.

dem beträchtliche Unterschiede im Wirkgefüge einzelner Umweltfaktoren auf. Insofern stellen sie überraschende, aber keineswegs nur einfache Schaufenster zu einer sonst sicherlich weniger zugänglichen, wenngleich unglaublich interessanten Unterwasserwelt dar, die man in den obersten Dutzenden Metern sonst allenfalls als Taucher erleben kann.

## Der kleine Unterschied

Schon ein erster orientierender Blick auf den Organismenbesatz eines „Gezeitenaquariums" zeigt bereits, dass hier bezeichnenderweise gerade solche Organismenarten fehlen, die sonst weitflächig das Bild der verschiedenen Teilzonen des Eulitorals prägen. Direkt in einem Gezeitentümpel wird man kaum einmal eine der drei einfach unterscheidbaren *Fucus*-

Arten (Spiral-, Blasen- und Sägetang) antreffen, die sonst als im Tidenrhythmus „frei fallende" Tangvegetation eine mäßig exponierte bis geschützte Gezeitenküste charakterisieren. Auch viele sessile tierische Besiedler des Eulitorals vermeiden eine Ansiedlung im Gezeitentümpel, darunter die sonst so verbreiteten und immer bestandsbildenden Seepocken. Selbst Kleinbestände der Miesmuschel treten kaum auf. Von der Napfschnecke oder Aschgrauen Kreiselschnecke einmal abgesehen, fehlen dem typischen Tümpel-Arteninventar weithin auch viele der im Eulitoral individuenreich auftretenden Gehäuseschnekken, beispielsweise die umfangreichen Formenkreise der Gattung *Littorina*. Nicht einmal die Organismengemeinschaften der ökologisch gewiss nicht unproblematischen Spritzwasserzone (Supralitoral) steuern in nennenswertem Maße Arten zum Besatz der nahe der Flutmarke gelegenen Tümpel bei. Hier sind weder die zonal auftretenden marinen Flechten noch Grenzgänger wie die eigenartige Braunalge *Pelvetia canaliculata* anzutreffen.

Wenn demnach in den Gezeitentümpeln die Vertreter aus den typischen Benthoslebensgemeinschaften des oberen und mittleren Eulitorals durchweg fehlen, bleiben für die Rekrutierung der Arteninventare eigentlich nur noch die Arten aus der unteren Gezeitenzone sowie aus dem oberen Sublitoral übrig. Hier finden sich aus diesen Teilräumen umso mehr Arten zusammen, je weiter die Tümpel der Niedrigwasserlinie angenähert sind. Aspektbildend beteiligen sich an der Tümpelbesiedlung beispielsweise die eigenartig violettgrauen Krusten von Kalkrotalgen (sie umfassen mehrere schwer unterscheidbare Arten aus den Gattungen *Phymatolithon* und *Lithophyllum*). Sie alle kleiden die Hohlformen der Tümpel flächendeckend aus und bilden damit einen sofort auffälligen Farbkontrast zwischen Tümpelrand und Tümpelumfeld. Üppige Bestände entwickelt hier auch das dem gleichen Verwandtschaftskreis angehörende und bemerkenswert formschöne Korallenmoos. Sonstige sublitorale Makroalgen sind durchaus artenreich, aber meist recht individuenarm vertreten. Dafür findet man in den Gezeitentümpeln beispielsweise einige Vertreter der Nesseltiere, ferner diverse Kleinkrebse und sogar kleinere Fische, die man

Hochufer (Epilitoral)

Spritzwasserzone (Supralitoral)

MThw

Gezeitentümpel in Serie

Wechselflutzone (Eulitoral)

MTnw

Dauerflutzone (Sublitoral)

sonst nur tauchend im Sublitoral erleben kann. Sie alle suchen sofort ein sicheres Versteck auf, sobald der Schatten eines überraschenden Beobachters den Gezeitentümpel überstreicht.

## Tidale Wechselbäder

Der vom Gesamtbild des übrigen Eulitorals stark augenfällig abweichende Aspekt der Gezeitentümpel ist nur zum Teil mit Argumenten der zwischenartlichen Konkurrenz oder des größeren Beweidungsdruckes in permanent überfluteten Kleinlebensräumen zu erklären. Selbstverständlich spielen solche Effekte eine nicht zu unterschätzende Rolle, wie der zuweilen üppige Grünalgenaufwuchs auf den Gehäusen der Napfschnecken zeigt, während das übrige Phytobenthos eines Gezeitentümpels nur aus unangreifbaren Kalkalgenkrusten besteht. Andererseits weist ein Gezeitentümpel hinsichtlich seiner abiotischen Faktoren eine Reihe von besonderen Eigenheiten auf, die mit seiner permanenten Wasserfüllung nur unzureichend zu umschreiben sind. Gezeitentümpel sind eben nicht einfach bei Niedrigwasser isolierte, von der übrigen Dauerflutzone zeitweise abgegliederte Kleinlebensräume und damit modellhaft winzige Ausschnitte aus dem großen Sublitoral, sondern tatsächlich Ausnahmebereiche mit auffallend kurzfristiger Fluktuation fast aller beteiligten physiko-chemischen Parameter. Die Abbildung 7.8 verdeutlicht diese Sicht beispielhaft mit Messwertserien von einem in der mittleren Gezeitenzone an der bretonischen Küste in der Nähe von Roscoff gelegenen Tümpel. Die Daten stammen aus einem Wasserkörper von etwa 300 L Volumen bei einer durchschnittlichen Tiefe von etwa 25 cm im Frühsommer. Der Tümpel war tagsüber fast ständig voll besonnt.

Zumal während der Sommermonate weisen die Gezeitentümpel gewöhnlich einen ausgeprägten Temperaturtagesgang mit beachtlicher Amplitude auf. Die relativ starke Erwärmung des dargestellten

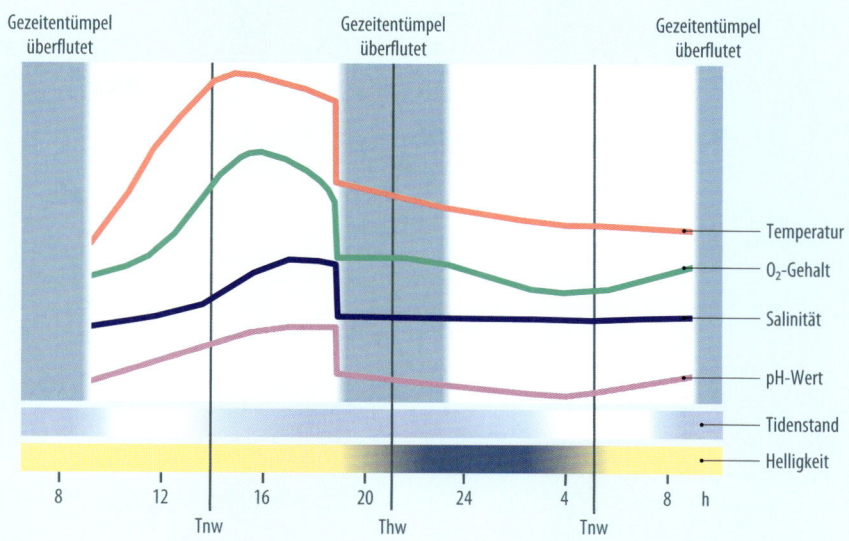

Gezeitentümpels zog während der mehrstündigen Messperiode durch messbare Wasserverdunstung einen deutlichen Anstieg der Salinität auf fast 37 ‰ nach sich. Die effiziente photosynthetische $CO_2$-Bindung der im Tümpel siedelnden Makroalgen (überwiegend Kalkkrusten-Rotalgen sowie die strauchige Kalkrotalge *Corallina*) ließen den pH-Wert während des Tages deutlich in das leicht alkalische Milieu ansteigen. Der Photosynthese der Algen ist natürlich auch der Anstieg des $O_2$-Gehalts zuzuschreiben.

Besonders wichtig bei der Bewertung der Tümpelökologie ist, dass die nach mehrstündiger Trennung vom Meer erreichten abiotischen Merkmale

△ **7.8** Während einer Tide ändern sich im Gezeitentümpel alle abiotischen Ökofaktoren.

▷ **7.9** Die Wachsrose ist – zumindest an westatlantischen Küsten – ein häufiger Besiedler von Gezeitentümpeln. Ihre bräunliche Färbung geht auf symbiontische Mikroalgen zurück.

▷ **7.10** Oft findet sich in den Gezeitentümpeln auch die häufige Pferdeaktinie.

▽ **7.11** Nur in den tieferen Gezeitentümpeln nahe der Niedrigwasserlinie ist auch die hübsche Seenelke zu finden.

wie Temperatur und Sauerstoffgehalt mit auflaufender Flut abrupt an die Meerwasserbedingungen angepasst werden. Zeitgleich mit dieser momentanen Angleichung erfolgt auch eine fast augenbliche Umstellung der erreichten Sauerstoffsättigung, die sich während der Ebbezeit aufgebaut hat. Die durch Photosynthese bzw. Atmung der Tümpelorganismen bedingten Eingriffe in das empfindlich eingestellte Kohlenstoffdioxid-Gleichgewicht des abgetrennten Meerwasservolumens kompensiert die nächste auflaufende Flut ebenfalls geradezu schlagartig – von einem zum nächsten Augenblick ändern sich die abiotischen Umfeldbedingungen für die Bewohner eines Gezeitentümpels.

Temperatur, pH-Wert ($CO_2$-Vorrat) und $O_2$-Gehalt sind mit der täglichen Zeitversetzung der Tiden (ca. 50 min) periodisch auftretende und in gewissem Umfang zumindest im jahreszeitlichen Ablauf einigermaßen vorhersagbare Veränderungen. Gänzlich unperiodisch verändert sich dagegen die Salinität, wenn auf einen (kleineren) Gezeitentümpel während der Ebbezeit heftigere Regengüsse niedergehen und das Wasser eventuell stärker aussüßen. Für die tümpelbewohnenden Organismen bedeuten diese Veränderungen ihres ionalen Milieus eine erhebliche osmotische Belastung, die gegen Ende der Ebbezeit wiederum schlagartig aussetzt, wenn die hereinschwappende Flut die Rückkehr zu den osmotischen Normalverhältnissen der durchschnittlichen Salinität S = PSU = 35 ‰ erzwingt.

### Kein einfacher Lebensraum

Nimmt man einmal die Gesamtwirkung aller abiotischen Faktoren, so wird erkennbar, dass in einem Gezeitentümpel vor allem solche Arten leben, die die beträchtlichen Amplituden der beteiligten Einzelfaktoren am ehesten mitvollziehen bzw. physiologisch kompensieren können. Sichtbarer Ausdruck für die Auslesewirkung dieser physiko-chemischen Umwelt sind die (vom benachbarten Umfeld des Eulitorals und auch im Vergleich der Tümpel untereinander) völlig verschiedenen Arteninventare. Die Artenlisten relativ hochgelegener, zumeist auch deutlich kleinerer Tümpel mit um so größerer Schwankungsbreite der bestimmenden Einzelfaktoren fallen mit höch-

◁ **7.12** Die Juwelen-Anemone bevorzugt eher beschattete Bereiche in den größeren Gezeitentümpeln.

stens einem halben Dutzend Spezies vergleichsweise mager aus, während die oft ungleich größeren Wasseransammlungen in tieferen Teilbereichen der Gezeitenzone schon eher die Verhältnisse des benachbarten Sublitorals spiegeln. Dennoch widersetzen sich die Gezeitentümpel einer einheitlichen Klassifizierung, wie sie für supralitorale Gewässer möglich ist. Jeder Gezeitentümpel trägt aufgrund seiner Abmessungen und Exposition individuelle Züge. Hier sind zwar einheitliche ökologische Grundprinzipien möglich, aber kaum Voraussagen über die jeweils zu erwartenden Artenspektren.

◁ **7.13** Tangrosen zwischen Kalkkrusten-Rotalgen – Gezeitentümpel liefern unglaubliche Eindrücke.

8

# Vogelgroßstadt Küstenfelsen

Vogelfelsen bieten dem Naturfreund höchst eindrucksvolle Schauspiele des Seevogellebens.

Josef Reichholf (*1945)

In den Wintermonaten liegt so manche Steilklippe vergleichsweise eintönig und verlassen da. Nur kleinere Scharen von Silber-, Herings- und Mantelmöwe, meist recht viele Kormorane und vielleicht ein paar wenige Krähenscharben finden sich zum Ausruhen auf den vorgelagerten Molen oder Felsgruppen ein.

Im Frühjahr – meist ab März – ändert sich das Bild indessen gewaltig. Auf den Molen geht es zwar weiterhin relativ ruhig zu, aber dafür wird es in den steil abfallenden Klippen umso lauter: An den klassischen Brutstätten, beispielsweise an der Westklippe von Helgoland, treffen innerhalb kurzer Zeit tatsächlich Tausende Brutpaare der Dreizehenmöwen ein – im Jahr 2015 waren es über 10 000 Individuen. Hinzu kommen die höchst eigenartigen, wie flugfähige Pinguine aussehenden Trottellummen, von denen 2015 knapp 3000 Brutpaare eintrafen, und außerdem einige Paare des Tordalks. Bald gesellen sich auch viele Dutzend Brutpaare der überaus fluggewandten Basstölpel hinzu – in der Brutsaison 2015 waren es rund 1000 Individuen. Geübte Vogelbeobachter entdecken hier und da zwischen den Möwensitzplätzen auch Einzelexemplare des Eissturmvogels. Zusammen macht diese jetzt auch ziemlich lautstarke Brutbesatzung an vielen Küstenfelsen – darunter auch auf Helgoland – viele Tausend Vögel aus. Tendenz übrigens steigend. Die rote Felseninsel ist somit das von Mitteleuropa aus am leichtesten erreich- und erlebbare Brutgebiet von küstenbrütenden Meeresvögeln in beachtlicher Individuenzahl.

▷ **8.1** So viele Vögel auf so kleinem Raum – da kann man nur noch staunen.

An anderen Vogelfelsen Europas – in Südnorwegen, in Nordfrankreich sowie Großbritannien – kommen weitere scharenweise zusammen nistende Arten vor: der schmucke Papageitaucher, die kleinen,
flinken Krabbentaucher oder hier und da auch eine
Gryllteiste.

### Nur zum Brüten an Land

Vogelarten wie Lumme, Tordalk, Papageitaucher,
Gryllteiste oder Krabbentaucher aus der recht seltsamen Vogelfamilie Alken werden zu Recht als Meeresvögel oder pelagische Arten bezeichnet. Tatsächlich
halten sie sich viele Monate lang und sogar während
des größten Teils des Jahres küstenfern auf hoher See
auf. Nur zum Brüten suchen sie die Küsten des Festlandes oder geeigneter Inseln auf und ziehen dazu
im zeitigen Frühjahr – entgegen dem sonst allenthalben üblichen Zugvogeltrend – nach Süden. Nach Er-
ledigung des meist kurzfristigen Brutgeschäfts wan-
dern sie aber schon im Hochsommer wieder in den
Nordatlantik – in die Gewässer zwischen Grönland,
Spitzbergen und Jan Mayen. Ab Anfang Juli ist die

Westklippe Helgolands wieder weitgehend verwaist.
Nur die Basstölpel sind dann noch zu sehen – sie dehnen nämlich ihr Brutgeschäft bis weit in den Früh-
herbst aus. Während der Spätherbst- und Winterwochen sieht man rund um Helgoland dagegen meist
nur an einer Hand abzählbare Individuenzahlen der
erwähnten Arten.

### Nicht ganz ohne Risiko

Ökologisch gesehen ist das Koloniebrüten an stei-
len Felswänden für die betreffenden Arten zweifellos
eine besondere Herausforderung. Zwar sind solche
exponierten Brutplätze gegen landseitig anrücken-
de Bodenfeinde wie Marder und Füchse ziemlich gut
gesichert, aber gegen Luftfeinde wie Falken, Groß-
möwen oder gar Seeadler tatsächlich nur schlecht
zu verteidigen. Der Grund für die Nistplatzwahl an
solchen gefährlich unsicheren Klippen erklärt sich
vermutlich nur aus dem bemerkenswert schwachen
Flugvermögen der Jungvögel. Vor allem die kleinen
Lummen und Tordalken schaffen mit ihren zunächst
noch viel zu kurzen und zudem ziemlich spitzen, aber

**8.3** Deutschlands einziger Seevogel-
fels ist die 50 m hohe Westklippe der
Insel Helgoland.

▷ **8.4** Da die Brut-
plätze schon lange
nicht mehr ausrei-
chen, sind einige
Arten auf den Hel-
goländer Felsturm
„Lange Anna"
(Nathurnstack)
ausgewichen.

aerodynamisch noch recht ungünstig gestalteten Flü-
geln einfach nicht den Start in die freien Lüfte. Vielmehr müssen sie sich von ihrem – gewöhnlich hoch-
gelegenen – Schlüpfplatz mit einem entschlossenen
Sprung buchstäblich in die Tiefe stürzen, um genügend Anströmgeschwindigkeit unter die Flügel zu be-
kommen. Dieser Abgang der Jungvögel von den stei-
len Brutfelsen ist zweifellos eine der besonders kri-
tischen Phasen in ihrem Leben, denn Silbermöwen
oder Mantelmöwen fangen die Jungvögel gierig während ihres Sturzflugs ab – als gefundenes Fressen. Auf
Helgoland und an anderen heftig bevölkerten Seevo-
gelklippen nennt man ihn treffend Lummensprung.
Er bringt im besten Fall eine einigermaßen erträg-
liche Landung auf dem Wasser, wo die Altvögel die
weitere Versorgung so lange erledigen, bis Körper-
gewicht und Flugmuskelkraft der Jungtiere im rech-

Basstölpel

Papageitaucher

Eissturmvogel

Dreizehenmöwe

Trottellumme

Tordalk

Krähenscharbe

Kormoran

Krabbentaucher

den in Westeuropa an bewachsenen Klippenhängen brütenden Vogelarten findet sich außerdem eine Spezies, die ganz bestimmt den falschen Namen trägt: Die hübsch anzusehende rotschnäbelige Alpenkrähe ist tatsächlich eher ein Meeres- und nicht unbedingt ein Hochgebirgsvogel. Kormorane sind in der Nistplatzwahl dagegen am wenigsten anspruchsvoll. Sie akzeptieren vegetationsfreie Böden höher gelegener Klippenfelder ebenso wie Felsbänder nahe der Hochwasserlinie. Wenn zu viele Tiere vorhanden sind und zu wenig traditioneller Brutraum im Angebot steht, bauen sie ihre Nester auch auf dem flachen Boden einer Salzwiese (wie etwa im Bereich der Darß-Zingster Boddenkette).

Besonderen Herausforderungen sehen sich die Meeresvögel allerdings am Brutplatz gegenüber – in den großen oder bisweilen sogar riesigen Brutkolonien schon allein bei der Frage der notwendigen Nahorientierung. Unter Tausenden oder gar noch mehr Artgenossen, die in der Kolonie auf Schnabelreichweite dicht gedrängt nebeneinander sitzen, muss der vom Beutefang zurückkehrende Altvogel zuverlässig seinen individuellen Nistplatz und das dort wartende Jungtier finden. Ein sicherlich hoch

△ **8.5** Die meisten Arten eines Seevogelfelsens kommen nur zum Brüten an Land und teilen den schwierigen Lebensraum untereinander spezifisch auf.

ten Verhältnis zueinander stehen. Selbst wenn die Jungvögel bei diesem sicherlich spektakulären Manöver auf dem Tangbewuchs der Brandungsterrasse landen sollten, ist das in aller Regel nicht besonders tragisch, denn ihr noch weitgehend knorpeliges Knochengerüst verträgt durchaus auch eine solche harte Landung. Tragische Todesfälle ereignen sich bei diesem einzigartigen Startmanöver so gut wie gar nicht.

### Überall nur dichtes Gedränge

Die ausschließlich an Steilküsten brütenden Meeresvögel teilen untereinander den Brutraum artspezifisch auf. Eissturmvogel und Dreizehenmöwe sind ebenso wie Trottellumme und Tordalk ausgesprochene Klippenbrüter. Bemerkenswert originell erscheint hingegen die Nistplatzwahl des Papageitauchers – er richtet sich generell in selbst gegrabenen Erdhöhlen an grasig bewachsenen Hängen ein oder wird gelegentlicher Nachmieter von Kaninchenbauten. Unter

**8.6** Trottellummen lassen keinen noch so kleinen Platz für ihr Brutgeschäft aus.

Ort und Stelle verweilen. Damit sind sie notwendigerweise extreme Nesthocker.

Vogelfelsen an der Küste bieten wegen der ausgeprägten Jahreszeitlichkeit der beteiligten Arten zugegebenermaßen nur ein kurzfristiges Beobachtungsabenteuer während relativ weniger Frühjahr- und Sommerwochen. Aber ornithologisch gesehen ist die Küste niemals langweilig. Auch während der Herbst- und Winterwochen halten sich einige Exemplare von Felsküstenbrütern in visueller Reichweite entlang der Küsten auf. Hinzu kommen dann auch noch etliche Überwinterer, die man während des übrigen Jahres kaum zu sehen bekommt, etwa die bemerkenswerten Zwergschwäne aus dem hohen Norden oder Scharen von Eisenten neben weiteren interessanten Arten im Bereich der westlichen Ostsee.

präzise arbeitender Ortssinn wirkt dabei offenbar mit einem bewundernswert trennscharfen Gehör zusammen, um im chaotischen Stimmengewirr den zugehörigen Partner bzw. die eigenen Jungen zu orten. Wie diese beeindruckende Orientierungsleistung tatsächlich funktioniert, bleibt vorerst ungeklärt. Verbuchen wir es also getrost als bestaunenswertes, zuverlässiges, aber unverstandenes Naturphänomen. Erwiesenermaßen füttern die zurückkehrenden Altvögel tatsächlich auch in einer Riesenkolonie nicht beliebige Jungtiere, sondern nur und ausschließlich die eigene Brut.

Arten, die an weniger exponierten Positionen nisten, benötigen keine besonderen Anpassungen an den Brutplatz. Dagegen müssen sich die ausgeprägten Felssims-Spezialisten sehr genau auf die jeweiligen und durchaus schwierigen Ortsverhältnisse einstellen. So dürfen die Küken von Dreizehenmöwen oder Lummen übrigens keinen besonderen Erkundungsdrang entwickeln, denn schon die nächste Handbreite Horizontaldistanz führt direkt in den tödlichen Abgrund. Vielmehr müssen sie während der Abwesenheit der Altvögel fast unbeweglich an

### Die Pinguine des Nordens

Brauchen Sie einen tragfähigen Gesprächsauftakt? Eine denkbare und gemeinerweise gezielt irreführende Anfangsfrage lautet, warum Eisbären – immerhin die größten Landraubtiere – für Pinguine ungefährlich sind. Falls Sie sich gerade in zoologisch gebilde-

▷ 8.8 Wie fängt ein Papageitaucher unter Wasser einen weiteren Fisch, wenn er den Schnabel schon voll hat?

△ 8.9 Wie alle Alken ist auch die Gryllteiste – ihr seltsamer Name leitet sich von einer norwegischen Bezeichnung ab – ein geschickter Fischjäger.

▽ 8.10 Gewöhnlich siedeln die schmucken Basstölpel in der Top-Etage eines Vogelfelsens.

ten Kreisen bewegen, wird man vermutlich mitleidig grinsen und hoffentlich einfühlsam darauf verweisen, dass zwischen den Habitaten von Eisbär und Pinguin etliche Dutzend Breitengrade liegen. Dieser gut gemeinte Hinweis ist Ihr entscheidendes Stichwort: Jetzt können Sie punkten und frech behaupten, Pinguine seien in Wirklichkeit nordhemisphärische Vögel. Und damit liegen Sie absolut richtig. Die heute so bezeichneten und zugegebenermaßen ausschließlich (mit Ausnahme von Galapagos, wo einige Kolonien nördlich des Äquators liegen) auf der Südhalbkugel verbreiteten Pinguine erhielten ihren Namen tatsächlich nach den recht gestaltähnlichen nordhemisphärischen Alken. Englische Seeleute hatten die größte Art dieser Verwandtschaftsgruppe, den eigenartigerweise flugunfähigen und heute ausgestorbenen Riesenalken, nach seinem Aussehen

ping-wing (Stummelflügler) genannt. Daraus wurde Pinguin, und Carl von Linné leitete davon 1758 den wissenschaftlichen Artnamen *Pinguinus impennis* ab. Warum er allerdings den Artzusatz *impennis* (= federlos) wählte, ist heute nicht mehr zu klären. Der einst arktisch verbreitete Riesenalk war somit der definitiv erstbenannte Pinguin. Als James Cook und Georg Forster 1772 weit in die hohen Breiten der Südhalbkugel vorstießen und dabei den antarktischen Kontinent entdeckten, beobachteten sie dort Vögel mit konturscharf schwarzweiß abgesetzten Gefiederpartien, die wie der ihnen bekannte Riesenalk aussahen. So nannten sie auch diese Tiere folgerichtig Pinguine. Erst der französische Naturgelehrte Georges Louis Buffon erkannte, dass die antarktischen Pinguine und die arktischen Riesenalken völlig verschiedene Verwandtschaftsgruppen darstellen. Das Namen-Wirrwarr war damit jedoch nicht mehr aufzuhalten.

Riesenalken waren interessante, aber schon immer recht seltene Vögel, die nur auf wenigen Inseln im St.-Lorenz-Golf sowie an einigen Stellen der grön- und isländischen Küste brüteten. Bei ihren weiten Streifzügen wurden sie mitunter auch auf der Nord- und Ostsee gesichtet. Mit seinen 70 bis 85 cm Körpergröße – das entspricht etwa einem Königspinguin – sieht ein Riesenalk aus wie die stark vergrößerte Version von Tordalk oder Lumme. Seine Flügel sind recht schmal und nur sehr kurz. Die Beine sind weit hinten am Körper eingelenkt und damit für das Schwimmen bzw. Tauchen optimal positioniert. Die Bauchseite ist weiß, die Rückenseite tiefschwarz – die Gesamterscheinung somit fast die perfekte Kopie eines Pinguins.

Steile, nahezu unerreichbare Klippen konnte sich diese Art im Gegensatz zu den flugfähigen übrigen

Alken jedoch nicht als Brutplatz erobern, sondern sie blieb auf die relativ flachen Felsterrassen von Schären oder anderen Kleininseln angewiesen. Dies sollte ihr zum Verhängnis werden. An den wenigen kanadischen Brutplätzen wurde der Riesenalk schon im frühen 18. Jahrhundert von hungrigen Matrosen stark dezimiert und später vor allem wegen seines dichten Daunengefieders verfolgt. Um 1780 war hier die westatlantische Population ausgerottet. Ihren letzten Zufluchtsort hatte die Art auf der zu den Vestmannaeyjar-Inseln gehörenden Schäre Geirfuglasker vor Südwestisland. Im Jahre 1830 wurde diese kleine Insel fatalerweise durch einen Vulkanausbruch zerstört, und mit ihr ging die letzte Brutkolonie unter. Die definitiv letzten beiden Vertreter der Art wurden von vier isländischen Fischern im Juni 1840 auf einem schmalen Felssaum der Insel Eldey für einen dänischen Vogelsammler erlegt, weil die Bälge wegen ihrer Seltenheit hoch bezahlt wurden. So kann man heute lediglich Balgpräparate in fast allen größeren Naturkundemuseen sehen. Insgesamt sind 78 Museumsexemplare bekannt, unter anderem in Berlin, Bonn, Darmstadt, Dresden, Frankfurt, München und Stuttgart.

Während die ursprünglich „Pinguine" genannten Alken nur auf der Nordhalbkugel verbreitet sind, fand die Evolution der echten Pinguine, wie Fossilfunde eindeutig belegen, ausschließlich auf der Südhalbkugel statt. Dass sie – mit Ausnahme des Galapagos-Pinguins – nicht die niederen Breiten oder gar die Nordhemisphäre erobert haben, liegt wohl am Nahrungsangebot der Ozeane und ihrer großen Strömungen. Die in aller Regel ziemlich nahrungsarmen Äquatorialbereiche sind für die auf ein reichhaltiges Angebot angewiesenen Pinguine schlicht uninteressant. Einzelnen, eventuell doch über den Äquator vorgestoßenen Pionieren misslang vermutlich die

△ **8.11** Unglücklicherweise sammeln Basstölpel umherdriftende Netzreste als Nistplatzausstattung – etliche verheddern sich darin und kommen vom Nistplatz nicht mehr weg.

◁ **8.12** Erst im vierten Jahr zeigen die jungen Basstölpel das arttypische Adultgefieder. Zuvor sind einige Armschwingen und Steuerfedern noch pechschwarz.

Koloniegründung auch deshalb, weil die Arten üblicherweise nur unter Kollektivschutz brüten. Lediglich die Vorfahren der heutigen Galapagos-Pinguine konnten offenbar im nahrungsreichen, kalten Humboldt-Strom bis zu diesem entlegenen Archipel direkt unter dem Äquator vordringen.

▷ **8.13** Krabbentaucher sind die kleinsten Vertreter der Alken. Sie brüten in riesigen Kolonien hoch im Norden und zeigen sich nur im Winter vereinzelt auch an den Nordseeküsten.

9

# Der Sandstrand –
# ein faszinierender Ortstermin

**S**trand und Sand reimen sich nicht nur so erbarmungslos schlagertextmäßig wie Herz und Schmerz, sondern gehören nach üblicher Einschätzung auch tatsächlich eng zusammen. Insofern ist die Verheißung „Sandstrand" fast schon ein Pleonasmus ähnlich dem Bild vom schwarzen Raben. Für den wochenlang ersehnten Strandurlaub ist Sand zweifellos ein geradezu unverzichtbares und insofern hochwillkommenes Medium, auch wenn er am Abend eines fröhlich verbrachten und prächtigen Ferientages aus allen Falten und Fugen der Strandausrüstung rieselt. Das Lockergestein Sand ist demnach für Küstenur-

lauber ein wichtiges, ja geradezu unverzichtbares Thema – und ein bemerkenswert facettenreiches dazu.

Zu den meist recht stabilen und die Zeiten einigermaßen langfristig überdauernden Felsklippen bietet eine Weichbodenküste natürlich einen denkbar herben Kontrast. Dieser Küstentyp besteht nur aus zusammengeschwemmtem Lockermaterial unterschiedlicher Herkunft. Mit knapp 40 km Länge weist die Westküste der Insel Sylt den längsten durchgehenden Sandstrand an der Nordsee auf. Allerdings ist er ständig in Gefahr, strömungsbedingt auch wieder verdriftet zu werden: Die markante El-

▽ **9.1** Am Strand faulenzen gehört durchaus auch zu den Vorlieben von Seehunden und Kegelrobben.

lenbogenspitze an der Nordspitze von Sylt ist für den geomorphologisch Bewanderten ein klares Anzeichen dafür, dass Küsten generell und Weichbodenküsten im Besonderen eben nur Momentaufnahmen aus einem Geschehen sind, das man nicht in Raum und Zeit festlegen kann. Nichts bleibt, wie es ist – wie es eine Formulierung aus dem „Kölschen Grundgesetz" treffend wie evident formuliert. Diese beinahe banale, aber uneingeschränkt gültige Sentenz beschreibt absolut treffend auch die betonte Geodynamik einer Weichbodenküste.

Die formende Wirkung von Wind und Wellen lässt sich übrigens höchst eindrucksvoll an den verschiedenen Küstenformen der Ostsee ablesen: Die Fördenküste Schleswig-Holsteins lässt das ursprüngliche Eiszeitrelief noch deutlich erkennen. An der vorpommerschen Boddenküste sind die Ausgleichsprozesse bereits weit fortgeschritten. Frühere Vorsprünge wichen zurück, ganze Buchten wurden aufgefüllt und Nehrungen riegelten Buchten vom offenen Meer ab. Im Idealfall entstand dadurch eine fast schnurgerade Linie, wie man sie an der polnischen Ostseeküste erleben kann.

Aktuelles Liefergebiet für den Sand der idealen und generell gewünschten Badestrände ist fast im-mer das angrenzende Meer. Gezeitenströme schleppen vor allem die recht feinkörnigen und daher leicht mobilen Bestandteile küstenwärts und deponieren sie irgendwo am Strand.

Der Strandsand an Nord- und Ostsee ist tatsächlich immer ein Erbe der zurückliegenden Eis- bzw. Kaltzeiten. Gletscherschub der letzten Eiszeit hat Hunderttausende von Jahren lang das skandinavische Festland abgeschmirgelt und als Moränen über den gesamten nordeuropäischen Tieflandgürtel verteilt. Reißende Schmelzwasserströme der Nacheiszeit(en) und die Abrasion exponierter Küsten schwemmten diese Lockermaterialien aus und verlagerten sie küstenwärts. Im strömungsarmen Lee wurde das Material abgelagert und zu unendlich langen Stränden, Dünen und Nehrungen aufgebaut.

## Locker, lose, leicht beweglich

Auch an einer Weichbodenküste grenzt das Festland nach kritischer Inspektion vor Ort wirklich nicht so messerscharf an den Meeresstrand, wie es selbst die amtliche Landkarte unbekümmert unterstellt. Zwischen den gänzlich unterschiedlichen Welten des Meeres und des sicheren Ufers liegt jeweils eine entsprechend der lokalen Gegebenheiten schmalere oder

## Windwatten

Mal ist das Wasser am schönen Ostseestrand da, dann wieder nicht. Mitunter ist es sogar drei Wochen lang weg und kommt als Hochwasser wieder, ziemlich schnell. Also doch Ostsee-Gezeiten? Aber so unregelmäßig? Nein – es sind keine Gezeiten. Die sind zwar in der Mecklenburger Bucht noch messbar, aber kaum erkennbar. Besonders flache Wasserbereiche fallen bei Niedrigwasser wetterabhängig trocken. Man nennt diese zuweilen zentimeterweit über dem Meeresspiegel liegenden Lebensräume Windwatten. Wer hier länger Urlaub macht, erfährt bald, dass tatsächlich der Wind eine besondere Rolle spielt. Südwestwind drückt das Wasser in die Ostsee und es gibt Flachwasser. Bei Ost- und Nordostwind kommt das Wasser aus der Ostsee zurück und es gibt Hochwasser. Nicht nur der Wind bewirkt dieses Schwanken. Beispielsweise spielen auch der Luftdruck und der Wasserstand in der Ostsee eine Rolle. Im Sommer pendelt der Wasserstand der Windwatten in der westlichen Ostsee meistens im Zentimeterbereich (20 bis 50 cm). Im Herbst und Winter geht es dann auch schon um Meter.

Auf Grund der hohen Variabilität der Wasserstandsschwankungen sind die Windwatten ein artenarmer Extremlebensraum, dessen hochgelegene, oft trockenfallende Bereiche kaum von Pflanzen und Tieren besiedelt werden können. Exponierte (lotische) Windwatten sind mit schlufffreien Feinsanden bedeckt. Sie sind makrophytenfrei und können nur zeitweise von wenigen Arten des Makrozoobenthos besiedelt werden. Geschützte (lenitische) Windwatten (zum Beispiel auf der Leeseite von Nehrungen) mit schlickig-sandigen Substraten weisen lokal eine Vegetation submerser Blütenpflanzen auf, zum Beispiel Meersalde (*Ruppia* spp.) oder Kammlaichkraut (*Potamogeton pectinatus*) in der Wismarbucht/Salzhaff.

In etwas tiefer gelegenen Flächen schafft es die eine oder andere Art zu überleben. Auf den Windwatten kann eine Trockenphase auch schon einmal einige Wochen andauern, bei sengender Sonne oder klirrender Winterkälte – ein Wunder, dass hier überhaupt Lebewesen vorkommen. Borstenwürmer zum Beispiel, die in tiefen Wohnröhren im Sand leben. Sie sind wiederum eine wichtige Nahrung für die Schwärme von Watvögeln.

Ausgeprägte Windwatten treten an Anlandungsküsten (Haken, Nehrungen), in Flachwasserzonen und auf der Schorre der inneren und äußeren Küstengewässer auf. Sie kommen besonders im Bereich von Anlandungszonen (zum Beispiel Insel Poel, Bock bei Zingst, Alter und Neuer Bessin auf Hiddensee, Thiessower Haken auf Mönchgut/Rügen) vor.

breitere Zone, die zwar zum Land gehört, aber vom Meer nachhaltig geformt wird. Massenhaft schleppen die Gezeiten vom tieferen Meeresboden Sande unterschiedlicher Korngrößen heran, lagern sie in stillen Buchten ab oder ziehen sie zu kilometerlangen Stränden auseinander – und genau das ist eben das typische und enorm verführerische Ferienparadies aus der Werbung. An Land geht der Sandtransport weiter. Jetzt ist allerdings nicht mehr das Wasser, sondern der Wind ein überaus leistungsfähiges „Versand(ungs)"-Unternehmen.

Wenn Sie abends Ihre Strandutensilien zusammenpacken und morgen früh erneut in Position bringen, werden Ihnen etwaige Veränderungen am Strand kaum auffallen. Zwar hat die letzte Flut die zahlreichen Fußspuren vom Vortag definitiv verwischt, die Strandburgen oder sonstige Kinderarchitektur unwiderruflich geschleift und vermutlich auch einen neuen Flutsaum aus diversem organischem Getreibsel hinterlassen. Aber sonst sieht in der Szenerie alles fast so aus wie gestern. Tatsächlich ist jeder Sandstrand jedoch ein hochgradig dynamisches Strukturgefüge, in dem sich ständig irgendwelche Veränderungen auf unterschiedlichen Zeit-

skalen ereignen (Abb. 9.3). Wenn man sie kennt, kann man die buchstäblich mitreißende Geodynamik einer Weichbodenküste selbst in einem einzigen Tagesgang miterleben.

### Der Sand am Strand

Für den genussreichen Strandurlaub ist Sand einfach ein völlig unverzichtbares Medium, aber für Naturinteressierte auch eine geologisch ungewöhnlich interessante, aber vielleicht nur selten wahrgenommene Materie. Und weil zumindest in Deutschland nun einmal fast alles ganz genau geregelt ist, gibt es tatsächlich auch für den Sand entsprechende Vorgaben: Für die Bauwirtschaft bestimmt DIN 4022, was denn überhaupt unter Sand zu verstehen ist. Diese Norm kommt in ihren Erläuterungen zu der eventuell nicht weiter überraschenden Feststellung, dass Sand ein körniges Lockermaterial mit definierten Korngrößendurchmessern ist (Tab. 9). Nach geologischem Verständnis ist Sand dagegen ein Gestein, genauer ein klastisches Sediment (griechisch *klastein* = zerbrechen) und demnach immer ein Trümmergestein. Danach entstehen Sandkörner immer und grundsätzlich durch Verwitterungsvorgänge aus Fest-

**9.2** Sandstrände werfen dem aufmerksamen Besucher manch interessantes Fundstück buchstäblich vor die Füße.

Barriereinseln
Dünen
Kliffs
Strandwälle
Sandbänke
Spülsäume
Rippelmarken
Strandlinien
Wellenzungenmarken
Luftlöcher

Sekunden  Minuten  Stunden  Tage  Wochen  Monate  Jahre  Jahrzehnte  Jahrhunderte

△ **9.3** Die Bestandszeiten der Strukturen am Sandstrand fallen enorm unterschiedlich aus.

▽ **Tab. 9**: Klastische Sedimente und ihre zugehörigen Korngrößen.

gesteinen. Je nach Beschaffenheit und mineralischer Zusammensetzung des Ausgangsmaterials kann die chemische Verwitterung einzelne Körner sogar völlig und rückstandsfrei auflösen. Diesem Schicksal unterliegen beispielsweise die Feldspäte und Glimmer im verwitternden Granit. Gleiches gilt konsequenterweise auch für die feinen Partikeln aus Calciumcarbonat (CaCO₃), die zertrümmerte Muschelschalen und Schneckenhäuser zu den Sanden an allen Stränden europa- und weltweit beisteuern. Mitunter finden sich in der Sandkornfraktion auch kalkige Schalenreste von Einzellern, vor allem der formschönen

Kammerlinge (Foraminiferen). Schließlich bleiben fast immer nur die kaum angreifbaren Quarzkörner übrig. Daher besteht weltweit der weitaus größte Teil des Sandes aus recht beständigem Quarz (Siliciumdioxid).

### Dünen sind Sande in Serie

Blauer Himmel, heiße Sonne, leichte Brise – mit einem kühlen Getränk am Strand zu liegen und die Ferien im blanken Sand zu genießen, ist jetzt zweifellos das Größte. Aber irgendwann knirscht er zwischen den Zähnen und die Augen spüren ihn natürlich auch. Der tagsüber fast immer auflandig wehende Wind trocknet den Strand eben an der Oberfläche unbarmherzig aus und hat dann in der Folge ein ziemlich leichtes Spiel mit den gewöhnlich feinen bis sehr feinen Sandkörnern. Geradezu tütenweise treibt er diese vor sich her und schüttet sie am oberen Strand in flachen, zunächst kaum auffälligen Wällen auf. Haben sich solche ersten Sandhügel erst einmal spontan aufgeschichtet, sind in der Sommersaison auch schon bald die ersten Landpflanzen zur Stelle: Graugrüne Strand-Quecken, hier und da ein helllila und meist sehr reich blühender Meersenf und meist auch Mengen etwas bleichgrüner Strandmieren teilen sich den ausgesprochen windigen St(r)andort, der sich in jeder Hinsicht durch ausgesprochen lockere Verhältnisse auszeichnet.

Nur der Wind hält bei trockenem Wetter die Sandlieferung von unten (das heißt von der Wasserlinie) ständig und zuverlässig in Gang. Sandkörner, die nicht durch die Kapillarkräfte der Wasserfilme in den Lücken ihrer Zwischenräume vor allem nahe der Wasserlinie zusammengehalten werden (Abb.9.14), verhalten sich ziemlich bald erstaunlich haltlos und segeln dann vor dem Wind in flachen und – mathematisch gesehen – übrigens bestechend schönen parabolischen Flugbahnen landwärts. Hier bauen sie schrittweise den oberen Strand auf, der zumindest im Sommer kaum noch von den Springtidenflutständen erreicht wird, aber bei starken Winterstürmen dennoch beträchtliche Umbauten erfährt. An fast allen Sandstränden der Welt zeigt sich tatsächlich ein durch die gemeinsame Aktion von Wasser und Wind ähnlich modelliertes Strandprofil (Abb. 9.4). Unter-

| Sedimenttyp | Lockergestein | Korngröße (mm) | | Festgestein |
|---|---|---|---|---|
| Psephite | Schutt, Geröll | > 200 | | Brekzie, Konglomerat |
| | Kies | 200 | – 2 | |
| | Blockkies | 200 | – 63 | |
| | Grobkies | 63 | – 20 | |
| | Mittelkies | 20 | – 6,3 | |
| | Feinkies | 6,3 | – 2 | |
| Psammite | Sand | 2 | – 0,063 | Sandstein, Arkose |
| | Grobsand | 2 | – 0,63 | |
| | Mittelsand | 0,63 | – 0,2 | |
| | Feinsand | 0,2 | – 0,063 | |
| Pelite | Silt (Schluff) | 0,063 | – 0,002 | Siltstein Schluffstein |
| | Grobsilt | 0,063 | – 0,02 | |
| | Mittelsilt | 0,02 | – 0,006 | |
| | Feinsilt | 0,006 | – 0,002 | |
| | Ton | < 0,002 | | |

halb der Tidenlinien setzt es sich übrigens fort. Oft nur bei Niedrigwasser werden beispielsweise Strandrinnen mit Strandseen oder vorgelagerte Sandbänke sichtbar.

Im Hintergrund fast aller Sandstrände vollzieht sich eine weitere und überaus bemerkenswerte „Dünamik": Die zunächst noch recht flachen und kaum merklichen Sandwälle im Bereich der Strandkörbe und -liegen wachsen allmählich, aber nach aller Erfahrung unaufhaltsam in die Höhe und bilden nach einiger Zeit steilere, regional sogar Dutzende von Metern hohe Sandberge. Die höchsten Dünen der Nordsee finden sich auf der nordfriesischen Insel Amrum. Die von einer Aussichtsplattform gekrönte und einigermaßen festgelegte Uwe-Düne auf Sylt ist rund 50 m hoch. Europas höchste Weißdünen trifft man an der Atlantikküste im südwestlichen Frankreich an. Die weltweit höchsten mit rund 300 m Kammhöhe finden sich in Namibia. So wird die noch wenig auffällige Vordüne zur luvseitig meist ziemlich steilkuppigen und eventuell schon beachtlich hohen Weißdüne. Auf ihren Kämmen und vor allem in den Leelagen helfen charakteristische und dünentypische Gräser das zunächst noch lockere Machwerk

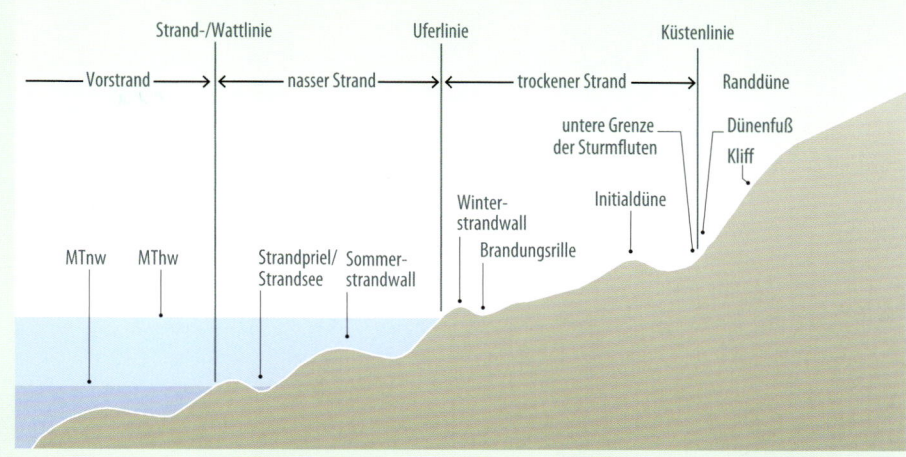

△ **9.4** Stände sind nicht nur einfach platt oder langweilig, sondern zeigen einen vielfältigen Formenschatz.

des Windes zu befestigen: Einerseits stockt hier der bemerkenswerte Strandroggen, erkennbar an seinen breiten, flachen und blaugrauen Blättern, während diese beim ebenfalls fast immer präsenten Strandhafer schmal, graugrün und zusammengerollt sind. Da diese bemerkenswerten Graspioniere tatsächlich an vorderster Front stehen, sehen ihre Grashorste auch immer auch ein wenig nach Sturmfrisur aus. Obwohl der ständig einprasselnde feine Flugsand normalerweise genauso zerstörerisch wirkt wie ein Sandstrahl-

▽ **9.5** Streng genommen gehören Dünen nicht mehr zum Strand, aber man verbindet sie völlig berechtigt mit dem Gesamterlebnis Meeresküste.

gebläse, kann er den erstaunlich harten und erkennbar widerstandsfähigen Blättern tatsächlich wenig bis gar nichts anhaben.

### Anfangs noch keine Bodenbildung

Nach ökologischen Gesichtspunkten ist der Wuchsplatz der typischen und überall häufigen Dünengras-Leitarten erkennbar problematisch: Das helle Substrat zwischen den einzelnen Pflanzen verdeutlicht unmissverständlich, dass der lockere Sandboden einer Weißdüne noch keinen dunklen Humus ansammeln konnte. Zwar werden sie an ihrem Standort kaum noch vom mit Gischtfahnen verdrifteten Meersalz belastet, aber dafür ist hier die Wasserversorgung bemerkenswert kritisch: Wenn es einmal regnen sollte, ist das Wasserrückhaltevermögen der

△ **9.6** Strandschäume sind keine Waschmittelrückstände, sondern im Wellenschlag schaumig geschlagenes Zellplasma.

## Vom Stoff, aus dem die Schäume sind

Hat sich die blubbernde, glucksende, turbulente bis zischende Front der auf den Sandstrand gelangenden Wellenzungen endlich einigermaßen beruhigt, verschwinden bis zum nächsten Brecher meist auch deren Schaumsäume (Abb 9.6). Mitunter ist der Schaum jedoch deutlich stabiler und treibt sogar längere Zeit in kleineren oder größeren Flocken an der Wasserlinie umher – fast so wie zuhause in der Badewanne. Dieser Schaum ist erkennbar von gänzlich anderer Natur als blasig gemixtes Wasser. Da er nicht zu allen Jahreszeiten auftritt, sondern vor allem in den Sommermonaten, liegt der Verdacht nahe, es handele sich um Detergenzien, Seifenreste oder sonstige Kosmetikchemie der Badetouristen. Die Ursache der Schaumbildung ist aber eher unproblematisch und hängt mit der Tatsache zusammen, dass das Meerwasser in der warmen Jahreszeit gewöhnlich von Planktonorganismen nur so wimmelt. Die mikroskopisch kleinen Planktonlebewesen sind äußerst grazile und zarte Gestalten. Schweben und Driften in den Wasserkörpern ertragen sie hervorragend, nicht aber die heftige mechanische Belastung in der Brandung, die sie auf dem Strand buchstäblich zerdrückt und zerreibt. Aus Milliarden gestrandeter, zerfetzter und zerschlagener Zellen tritt dann der Zellinhalt aus. Diesen hochkomplexen Stoffmix kann man sich vereinfacht als Proteinlösung vorstellen. Die turbulente Brandung geht mit dieser Lösung um wie der Schneebesen mit dem Eiklar. In beiden Fällen ist das Ergebnis ein recht stabiler Schaum.

An manchen Küsten tritt die auf zerschelltes Plankton zurückgehende Schaumbildung mitunter vermehrt oder gar so heftig wie bei einer Schaumparty auf. Dieses Phänomen wird von der enormen Massenentfaltung einzelner Arten verursacht. In manchen Jahren versanken die Strände an der Nordsee im Frühsommer in meterhohen Schaumteppichen, wenn die mikroskopisch kleine Planktonalge *Phaeocystis pouchetii* durch hohen Nährstoffeintrag und davon angeregter Überproduktion heftig boomte.

Weißdüne zweifellos nicht besonders ausgeprägt. Dünengräser kompensieren diese Herausforderung jedoch außerordentlich erfolgreich: Sie entwickeln ein ungewöhnlich dichtes und außerdem weit reichendes Wurzelwerk mit erheblich größerer Biomasse, als es die wenigen Halme vermuten lassen. Zudem sind alle Dünengräser erstaunlich übersandungsfest. Sollten sie nämlich von den stetig auflandig bewegten Sandmassen überschüttet werden, was gar nicht so selten eintritt, bilden sie einfach neue Wurzeletagen aus und kommen nach kurzer Zeit mit frischen Trieben wieder zum Vorschein. Diesen besonderen Effekt nutzt man konsequent im praktischen Küstenschutz.

Dünen bzw. Dünenwälle schützen die Küste. Mit künstlichen Anpflanzungen von Dünengräsern (vor allem Strandhafer, in Nordfriesland einfach Halm genannt) versuchen die regional verantwortlichen Behörden daher, natürlich entwickelte Dünen auf Dauer festzulegen. Weil sie eine zuverlässige Hochwasserbarriere bilden und für den Küstenschutz somit absolut vital sind, darf man Dünen verständlicherweise nicht betreten – durchaus einsehbar, denn wilde und eventuell auch zahlreiche Trampelpfade zerstören

erfahrungsgemäß die Pflanzendecke. Windanrisse könnten an bloßliegenden Sandflanken und -partien Bewegung in eine Düne bringen und ihre Lockermassen weitflächig verlagern. Eine Wanderdüne ist zwar ein zweifellos interessantes Naturphänomen, aber an den meisten Küsten tatsächlich nicht besonders erwünscht.

### Ältere Dünen werden grau

Die natürliche Vegetationsdynamik bringt es fast zwangsläufig mit sich: Nichts bleibt, wie es ist, und auch in die Jahre gekommene Dünen werden daher unaufhaltsam grau. Sobald die ersten Pionierdünengräser wie Strandroggen und Strandhafer den Sand gegen Verwehung wirksam schützen und dichtere, stabile Bestände aufbauen konnten, finden sich alsbald weitere krautige Pflanzenarten ein – darunter Silbergras und Sand-Segge, dazu aber auch diverse Gehölze wie Sanddorn und Kriech-Weide. Erst jetzt kann sich in Jahren und Jahrzehnten zwischen den Pflanzen auch eine dünne Humushaut ansammeln, auf der auch Moose und Flechten gedeihen. In der so gealterten Düne sieht man daher keinen blanken

▽ **9.7** Dünen zeigen charakteristische Entwicklungsstadien – ihre Pflanzendecke ist daher klar zoniert.

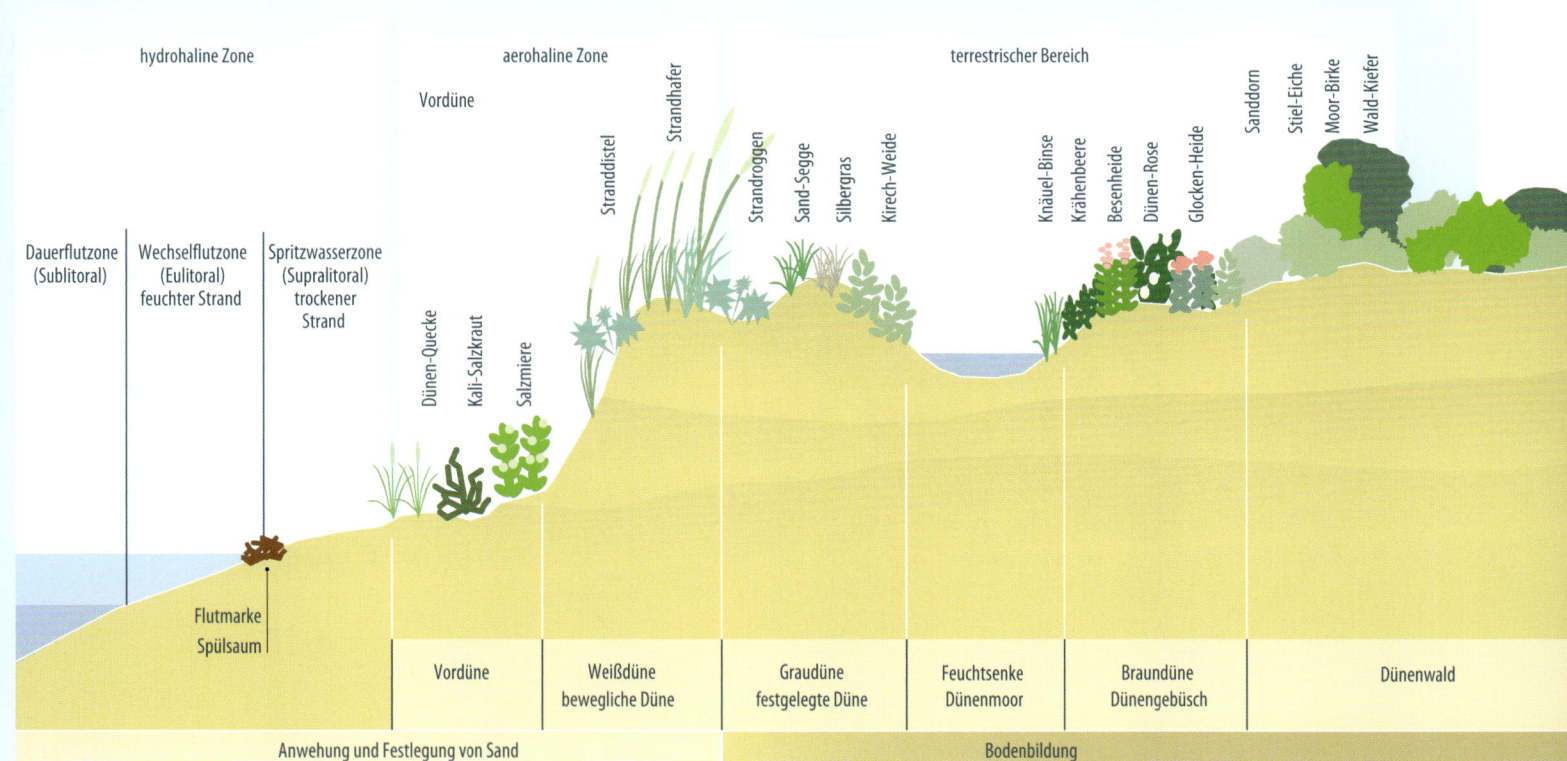

△ **9.8** Zu den eindrucksvollsten Pflanzen der Dünen gehört die Stranddistel (*Eryngium maritimum*) – trotz ihres irreführenden Namens ein Vertreter der Doldenblütengewächse.

△ **9.9** Die Runzel-Rose wird manchmal auch (unzutreffend) Dünen-Rose geannt. Naturschützer sehen sie an diesem Standort nicht gerne.

△ **9.10** An der Nordsee extrem selten, aber an westeuropäischen Küsten durchaus häufig ist die hübsche Strand-Winde (*Calystegia soldanella*).

Sand mehr wie in der Weißdüne: Die Bodenfarbe wechselte nämlich deutlich nach Grau, und deswegen haben Sie jetzt eine – auch in ihrem Artenspektrum ungleich reichhaltigere – Graudüne vor sich.

Dabei bleibt es indessen nicht, denn die natürliche Vegetationsdynamik schreitet unaufhaltsam fort: Schließlich erobern Zwergsträucher wie Besenheide, Krähenbeere und weitere Vertreter der Heidekrautgewächse die Düne bemerkenswert erfolgreich. Damit geht wiederum ein deutlicher Aspektwechsel einher: Die Graudüne wird jetzt nach der erfolgreichen und meist flächendeckenden Ansiedlung der Heidekrautgewächse zur ziemlich stabilen Braundüne, auf der sich – wenn es denn die Topographie zulässt – schließlich auch Baumgehölze wie Kiefern, Eichen und Ebereschen ansiedeln können. Die nach Jahren und Jahrzehnten gereifte Braundüne ist erstaunlich artenreich und leitet eine dauerhafte Bewaldung ein.

### Ständig unterwegs

Sandkörner werden erfahrungsgemäß relativ leicht verfrachtet – von Wind und Wasser ohnehin, aber auch vom fließenden Eis. Entsprechend unterschei-

△ **9.11** Die Krönung jeder Dünenlandschaft ist die aparte Dünen-Rose, die den botanischen Namen *Rosa pimpinellifolia* führt.

▷ **9.12** Eine der wenigen Orchideen der Dünen ist die Braunrote Stendel-wurz (*Epipactis atrorubens*), wegen ihres Duftes auch Strandvanille genannt.

det man äolische (vom Wind verursachte), aquati-sche (auf Fließwasser zurückgehende) oder glazi-gene (durch Gletschereis bedingte) Transportwege sowie die jeweils daran anschließenden charakteri-stischen Materialdepots. Während ihres ständigen Transports geraten die bewegten Sandkörner na-türlich unentwegt aneinander und stoßen sich da-bei ihre anfangs vielleicht noch spitzen Ecken und scharfen Kanten merklich ab. Je länger der Material-weg ausfällt, umso eher werden die Körner allerdings erosiv gerundet – überraschenderweise allerdings nur innerhalb bestimmter Grenzen, denn je rundlicher sie bereits sind, umso weniger sind sie durch wei-teres Ankicken, Herumpoltern oder Kollidieren an-greifbar. Tatsächlich reichen die üblichen Transport-strecken überhaupt nicht aus, um etwa die besonders widerstandsfähigen Quarzkörner komplett zur Ku-gel zu verrunden. Die Sandkörner einer Probe vom

▷ **9.13** Im Lee kleiner Hindernisse (Strandpflanzen, Strandsteine) lagert sich der extrem feine Flug-sand als Mini-Düne ab.

Strand sind – wie jedes Lupenbild zeigt – daher definitiv nicht so kugelrund wie etwa Miniaturbillardkugeln. Das gilt übrigens auch für eine beliebige Körnerschar, die bereits die halbe Sahara durchquert hat.

Wegen dieser erstaunlichen Formbeständigkeit geht man in der Fachwissenschaft übrigens davon aus, dass die weitaus meisten Sande an unseren Küsten tatsächlich schon mehrere Erosionszyklen durchlaufen haben: Sandablagerungen werden in langen Zeiträumen von anderen Sedimenten überdeckt, geraten dann unter zunehmenden Druck und werden in genügend langen Zeiträumen erneut zu Festgestein verdichtet. Das Ergebnis sind die verschiedenen Typen von Sandsteinen, die man überall in den verschiedenen Regionen Europas antrifft. Irgendwann geraten solche Sedimentgesteine aber wiederum an die Oberfläche, zerbröseln durch Verwitterung ein weiteres Mal, werden sicherlich etwas rundlicher und landen schließlich erneut in einem sandbetonten Sedimentationsraum. Wenn man dafür – was angesichts zuverlässiger Befunde durchaus realistisch erscheint – einen Zeitraum von etwa 250 Mio. Jahren

ansetzt, könnten manche stärker gerundeten Quarzsandkörner bereits mehr als ein halbes Dutzend Erosionszyklen und einen überaus respektablen Anteil der gesamten Erdgeschichte buchstäblich durchlaufen haben. Selbst die simpelsten Sandkörner sind insofern Dokumente ihrer beachtlichen Geschichte. Angesichts dieser zeitlichen Dimensionen scheren sie selbst dann nicht aus dem unaufhaltsamen globalen Erosionsprogramm aus, wenn sie – wie der kreidezeitliche Oberkirchener Sandstein aus dem Weserbergland – in monumentalen Bauwerken wie dem Kölner Dom integriert sind.

## Beziehungen nach allen Seiten

Wenn Mütter und Väter mit ihren Kindern oder Enkeln in den Familienferien am Meer genüsslich im Sand buddeln und diese sozusagen als Nachwuchsarchitekten trainieren, greifen sie auf eigene elementare Kindheitserfahrungen zurück: Mit leicht feuchtem Sand kann man eben viel besser Sandkuchen, Sandburgen oder sonstige beindruckende Skulpturen modellieren als mit der staubtrockenen Variante. Im lok-

## Sandkörner als Uhrwerk

Die allseits bekannte Sanduhr mit ihrem gläsernen Doppeloval ist eines der ältesten Zeitmessinstrumente und in der christlichen Ikonographie ein verbreitetes Symbol für die geradezu sichtlich verrinnende Zeit. Dieses spezielle Chronometer funktioniert wirklich enorm zuverlässig und zudem unverhältnismäßig genau, aber nur deswegen, weil extrem trockener Sand zwar wie eine Flüssigkeit fließen kann, sich aber dennoch in einem wichtigen Punkt von einem flüssigen Medium unterscheidet: Lässt man nämlich eine bestimmte Flüssigkeitsmenge aus einem Vorratsgefäß durch eine enge Öffnung abfließen, hängt die Durchflussrate außer von der Temperatur auch noch direkt vom hydrostatischen Druck ab, also von der Höhe der Flüssigkeitssäule oberhalb der Öffnung. Von der Flüssigkeit laufen demnach pro Zeiteinheit immer kleinere und abnehmende Volumenportionen ab, weil sich mit der Verringerung des Vorratsvolumens auch der hydrostatische Druck kontinuierlich verringert. Für eine angenähert exakte Zeitmessung ist eine mit Wasser oder einem anderen Lösemittel gefüllte Eieruhr daher also kaum tauglich.

Beim rieselnden Sand in der Sanduhr stellt sich die Sache dagegen völlig anders dar: Hier bewegt sich pro Zeiteinheit tatsächlich immer das gleiche Volumen von oben nach unten. Das mit einer solchen Uhr gestoppte Fünfminuten-Frühstücksei ist – was die Garzeit angeht – tatsächlich ein solches.

Aber wie ist das möglich? Die zeitbezogen zuverlässig gleichen Durchflussraten beruhen auf der besonderen Art der Kraftflüsse im knochentrockenen Sand. In einem kleinen wie in einem großen Sandhaufen liegen die einzelnen Sandkörner eben nicht lückenlos dicht an dicht, sondern bilden ein von Hohlräumen durchlöchertes Lückensystem mit zahlreichen Korngewölben und Sandkorminibrücken. Darüber werden die von oben wirkenden Druckkräfte vor allem seitlich auf die Gefäßwände der Sanduhr abgeleitet – genauso wie über einen Rundbogen oder über die Strebepfeiler einer gotischen Kathedrale mit ihren genialen Spitzbögen. Auf den unteren Sandkörnern nahe der Öffnung lastet daher nicht die gesamte Gewichtskraft der weiter oben liegenden, sondern nur ein gewisser Durchschnittswert. Dieser bleibt erstaunlicherweise unabhängig von der Füllhöhe einigermaßen konstant, und nur deswegen eignet sich die gesamte Vorrichtung für eine zuverlässige Zeitmessung.

Die Sache sähe natürlich völlig anders aus, wenn man nicht völlig trockenen Sand in die Sanduhr einfüllte, sondern eine Mischung aus Sandkörnern und einer gewissen Portion Wasser. Dann würde sich die Füllung wie eine Flüssigkeit (genauer wie eine Suspension) verhalten und wiederum den üblichen Strömungsgesetzen unterliegen. Die sind für eine verlässliche Zeitmessung allerdings nicht einsetzbar.

ker trockenen Sand haben die Sandkörner zwar reichlich Kontakt nach allen Seiten, sind aber zumindest im Oberflächenbereich nahezu haltlos und stieben als Flugsand sofort davon, sobald eine frische Brise darüber weht und sie erbarmungslos verwirbelt. Auf diese Weise versetzen Wanderdünen ihre Sandmassen gleich tonnenweise und um viele Meter im Jahr. Dieser Effekt erklärt auch, warum sich schon im Laufe nur eines Tages Zweigstellen kleiner Wanderdünen in Ihrer Badetasche und schlimmstenfalls in Digitalkamera, Smartphone oder Walkman entwickeln.

Die deutlich verbesserte Haftung der angefeuchteten Sandkörner steht offenbar mit dem Wasser in Zusammenhang, und diese Feststellung darf man durchaus wörtlich nehmen und genauer inspizieren: Die beachtliche Kohäsionskraft des Wassers, die letztlich auf den folgenreichen Dipolcharakter der Wassermoleküle zurückgeht (Abb. 3.5), kittet die feinen Partikeln auch der Sandkörner eben bemerkenswert fest zusammen. Kleinstportionen von Wasser zwischen den Sandkörnern bilden nach allen Seiten Brückenköpfe und Kontaktspangen aus, deren Feinstruktur man unlängst sogar per Röntgenmikrotomographie untersucht hat. Dabei gelangte man zu der erstaunlichen Feststellung, dass feuchter Sand nicht nur ein simples Dreiphasensystem aus kleinen Festkörpern, Flüssigkeitsabteilen und eingeschlossener Restluft ist, sondern in der molekularen Dimension ein höchst kompliziertes und geradezu filigranes Gefüge aller beteiligten Komponenten entwickelt. Bis zu einem Wassergehalt von etwa 2 % entwickeln sich tatsächlich nur einzelne Verbindungsbrücken zwischen den Sandkörnern. Etwas mehr Wasser lässt dann flächengrößere und komplexere Wasserfilmkonstruktionen zu, und es entstehen sogenannte Cluster. Bis etwa 10 % Wassergehalt bleibt die mechanische Steifigkeit des feuchten Sandes nahezu konstant, obwohl sich die Feinstrukturen auf der molekularen Ebene gewaltig verändern. Für den Bau von Sandburgen oder künstlerisch gestalteten Sandskulpturen, für die unterdessen sogar internationale Wettbewerbe ausgetragen werden, ist der ganz genaue Wassergehalt des verwendeten Sandes daher recht unerheblich.

Die Cluster-Effekte und nicht die dichtere Packung der Sandkörner erklären auch die angenehme

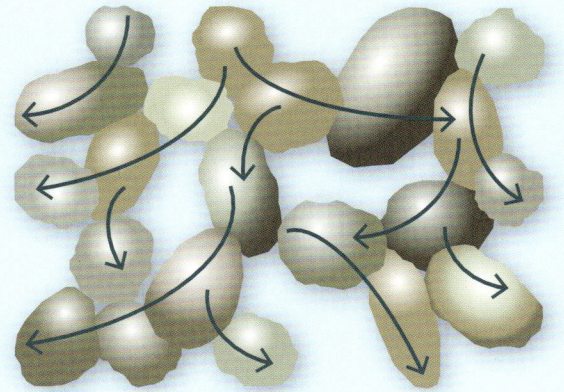

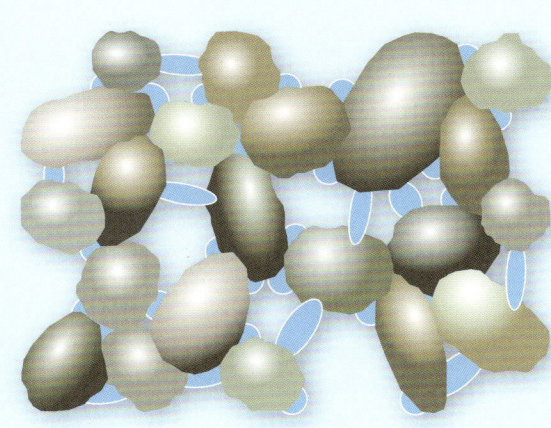

◁ 9.14 Kräfteableitung im trockenen Sand wie in der Sanduhr (links) und Kohäsion der Sandkörner über Wasserbrücken im nassen Material (unten).

Trittfestigkeit der Strandstreifen ganz nahe an der Wasserlinie, die man bei Strandwanderungen oder beispielsweise auch beim Strandwagensegeln ausnutzt. Während man sich im trockenen und deswegen äußerst nachgiebigen Sand recht mühsam zu den eingerichteten Liegeplätzen auf die höheren Strandpartien schleppen muss, erweist sich der wasserdurchtränkte Bereich direkt vor den Wellensäumen als ausgesprochen fußfreundlich, weil trittfest und überaus gangbar. Genau betrachtet zeigt sich dabei ein physikalisch bemerkenswertes, weil so unerwartetes Phänomen: Beim Herumlaufen entlang der Wasserlinie reagieren die Sandkörner unter dem Druck der soeben aufgesetzten Fußsohle tatsächlich mit einer Vergrößerung des Porenraumes. Nur deshalb erscheint dieser Bereich kurzfristig heller, weil er eben relativ trockener wird, ehe das druckabhängig frei gewordene Volumen durch sofort seitlich einströmendes Wasser wieder aufgefüllt wird. Fachleute sprechen in diesem Zusammenhang von Dilatanz – und meinen damit die Auflockerung des Korngefüges durch Verformung. Die gleiche Physik hält übrigens auch die vakuumversiegelte Kaffeepackung

△ **9.15** Löcher im Sand sind Luft- und/oder Wasserlöcher.

## Löcher im Lockersediment

Aufmerksamen Strandgängern fällt gewiss auf, dass der Feinsand ganz in der Nähe der Brandungslinie mit feinen, kreisrunden Löchern von oft nur wenigen Millimetern Durchmesser perforiert ist. Natürlich denkt man zunächst an die freigelegten Grabgänge von Tieren aus der Unterwelt des Sandstrandes, aber die Vertreter der Sandlückenfauna sind wesentlich kleiner (Abb. 9.17). Tatsächlich gehen die kreisrunden Strandporen auf Wasser und eingeschlossene Luft zurück. Wenn ein besonders üppiger, viele Tonnen schwerer Brecher auf den Strand zurollt und schließlich donnernd aufläuft, übt er auf das wassergesättigte Feinsediment einen beträchtlichen Druck aus. Unter dem Aufprall der Wassermassen werden die Sandkörner dichter gepackt – und das zwischen ihnen befindliche Interstitialwasser zusammen mit Luftpolstern ausgepresst. Dabei bilden sich überall Minifontänen, die man beim Auflaufen einer Brecherfront auch direkt sehen kann. Sie hinterlassen überall kleine Eruptionsröhren.

in Form. Hier ist eine solche Dilatanz nicht möglich, weil der allseits auf der Packung lastende Atmosphärendruck die gegenseitige Verschiebung der feinst gemahlenen Kaffeekörnchen wirksam verhindert. Erst nach dem Öffnen ist der Inhalt nicht mehr so stocksteif wie ein Backstein und lässt sich zum Umfüllen problemlos plastisch verformen.

Die Sache hat allerdings ihre Grenzen: Wenn der Wassergehalt in den Porenräumen eine gewisse kritische Grenze erreicht, verhält sich das Sand-Wasser-Luftgemisch nur noch wie ein zäher Brei. Jetzt kann das Wasser zwischen den Sandkörnern nicht

mehr als Klebstoff wirken, sondern wird zum erleichternden Gleitmittel. Genau dieser Effekt setzt übrigens ein, wenn die ersten Wellen der nächsten Flut die beeindruckende Architektur einer Sandburg erreichen und deren Konturen unbarmherzig verflüssigen.

### Leben in der Lücke

Wo der Festlandsaum sanft und gleitend in das einladend anbrandende Meer übergeht, stehen erfahrungsgemäß mancherlei Freizeitfreuden in Aussicht. Sandstrände sind im Gegensatz zu allen anderen Küstenformationen eben in äußerst sympathischer Weise übersichtlich und vielseitig nutzbar. Gelegentlich dümpelt hier ein losgerissener Tang am Spülsaum, schlimmstenfalls auch die eine oder andere Qualle (Abb. 4.17), aber sonst findet man sich nur in der Nachbarschaft unverdächtiger und kaum noch kenntlicher Reste längst untergegangener Meerestiere in Gestalt von Gehäusen und Schalen. Kurz: Ein Sandstrand als solcher wirkt fast so leblos wie eine frisch aufgeschüttete Materiallieferung vom Baustoffgroßhandel.

Doch dieser erste Eindruck täuscht gewaltig. Man glaubt es kaum: Sandstrände und Sandwatten sind tatsächlich ein berstender Zoo. Das wimmelnde Leben findet sich hier – allerdings nur schwer entdeckbar und zudem in der mikroskopischen Dimension – eher unter Tage im Lockersediment. Die Miniaturtierwelt der Sandstrände nennt man daher aus gutem Grunde Infauna – soweit sie tief bis ziemlich tief in Grund und Boden steckt und sich dem neugierigen Blick durch Abgang in die Tiefe wirksam entzieht. Dagegen umfasst die Epifauna die weniger tageslichtscheuen Vertreter, vor allem die an allen Küsten arten- und individuenreich präsente Vogelwelt.

Die Anwesenheit von Tieren unterhalb der Sandwattoberfläche ist an vielerlei Spuren abzulesen. Diese Fraktion der Bohrer, Buddelspezialisten, Tunnelgräber und Wühler fasst man fachsprachlich als Makrofauna oder Makrobenthos zusammen. Hierher gehören so kennzeichnende Arten wie der Wattwurm oder die Sandklaffmuschel. So interessant diese Tierarten in den Einzelheiten ihrer Lebensraumbewältigung auch sind – wir blenden sie hier zunächst einmal einfach aus. Das eigentliche und so unvermutete Faszinosum der marinen Sandstrände sind nämlich höchst ausgefallene tierische Winzlinge, die so klein sind, dass sie tatsächlich bequem in den Porenräumen zwischen den Sandkörnern leben können. Im Unterschied zu den Arten, die im Sediment graben und besondere Wohnröhren anlegen, können sich diese Kleinlinge der Sandlückenfauna tatsächlich

schlüpfend bis kriechend zwischen den einzeln Sandkörnern bewegen, ohne diese verschieben zu müssen. Diese bemerkenswerten Artenensembles fasst man mit dem Begriff Meiofauna zusammen. Ihre Vertreter sind allemal klein genug, um ein Sieb der Maschenweite 0,5 mm ohne Probleme zu passieren. Von einem Maschenwerk mit 60 µm Weite werden sie allerdings zurückgehalten. Alles was noch kleiner bemessen ist, bildet das Mikrobenthos. Wegen ihres ungewöhnlichen Lebensraumes, buchstäblich einer „ökologischen Nische" zwischen den Sandkörnern und im komplexen Gefüge der Sandkornlücken (Interstitium), nennt man die Meiofauna auch interstitielle Fauna oder „Mesopsammon" (griechisch *meso* = Mitte, *psammos* = Sand). Aufgrund der besonderen Geometrie der Lückenräume finden hier natürlich nur solche Kleinsttiere genügend Bewegungsfreiheit, die nicht nur betont winzig, sondern auch noch besonders schlank sind. So leben hier tatsächlich fast ausschließlich Arten mit langgestreckter bis fadenförmiger Gestalt – unabhängig davon, aus welcher Verwandtschaftsgruppe sie stammen (Abb. 9.17). Nur das Milieu trifft die entscheidende Auswahl: Arten im dichter gepackten Fein- oder gar im

◁ **9.16** Strandflöhe sind zu den Flohkrebsen gehörende Kleinkrebse. Sie ernähren sich von angeschwemmten Tangstückchen.

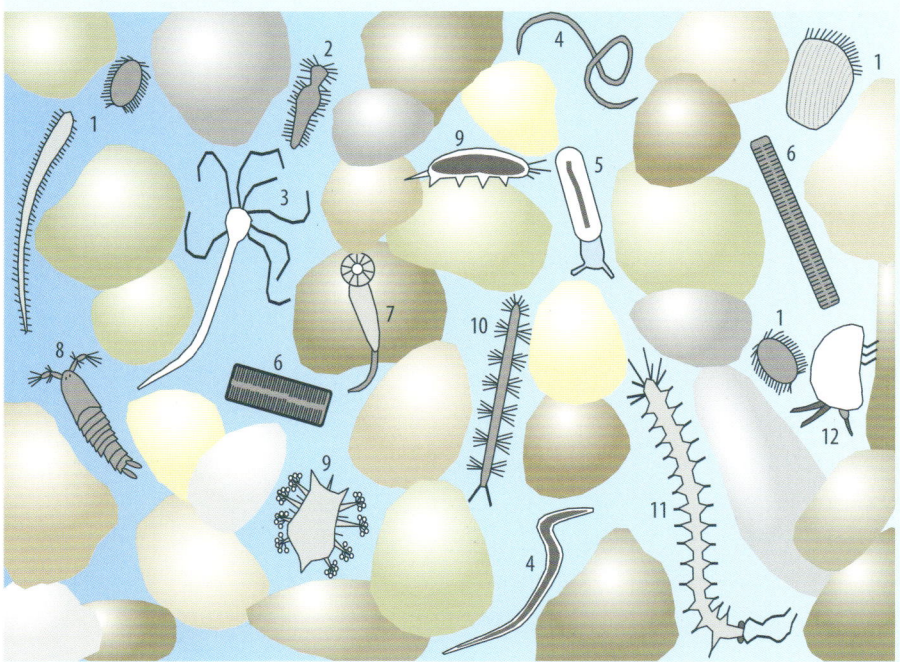

△ **9.17** Leben in der Lücke – sogar zwischen den Sandkörnern des Strandes entfaltet sich ein unerwartet reichhaltiges Leben: 1 = Wimpertier (Ciliophora), 2 = Bauchhärling (Gastrotricha), 3 = Hydroidpolyp (Cnidaria), 4 = Fadenwurm (Nematoda), 5 = Nacktschnecke (Opisthobranchiata), 6 = Kieselalgen (Diatomee, Bacillariophyceae), 7 = Priapswurm (Priapulida), 8 = Ruderfußkrebs (Copepoda), 9 = Bärtierchen (Tardigrada), 10 = Urringelwurm (Archiannelida), 11 = Vielborsterwurm (Polychaeta), 12 = Muschelkrebs (Ostracoda).

Schlicksand sind nochmals schlanker und länger als im gröberen Sediment. Sie sind sogar so eigentümlich fadendünn, dass sie im Prinzip von keiner Body-Mass-Index-Tabelle zu erfassen sind.

## Drangvolle Enge

Sandlückensystem – das hört sich nach drangvoller Enge oder gar nach Minigefängnissen an – ganz abgesehen davon, dass ein sandiges Sediment in der Gezeitenzone nicht gerade als paradiesischer Lebensraum gelten mag. Wenn es zur Niedrigwasserzeit heftig regnet, sinkt der Salzgehalt in den Porenräumen in relativ kurzer Zeit dramatisch ab. Scheint die mittägliche Sommersonne unbarmherzig auf den blank- und bloßliegenden Sand, erhöhen sich zumindest in den oberflächennahen Schichten die Temperaturen beträchtlich. Sie werden sich gewiss erinnern: An heißen Sommertagen ist es eventuell nicht gerade angenehm, mit bloßen Füßen selbst durch hellen Sand zu gehen. Die nächste auflaufende Flut unterbricht

das Regime dieser Ökofaktoren schlagartig. Augenblicklich ändern sich Sauerstoffverhältnisse, Salzgehalt und Temperatur. Solche schroffen Wechsel halten nur robuste Naturen aus, und in dieser Hinsicht können die Winzlinge aus den Sandlückenwohnanlagen in der Tat erstaunlich viel wegstecken.

Nun könnte man die Bewohner der Sandlücken für eine kuriose ökologische Randgruppe halten, die sich hier und da im Weichsediment wohnlich eingerichtet hat und mit den vorherrschenden Umweltbedingungen irgendwie klarkommt. Dem ist aber keineswegs so. Schon allein die Besiedlungsdichten überraschen: Sie sind nämlich sehr hoch. Im Mittel leben unter 1 m² Sandbodenoberfläche innerhalb der Gezeitenzone mindestens etwa 1 bis 2 Mio. Individuen. Das sind, bezogen auf eine 2 dm² große Männerhandfläche immer noch rund 400 000 Kleinsttiere oder – unter der Fläche eines durchschnittlichen Fingernagels (1 cm²) – sogar noch deutlich über 1000. Hätten Sie das vermutet, als Sie vor der Liegezeit im Strandkorb einen ausgedehnten Strandspaziergang über die nassglänzenden Feinkornflächen unternommen haben? Sie schritten buchstäblich über Millionenstädte …

Das erst relativ spät, nämlich Anfang der 1940er-Jahre, vom Kieler Zoologen und Meeresbiologen Adolf Remane (1898 bis 1976) entdeckte Ökosystem der Sandlückenfaunen gehört übrigens zu den ausgedehntesten Lebensraumtypen der Erde. Es reicht von der oberen Gezeitenzone ohne nennenswerte Unterbrechung bis zu den Tiefseeböden in über 4000 m Wassertiefe. Was sich allein unter der Sandstrandoberfläche Ihrer geliebten Badebucht tummelt, übersteigt die gesamte Weltbevölkerung mit Sicherheit um ein Vielfaches.

Vielleicht ist es sogar ganz gut, dass die meisten Strandurlauber (und natürlich auch die Kurverwaltungen) von diesen heimlichen Populationen mit ihren Minimonstern im Untergrund der Strände nichts ahnen und sich nicht bewusst sind, dass an der Sichtbarkeitsgrenze unserer Augen die Welt noch lange nicht zu Ende ist. Mitmenschen, die harmlose Spinnen fürchten und vor einer Maus kreischend auf den Küchentisch steigen, würden augenblicklich die Flucht antreten, könnten sie die Kleinstlebewesen aus der Sandlückenfauna tatsächlich einmal sehen. Um sie wirklich und deutlich vor Augen zu haben, braucht man indes eine sehr gute Stereolupe oder besser noch ein Mikroskop, denn der Größenbereich unter 0,5 mm (= 500 μm) gehört schon klar der mikroskopischen Dimension an. Zudem genügt es absolut nicht, eine Strandsandprobe einfach so unter die Lupe zu nehmen. Vielmehr wenden die damit befassten Sedimentbiologen raffinierte Methoden an, um die Winzlinge aus ihren Verstecken hervorzulocken. Unter anderem setzen sie auch bestimmte Farbstoffe ein, die nicht die Sandkörner, aber die Vertreter der Sandlückenfauna heftig erröten lassen.

## Ein weites Spektrum

Was sich dem Auge in der mikroskopischen Größenordnung an seltsamen bis skurrilen Gestalten darbietet, könnte gewiss der Phantasie von Hieronymus Bosch (um 1450 bis 1516) entsprungen sein. Noch erstaunlicher ist allerdings die Vielfalt der hier tatsächlich vertretenen Bauplantypen: Protozoen steuern mit Kammerlingen (Foraminiferen) und Wimpertieren (Ciliophora) eine beträchtliche Artenzahl zur Sandlückenfauna bei. Weiterhin findet man hier winzige Hydrozoen aus der direkten Verwandtschaft von Aktinien und Quallen, außerdem Fadenwürmer, Plattwürmer, Moostierchen, Borstenwürmer und eine große Typenfülle von Kleinstkrebsen. Einige der vor allem im Sandlückensystem vertretenen Tierstämme sind selbst einem festländischen Biologen nicht besonders vertraut, darunter beispielsweise die eigenartigen Bauchhärlinge (Gastrotrichen), Kiefermündchen (Gnathostomuliden) und Rüsselkriecher (Kinorhynchen). Besonders seltsam erscheinen auf jeden Fall die eigentümlichen Bärtierchen (Tardigraden), die man sich wie stark miniaturisierte, aber achtbeinige Gummibärchen vorstellen kann. Ihren Namen erhielten sie nach ihren etwas tapsig erscheinenden Bewegungsabläufen. In jüngster Zeit haben sie erneut und verstärkt das Interesse der Forschung geweckt, weil sie außerordentlich erfolgreiche Lebenskünstler sind und selbst die widrigsten Umweltbedingen (wie Tiefsttemperaturen) offenbar problemlos überstehen. Sie können sogar komplett austrocknen und werden dann als staubtrockene Parti-

keln vom Wind weithin verfrachtet. Alle diese Tiere sind – obwohl sie durchweg irgendwie wurmähnlich aussehen – voneinander immerhin so grundverschieden wie ein Seestern von einer Weinbergschnecke. Angesichts der Kleinheit und der Vielzahl der einzelnen Vertreter ist leicht vorstellbar, dass die genaue Artbestimmung selbst für Spezialisten nicht besonders einfach ist. Begnügen wir uns daher mit der ohnehin schon erstaunlichen Feststellung, dass weiter unten an der Wasserlinie im feuchten Sand tatsächlich geradezu ungeahnte Kleinwelten mit einem so gewiss nicht erwarteten Artenreichtum zu Hause sind.

## Wie Wellenschläge Furchen formen

Die horizontweiten Ebenen im freifallenden Sand- oder Mischwatt erscheinen auf den ersten Blick unglaublich ziemlich eintönig und daher wenig attraktiv: Nichts hält zwischen links, geradeaus, und rückwärts oder rechts den Blick auf, und irgendwo ganz weit draußen geht der nass glänzende, weiche und betont monochrom braungraue Wattboden auch noch reichlich konturarm in den Horizont über, sodass der Meeresgrund fast wie der Himmel auf Erden aussieht. Obwohl sich diese Szenerie nach manchem Empfinden auf den ersten Blick vor allem durch diese unspektakuläre Einförmigkeit auszeichnet, gehören die weiten Wattgebiete zu den eindrucksvollsten Naturlandschaften überhaupt – vermutlich paradoxerweise deshalb, weil hier beinahe nichts wirklich Eindruck macht. Oder doch?

Aus der Nähe betrachtet ist der Wattboden nämlich gar nicht so gleichförmig. Überall finden sich unübersehbare Hinweise auf diverse Aktivitäten von Organismen, die hier ihre Spuren hinterlassen haben. Fußabdrücke von Seevögeln kreuzen den eigenen Weg durch das Watt: Bei Möwen sind drei der vier Zehen durch Schwimmhäute verbunden, beim Kormoran gar alle vier, während Strandläufer, Austernfischer und viele andere Watvögel auf drei getrennten Zehen unterwegs sind.

Außerdem finden sich fast überall die wirr verlaufenden feinen Kriechlinien von Wattschnecken oder die zahlreichen Vertiefungen und aufgehäuften Sedimentstränge, die auf die Anwesenheit aktiver Tiere

Eine wichtige, beinahe schon 100 Jahre alte Grundannahme zur Erklärung der Rippeln verdanken wir der Elektroingenieurin, Mathematikerin und Erfinderin Hertha Ayrton (geboren als Phoebe Sarah Marks, 1854 bis 1923), die eigentlich über die Physik des Lichtbogens arbeitete. Sie begleitete ihren erkrankten Ehemann zur Kur an die britische Südküste und wunderte sich dort über die seltsame Geometrie der im Mischwatt zur Ebbe auftretenden Muster. Als Experimentalphysikerin begnügte sie sich indessen nicht mit diesem erstaunlichen Befund, sondern stellte im heimischen Labor aufschlussreiche Versuche in einer Metallwanne an, die auf Rundhölzern rhythmisch zu bewegen war. Ist der Wannenboden mit feinem Seesand bedeckt, bilden sich schon nach wenigen Schüttelbewegungen ganze Serien von Rippeln senkrecht zur Wellenrichtung. Um dabei auch die Bewegung von einzelnen Partikeln genauer verfolgen zu

können, hatte Hertha Ayrton einen genialen Einfall: Zusätzlich zum hellen Sand verwendete sie gemahlenen Schwarzen Pfeffer. Das Pfeffergranulat ist spezifisch leichter als Seesand und lässt die Bewegungsabläufe klarer verfolgen. Demnach spielt sich an der Grenzfläche zwischen dem einigermaßen statischen Sand und dem bewegten Medium Wasser Folgendes ab: Solange das Wasser relativ langsam und unverwirbelt (= laminar) in unvermischt übereinanderliegenden Schichten strömt, bleiben die Sandkörner ortsfest in Position. Sobald sich jedoch bei größerer Fließgeschwindigkeit oder aufgrund von Unebenheiten im Untergrund Verwirbelungen bilden, wird die Strömung turbulent. Den Übergang zwischen laminarer und turbulenter Strömung kann man sogar am Wasserhahn nachvollziehen: Nur wenig aufgedreht fließt das Wasser als glatte, durchsichtige und spiegelnde (eben laminare) Säule. Beim weiteren Aufdrehen

△ **9.18** Auch im Helgoländer Buntsandstein finden sich lagenweise fossile Rippelmarken – sie sind über 200 Mio. Jahre alt.

▷ **9.19** Aufbau und Form von Strömungsrippeln im Querschnitt: Die Details der Rippelentstehung sind physikalisch recht komplex.

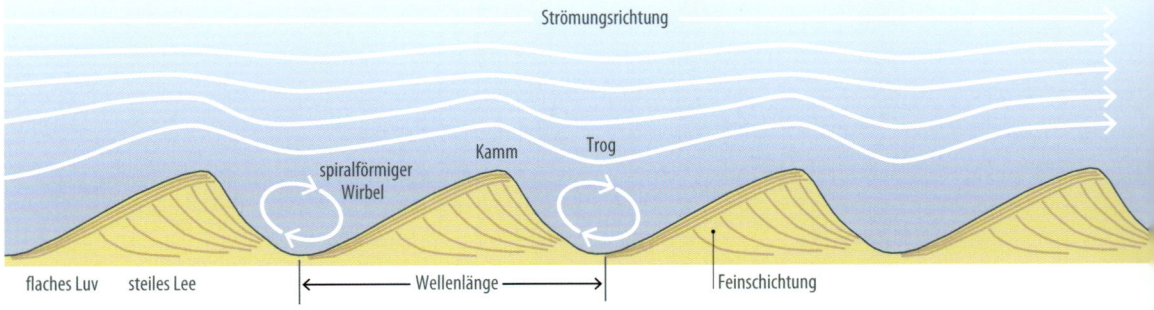

Strömungsrichtung

spiralförmiger Wirbel

Kamm    Trog

flaches Luv    steiles Lee    Wellenlänge    Feinschichtung

im Untergrund dicht unterhalb der Oberfläche schließen lassen. Infauna nennt man die oft überraschend individuenreichen Ensembles der Sedimentwühler, Tunnelgräber, Höhlenbewohner und anderer Vertreter aus der Untergrundbewegung des Watts.

Selbst wenn es diese verschiedenen tierischen Spuren nicht gäbe, wäre das Sandwatt nur selten so platt bis spiegeleben wie der Belag eines Tennisfeldes. Der hier anzutreffende Normalfall ist eher ein feines, fast regelmäßiges, aber irgendwie doch recht wirres und meist nicht einmal handbreitenhohes Feinrelief aus gewundenen, gebogenen und spitzwinklig verzweigten Furchen und Rücken. Das Sandwatt zeigt eben doch Profil.

So mancher Wattbesucher wird sich daher sicherlich staunend gefragt haben, wie denn diese seltsamen Musterbildungen mit ihren wulstig aufgeworfenen Strukturen überhaupt entstehen konnten. Man trifft sie übrigens an allen Weichbodenküsten weltweit an. Dem eigentümlichen formalen Reiz dieser Sandskulpturen kann man sich sicherlich kaum entziehen. Auch kein Bildband über die Wattlandschaften entlang der Nordseeküste lässt verständlicherweise Fotos dieser geradezu grafisch gestylten Grundmuster aus. Was sich hier als wattweites Bodenrelief darbietet, nennt die Fachsprache der Geowissenschaftler Rippelmarken oder vereinfacht Rippeln, manchmal auch Sandrippeln oder Wellenfurchen.

wird der Wasserstrahl undurchsichtig und turbulent. Er besteht jetzt nur noch aus chaotisch verflochtenen Einzelsträngen.

Das rascher und deswegen turbulent bewegte Medium führt nun dazu, dass sich die Sandkörner auf der der Strömung zugewandten Luvseite eines Hindernisses aus der Furche lösen und je nach Masse eine gewisse Strecke verlagert werden. Sehr leichte Körner fallen auf der strömungsabgewandten Leeseite jedoch nicht einfach in den Trog, sondern fegen mit den dort wirksamen gegenläufigen Wirbeln ebenfalls hangaufwärts. So entsteht aus einer anfangs noch ziemlich flachen Bodenwelle schon nach kurzer Zeit ein Rippel. In dessen Strömungsschatten entwickelt sich nach dem gleichen Prinzip bald ein zweiter Rippel. Rippeln sind während ihrer Bildungsphase dynamische Strukturen – ihr Baumaterial ist ständig in Bewegung.

△ **9.20** Vor allem im Sandwatt entstehen in den Tideströmen formalästhetisch außerordentlich ansprechende Kleinreliefs – völlig chaotisch, aber einzigartig und unverwechselbar.

Sie sind typische Marken der bei näherem Hinsehen eben doch recht eindrücklichen Wattlandschaft.

Als Marken bezeichnete Muster im Watt sind im Unterschied zu den Spuren immer anorganischer Natur – sie entstehen tatsächlich ohne jede Beteiligung von Organismen. Vergleichbare Muster kommen in der Natur auch sonst irgendwo vor. Formähnliche Reliefs findet man beispielsweise in (ansonsten noch) vegetationslosen Dünen sowie in Wüsten. Das im Jahre 2004 erfolgreich durchgeführte Mars-Rover-Projekt der NASA hat solche Rippelmarken tatsächlich auch auf unserem Nachbarplaneten entdecken können. Mitunter zeigen sie sich sogar in den Sandkästen windexponierter Kinderspielplätze, die längere Zeit unbenutzt blieben. Fossile Rippeln finden sich nicht allzu selten auch auf den Schichtflächen feinkörniger Sedimentgesteine jeglicher Zeitstellung zwischen Erdaltertum und Erdneuzeit, sofern diese unter Flachwasserbedingungen abgesetzt wurden: Der Sedimentationsraum Watt stellt sozusagen immer die Frühphase später felsenfester Hartgesteine dar. Eine gewisse Ähnlichkeit zu den Wattrippeln weisen zudem die individuellen Linien der Handinnenfläche auf, von denen sich Anteile kriminaltechnisch als verräterische Fingerabdrücke verwerten lassen. Sogar das aparte Streifendesign im Fell der Zebras zeigt immer deutliche Anklänge an ein Rippelmarkenmuster.

Wenn also die unmittelbare Beteiligung von Lebewesen als Entstehungsursache für das zweifellos seltsame Furchenmuster ausscheidet, muss das Phänomen gewiss rein physikalisch zu erklären sein. Nun sind komplexe Musterbildungen gewöhnlich nur im Rahmen komplexer Theorien abzuleiten, und so verhält es sich leider auch bei den Rippeln. Zur vollständigen Erklärung der Rippelmarken bietet die Theorie bislang jedoch nur eine größere Anzahl widerstreitender Ansätze – jeder garniert mit eindrucksvollen und für sich betrachtet wunderschönen Differenzialgleichungen. Die Sedimentologen sind sich nicht einmal einig in der Frage, ob die Sandrippeln einer Dünenlandschaft den gleichen Gesetzmäßigkeiten folgen wie diejenigen weiter unten in der Gezeitenzone. Bei den Dünenrippeln weht der offenbar auslösende Wind konstant aus der gleichen Richtung, während im Watt die mutmaßlich verursachenden Wellen bei den Flut- und Ebbströmen eher oszillieren.

Obwohl die mathematische Formalisierung der Problemlage für ausgewiesene Hardcore-Naturwissenschaftler durchaus ihren Reiz haben mag und gewiss eine gedankliche Herausforderung ersten Ranges darstellt – vom angesehenen Niels-Bohr-Institut in Kopenhagen wurde sogar ein Computerprogramm zur Simulation erstaunlich echt wirkender Rippeln auf dem Rechner beigesteuert – beschränken wir uns hier auf eine deutlich vereinfachende Sicht der Dinge. Die wichtigste Grundannahme zur Erklärung ist die schlichte und einfach einsehbare Tatsache, dass die auffälligen Rippeln tatsächlich nur dort entstehen können, wo sich zwei Medien von stark unterschiedlicher Dichte relativ zueinander bewegen: Das kann der Wind sein, der eine zuvor spiegelglatte See kräuselt (die dabei entstehenden Miniwellen sind klassische Rippeln!) oder die Sandkörner einer unbefestigten Küsten- bzw. Wüstendüne eben zu geometrisch faszinierenden Strängen und Wülsten arrangiert. Im Watt ist der Verursacher immer das im Gezeitenrhythmus verlagerte Meerwasser.

Auf dem höheren und deswegen trockenen Sandstrand bekommt man die stetig springenden Sandkörner bei jedem Windstoß als feines Sandstrahlgebläse zu spüren. Im Schnittbild sind Strömungsrippeln aus gerichteter Fließbewegung immer asym-metrisch mit flacher Luv- und steiler Leeflanke ausgeformt, während Wellenrippeln aus oszillierenden Bewegungen eher symmetrisch ausfallen. Mit der Buddelschippe Ihrer Kinder lässt sich im Watt sehr leicht ein Rippelquerschnitt anlegen, an dem man die feine Kreuzschichtung der abgelagerten Partikeln ablesen kann. Hertha Ayrton (Textkasten) beobachtete an ihrem Pfeffergranulat, dass sich die Form und Größe von Rippeln und Wirbeln stets entsprechen. Diese Versuche haben sie seinerzeit in der Physik bewegter viskoser Medien so berühmt gemacht, dass sie als erste Frau ihre Versuchsergebnisse 1910 vor der bekanntermaßen stockkonservativen *Royal Society* in London vortragen durfte und dafür große Anerkennung dieses seinerzeit überaus verzopften Gremiums erntete.

Die Ayrton-Pfeffergranulat-Versuche lassen sich übrigens auch in der Natur beobachten: Die leichteren Sandkörner oder auch mitgerissene organische Kleinstpartikeln sammeln sich immer in den trogartigen Vertiefungen zwischen den Rippelkämmen an und betonen dadurch das ohnehin schon eindrucksvolle Relief. Äußerst ansprechend wirkende Verformungen entwickeln sich immer dann, wenn die auslösenden Flut- und Ebbströme unter verschiedenen Winkeln auf das Sediment treffen. Auch an Prielrändern oder im Gebiet von Wattrinnen wird die Grundgeometrie der Rippeln stärker überarbeitet und ummodelliert.

Übrigens: Sie können das berühmte Ayrton-Experiment sogar in Ihrer Teetasse nachvollziehen, sofern Ihr Frühstücks- oder Fünfuhrtee mit losen Blättern aufgebrüht wurde und sich eine genügende Menge feinster Teeblattkrümel am Tassenboden angesammelt hat: Leichtes Schwenken der Tasse führt nach wenigen Malen zu charakteristischen Oszillationsrippeln auf dem Tassenboden. Auch mit ganz feinen Kaffeepartikeln funktioniert diese Rippelphysik – aus dem Kaffeesatz zu lesen hat also mitunter doch einen realen Hintergrund.

## Muschelschalen und ihre Geschichten

Badestrände bestehen nicht immer nur aus rieselfeinem Feinsand, den man direkt als Zeitmesser in eine Sanduhr füllen könnte. Sie legen dem Strandbesucher auch mancherlei interessante Fundstücke zu Füßen, Leerschalen von Muscheln und Schnekken beispielsweise. Bevor diese im brandungsbedingten Rollen mechanisch unentwegt bearbeitet werden, als löcherige, scharfkantige oder gerundete Schalenfragmente bzw. Muschelschill enden und schließlich unerkannt in der Sandkornfraktion untergehen, üben sie eine eigenartige Faszination aus und sind gewöhnlich beliebte Sammlerobjekte. Nur wenige an der Wasserlinie auf und ab wandernde Strandgänger jeglicher Altersklassenzugehörigkeit – im englischsprachigen Raum treffend als *beachcomber* (Stranddurchkämmer) bezeichnet – widerstehen erfahrungsgemäß der Versuchung, ein besonders hübsches Fundstück aufzulesen und als Urlaubserinnerung mitzunehmen. Besonders emsige Sammler hat man schon im Schein der Taschenlampe den Flutsaum absuchen sehen, um die schönsten Stücke lange vor der Konkurrenz der später anrückenden Tagesinvasionen sicherzustellen.

Zudem kommt kein größerer Urlaubsort an der Küste ohne mindestens ein Kramlädchen aus, in dem man außer allerhand maritimem Andenkenkitsch und getrockneten Seesternen, Seepferdchen oder Kugelfischen auch eine Menge Muschelschalen in phantastischen Formen und Farben erstehen kann. Die wunderschönen Schau-, Schmuck- und Staunstücke stammen aber meist gar nicht aus dem Meer direkt vor der Haustür, sondern haben ihre Heimat irgendwo in der Karibik, auf den Philippinen oder einer Südseeinsel. Die heimische Muschelfauna fällt zwar weniger farbenprächtig aus, überrascht aber dafür mit einigen naturkundlich hervorhebenswerten und wenig bekannten Merkwürdigkeiten.

## Alt oder schon sehr alt?

Ähnlich wie das Angebot im „Shell Shop" stammt das Strandgut eventuell gar nicht aus dem direkt angrenzenden Lebensraum des Sandwatts, sondern könnte auch aus küstenferneren Habitaten angeschwemmt worden sein. Nicht selten finden sich am Spülsaum sogar Tiefwasserformen, vor allem nach aufwendiger, nach Sturmschäden notwendig gewordener Strandreparatur durch Vorspülungen. Die Leerschalen der Muscheln (zoologisch korrekt heißen sie

Schalenklappen) könnten auch zu Arten gehören, die normalerweise nur an Felsküsten vorkommen. Schließlich ist nicht einmal sicher zu entscheiden, ob eine Muschelschale wirklich zu einem Individuum gehört, das seine Lebenszeit erst in der vorletzten oder in der letzten Saison beendete. In den Spülsäumen finden sich nämlich häufig auch subfossile oder fossile Stücke, die schon ein paar Jahr(zehn)tausende oder gar Jahrmillionen im Sediment lagerten. Strände, in deren unmittelbarer Nähe Sedimentgesteine anstehen, sind höchst ergiebige Fossilfundplätze. Der Geologe Rolf Reinicke hat solches für die Kreideküste von Rügen in eindrucksvollen Bildern dokumentiert, und auch Helgoland hat nicht nur den zweifelhaften Ruf des zollfreien Fuselfelsens, sondern ist unter Fossiliensammlern als Schaufenster in die Schichtgesteine des Mesozoikums berühmt.

Ein recht sicherer Hinweis auf eine längere Liegezeit sind die Sekundärfärbungen einer Muschelschale. Mit Ausnahme der durch und durch graublauen Miesmuscheln tragen die meisten Arten ihren arttypischen Farbauftrag nur als hauchdünnen Anstrich unterhalb der organischen Außenschicht, welche die Schalenklappen des lebenden Tieres überkleidet. Beide Lagen schleifen sich beim Rollen in der Brandung ziemlich rasch ab, sodass nur die kreidebleiche Kalksubstanz bleibt. Gerät dagegen eine Muschelschale in das Sediment, können sich in ihren feinen Porenräumen mikroskopisch kleine Kristalle von Eisenoxid in der Mineralform Limonit bilden und die Schale intensiv rostbraun umfärben. Wird eine solche „angerostete" Muschel irgendwann wieder frei gespült und dümpelt in der Gezeitenzone herum, bleicht sie über eine beliebige Palette von Braun- und Ockertönen während des nächsten Jahrzehnts schließlich erneut aus.

Viele Muschelschalen im Fundgut sind grau- bis tiefschwarz. Auch dieses Dekor ist nicht die arttypische Färbung, sondern ein klarer Hinweis darauf, dass sich die betreffende Schalenklappe für längere Zeit in tieferen, sauerstofffreien Sedimentschichten befand, meist in Schlickböden. Unter diesen Lagerungsbedingungen entwickeln sich in den Schalenporen winzige Kristalle von schwarzem Eisensulfid – der gleichen Verbindung, die im Mischwatt schon wenige

△ **9.21** An der Nordsee aufgefundene Austernschalen sind zumeist schon ziemlich alt – die Art ist hier seit geraumer Zeit ausgestorben.

Zentimeter unter der Oberfläche die tieferen Wattbodenschichten chemisch als Reduktionszone kennzeichnet (Abb. 10.15). Schwarze Muscheln sind meist ziemlich alt. An Küsten mit vorgelagerter Kette von Barriereinseln wie in West- und Ostfriesland deuten sie sogar auf eine langsame Inselverlagerung hin: Der mobile Sandkörper der Insel verlagert sich im Laufe von Jahrhunderten über ehemaligen Marschboden und gibt seeseitig nach und nach die älteren Sedimente mit ihren Muschellagern frei.

### Geradezu umwerfende Formen

Nur selten stecken die Leerschalen von Muscheln senkrecht im Sediment und sind dann für die nackten Fußsohlen der *beachcomber* eine reale Gefahr. Meistens liegen sie gut sichtbar und vor allem flach auf dem Sediment. Dabei sind zwei Orientierungen möglich: Entweder weist die konkave Innenseite nach oben oder die konvexe Außenflanke. Achten Sie bei ihrem nächsten Strandspaziergang unbedingt auf die Lagerung der Leerschalen: Erstaunlicherweise liegen etwa 90 % aller intakten Schalenklappen mit der Konkavseite nach unten auf dem Strand. Das klingt fast so unglaublich wie die Tatsache, dass sich im angespülten Zivilisationsmüll an den Spülsäumen der Nordhalbkugel fast immer nur linke Schuhe finden. Bei den Schuhen steht eine rationale Erklärung des Phänomens noch aus, obwohl schlitzohrige Küsten-

fachleute den Urlaubern gern das Argument auftischen, dieser Effekt sei erst nach der Eröffnung des Panamakanals aufgetreten – was natürlich blanker Unsinn ist. Bei den Muschelschalen lässt sich die Fundposition indessen ganz einfach aus den Gesetzen der Hydrodynamik ableiten. Dazu können Sie sogar ein eigenes Experiment starten: Werfen Sie einfach eine Handvoll aufgesammelter Schalen von Mies-, Herz-, Sandklaff- oder Venusmuscheln in etwa 1 m Wassertiefe ins Meer. Die Muschelschalen sinken durch die Wassersäule langsam nach unten und landen schließlich auf dem Boden – mit der konkaven Seite nach unten. Genauso lagern sie auch auf den tieferen und deswegen weitgehend strömungsfreien Böden des Kontinentalschelfs. Nur im bewegten Flachwasser wenden sich die Dinge. Heftigere Wellenbewegung dreht die Schalen durch Sogwirkung auf die Konkavseite sehr bald auf die andere Flanke (konkav nach oben), weil diese Position strömungstechnisch die günstigere ist. Die nötige und etwas unhandliche Mathematik dazu liefern die Bernouilli'schen Strömungsgleichungen, die übrigens auch erklären, warum ein 350 t schwerer Ferienjet vom Typ Airbus 340 überhaupt fliegen kann.

Ähnliche Wendemanöver vollziehen auch die Muschelschalen, die irgendwie auf die höheren Strandpartien gelangt sind. Hier kommt es auch deswegen zu spontanen Umlagerungen, weil der Wind den Feinsand rings um die Schalenklappe wegbläst, diese dann zunehmend in Schieflage gerät und irgendwann von selbst auf die andere Seite kullert (konkav nach oben). Die Paläontologen verwenden übrigens die Vorzugsorientierung fossiler Muscheln in Sedimentgesteinen zur Klärung der Frage, ob das betreffende Material unter Flach- oder Tiefwasserbedingungen abgesetzt wurde.

Nun könnte es sein, dass Sie auf dem Strand einen höheren Prozentsatz an Schalenklappen in der hydrodynamisch nicht ganz korrekten „Konkav-nach-oben"-Position vorfinden. Dann waren vor Ihnen entweder scharenweise *beachcomber* unterwegs oder im weiteren Vorstrandbereich lagert eine ausgedehnte Sandbank, die als Wellenbrecher wirkt, sodass die resultierende Restströmung die Muschelschale nicht mehr einfach umwerfen kann.

## Schalenklappen sind Archive

An Muscheln lassen sich erstaunliche Phänomene beobachten. Überraschend interessante Details zeigt unter anderem auch der Blick auf das zunächst etwas unübersichtlich erscheinende Schloss am oberen Schalenrand – funktional zu erleben, wenn die rechte und die linke Schalenklappe an ihrem biegsamen Ligament noch zusammenhängen. Auf die verschiedenen Typen von Zahn-, Höcker- und Wulstanordnungen im Schlossbereich gründet sich die zoologische Systematik der Muscheln.

Seit einiger Zeit weiß man, dass Muschelschalen auch wertvolle Klima- bzw. Umweltarchive darstellen. Beim radialen Wachstum einer Muschelschale entstehen an den Schalenrändern jeweils feinste Serien von Tages-, Wochen-, Monats- und Jahreslinien. Aus den Feinabmessungen der Zuwachsstreifen lassen sich in geradezu traumhafter zeitlicher Auflösung wichtige Umweltparameter ablesen – unter anderem mithilfe einer ausgeklügelten Mikroanalytik, mit der man im Kalkskelett die Verteilung stabiler Kohlenstoff- und Sauerstoffisotope sowie die Verhältnisse bestimmter Spurenelemente ermittelt. Aus solchen Datensätzen lassen sich Temperaturverläufe, Nahrungsverfügbarkeit und andere interessante Umweltparameter der Vergangenheit erschließen. Muschelschalen zeichnen Vulkanausbrüche auf, registrieren schwere Sturmperioden, lassen Schwankungen von Salzgehalten erkennen, dokumentieren die Nordatlantische Oszillation (NAO) als Klimamotor der Nordhalbkugel und verraten sogar – wenn sie in prähistorischen Abfallhaufen gelandet sein sollten – ob sie bei Voll- oder Halbmond bzw. tagsüber oder nachts gesammelt wurden. Besonders ergiebig für solche Forschungen, die in das noch junge Arbeitsfeld der Sclerochronologie fallen, sind natürlich langlebige Arten. Eines der interessantesten Objekte ist die Islandmuschel (*Arctica islandica*). Ihre Heimat ist der Nordatlantik. Sie wird über 500 Jahre alt und kommt in kleinen Restpopulationen auch in der Nordsee und in der westlichen Ostsee vor. Durch die Analyse älterer Leerschalen von Islandmuscheln aus tieferen Sedimentlagen kann man Datenserien erarbeiten, die weit über das Lebensalter dieser Art zurückreichen. Unterdessen liegt hierzu ein reiches Material vor.

## Ganz schön verschroben

Beginnen wir unsere kurze Betrachtung der Windungen eines soeben am Strand aufgelesenen Schneckenhauses mit einigen technischen Vergleichen: Die üblicherweise verwendeten Normschrauben (für die spontane Überprüfung reicht gegebenenfalls der Korkenzieher am Taschenmesser) weisen einheitlich ein Rechtsgewinde auf, aber paradoxerweise sind sie dennoch nicht im (rechtsläufigen) Uhrzeigersinn gewunden. Ihre technische Bezeichnung

▽ **9.22** Das ist am Strand die normale Position – die gewölbte (= konvexe) Seite nach oben.

△ **9.23** Das Haus der Wellhornschnecke entspricht einem klassischen Linksgewinde.

erhielten sie nämlich nach der Steigungsrichtung des Gewindes: Zum Öffnen einer Weinflasche vertiefen sie den Korkenzieher durch Rechtsdrehungen in den Flaschenhals. Die Textilfasertechnik bezeichnet diese rechtsgängige Normschraube oder Wendel (Rechtsschraube) daher als linkswendige Z-Spirale – wäre sie eine Wendeltreppe, führte der Aufstieg zwar von links unten nach rechts aufwärts, aber jeweils links herum von der Basis zur Spitze. Die folgende Merkhilfe macht diesen klassischen Hirnverzwirner etwas transparenter: Der Mittelstrich des Buchstabens Z weist genau wie die genormte Rechtsschraube von links unten nach rechts oben. Beim Korkenzieher ist es übrigens genauso. Stellt man eine solche Schraube oder Spirale auf die Spitze, ändert sich an Windungssinn oder Gängigkeit nichts, denn der Buchstabe Z ist ebenso wie der Korkenzieher oder jede andere Spirale rotationssymmetrisch. Anders verhält sich dagegen das Spiegelbild von Z bzw. Korkenzieher: So betrachtet beschreibt die nunmehr linksgängige, aber rechtsgewundene Wendeltreppe die Form einer S-Spirale (Linksschraube). Die Bezeichnung ist wiederum eine zuverlässige Merkhilfe: Im Buchstaben S weist der gerade Mittelstrich von rechts unten nach links oben. Der Aufstieg über eine solche Wendel(treppe) vollzieht jedoch Drehungen im Uhrzeigersinn. Auch hier ändert sich logischerweise nichts, wenn die Linksschraube auf der Spitze oder auf dem Kopf steht, denn die geometrische Figur S

ist ebenfalls drehsymmetrisch. Mit diesem einfachen Bezeichnungssystem lassen sich nun sämtliche Spiralen (Schrauben, Gewinde, Wendel) auch in der belebten Natur eindeutig kennzeichnen.

Die schmucken Häuser, mit denen sich viel Schneckenarten buchstäblich in Schale werfen, sind meist wunderschöne Wendelkonstruktionen. Stellt man das leere Haus einer Wellhorn-, Strand- oder Turmschnecke aus dem Angespül so auf, wie es in den meisten Bestimmungsbüchern abgebildet ist, liegt die Mündung (gleichsam der Hauseingang) rechts unten und vorn. Dieses Bild ist zweifellos ganz hübsch, aber entwicklungsgeschichtlich falsch: Der Eingang des Schneckenhauses ist der jüngste Teil der Konstruktion, die Spitze folglich der älteste. Hinsichtlich der Rotationssymmetrie von Schrauben und Spiralen ist diese Überlegung für die Festlegung des Windungssinnes aber unerheblich.

Der Aufstieg im Gehäuse der großen Wellhornschnecke vollzieht sich nun jeweils über Linksdrehungen und somit gegen den Uhrzeigersinn, dabei aber kontinuierlich nach rechts oben. Ebenso wie die oben vorgestellten Beispiele sind die weitaus meisten Schneckenschalen also rechtsgängig und gleichzeitig linksgewunden. Sie stellen demnach klassische Z-Spiralen dar. Unnötigerweise bezeichnen viele Fachbücher diese mit Abstand häufigste Normalausgabe eines Schneckenhauses – abweichend von allen genormten technischen Festlegungen – als Rechtsgehäuse, weil der Eingang eben rechts vorn liegt.

## Meeresrauschen im Schneckenhaus

Vom Traumurlaub unter Palmen am Südseestrand bringt man außer Filmen und Fotos gern auch weitere Anschauungs- und Erinnerungsstücke mit: Die großen und mit feinem Perlmutt glänzenden Häuser tropischer Meeresschnecken sind erfahrungsgemäß besonders beliebte Sammlerstücke – aus naturschützerischer Sicht allerdings nicht unproblematisch, denn die sicherlich arglose Souvenirsehnsucht geht doch sehr zulasten von Artenvielfalt und Bestandsdichten, und zudem präparieren die heimischen Händler die Tiere mit oft unsäglichen Methoden.

Es muss aber eigentlich gar keine Rote-Liste-Südsee-Schönheit sein. Der folgende bekannte Effekt

## Wieso eigentlich Uhrzeigersinn?

In der Ära der digitalen Zeitanzeigen ist die im Prinzip eindeutige Richtungsangabe „im Uhrzeigersinn" schon beinahe inhaltsleer. Der Blick auf eine traditionelle, weil analog arbeitende Kirchturm- oder Rathausuhr lässt dagegen einen klaren Ablauf erkennen: Beide Zeiger bewegen sich – vom Betrachter aus gesehen – rechts herum und damit eben im Uhrzeigersinn.

Aber wie kam es dazu? Bevor im 15. Jahrhundert zuverlässige mechanische Uhren erfunden waren, las man den täglichen Stundenlauf mit Hilfe eines schattenwerfenden Stabes (Gnomon) ab, wie ihn die Sonnenuhren verwenden. Da die Sonne für den erdgebundenen Beobachter auf der Nordhalbkugel scheinbar von Ost nach West wandert, dreht sich der Stabschatten gleichsinnig mit und vollzieht somit jeweils eine Rechtsdrehung. Damit gab die Natur gleichsam die Basisrichtung der Uhrzeiger vor. Wären die mechanischen Zeigeruhren indessen auf der Südhalbkugel erfunden worden, hätte man als Uhrzeigersinn mit Sicherheit die Linksdrehung festgelegt, denn südlich des Äquators bewegt sich die Sonne scheinbar in einem Linksbogen über den Himmel und steht mittags auch noch im Norden

◁ **9.24** Eigenartig an-
mutende Tangreste
gehören zu den häu-
figsten Spülsaum-
funden.

stellt sich auch ein, wenn man die am Nordseestrand aufgelesene Leerschale einer Wellhornschnecke an das Ohr hält: Sofort vernimmt man ein deutliches Rauschen. Vor allem Kinder, aber auch manche Erwachsene sind fest davon überzeugt, dass mit dem Rauschen in der schicken Schneckenschale immer noch ein Rest der unaufhörlichen Meeresbrandung nachklingt. Kritische Beobachter äußern wegen ihrer erklärten Distanz zu jeglicher Mystik meist dagegen die Vermutung, die unzweifelhaft vorhandene akustische Erscheinung gehe auf das Rauschen des eigenen Blutes im äußeren Gehörgang zurück. Nun sagt jedoch die Anatomie des menschlichen Kopfes, dass im äußeren Ohr gar keine größeren Blutgefäße verlaufen, deren Leitungsgeräusche man so überdeutlich hören könnte. Setzt man beispielsweise an Ohrläppchen oder Ohrmuschel oder auch direkt vor dem Ohr ein ärztliches Stethoskop an, ist wirklich rein gar nichts zu vernehmen.

Also muss es für das unzweifelhaft vorhandene Rauschen im Schneckenhaus eine andere Erklärung geben, und die kann – wie immer in solchen Fäl-

len – tatsächlich die Physik liefern. Was die ehemalige Meeresschneckenwohnung zu Gehör bringt, ist eben nichts anderes als reine Resonanz. Die im nunmehr leeren Schneckenappartment ein- und beim Heranführen dicht an das Ohr auch hinreichend abgeschlossene Luftsäule wird durch leise, sonst kaum registrierte Geräusche aus der Umgebung zum Schwingen angeregt und verstärkt diese Schwingung – ähnlich wie man die eingeschlossene Luftsäule in einem Blasinstrument schwingen lässt. Nur kommen bei der Schneckenschale keine sauberen Töne zustande, sondern ein nahezu chaotischer Frequenzensalat, der sich eben wie üblich als Rauschen mitteilt. Die jeweils wahrnehmbaren Geräusche hängen natürlich von den auslösenden Anregungsschwingungen ab, aber auch von der Größe des verwendeten Schneckenhauses. Das resultierende Rauscherlebnis ist deshalb bei jedem Schneckenhaus ein wenig anders. Mit Muscheln, die aus zwei flachen Schalenklappen bestehen und demnach keine Luftsäule umschließen können, funktioniert das „Meeresrauschen" erwartungsgemäß nicht. Dagegen ist der Effekt mit jedem beliebigen und ausreichend großen Hohlkörper zu erzeugen – mit einem leeren Trinkglas, das man ans Ohr hält ebenso wie mit einem passend dimensionierten Kochtopf, den man sich überstülpt.

## Fundort Spülsaum

Zu allen Jahreszeiten werfen die Wellen unentwegt äußerst seltsame Gebilde an den Strand. Obwohl sie auch an Felsküsten anlanden, sind sie an den Sandstränden zweifellos am besten zu sehen. In langen und auffälligen Linien sammelt sich der ständige Auswurf des Meeres an der jeweiligen Flutstandsmarke an und bildet dort den zu Recht so bezeichneten Spülsaum. Hier finden sich geradezu regelhaft allerhand Abfälle höchst unterschiedlicher Provenienz zusammen, von denen sich das Meer offenbar gern wieder verabschiedet. Je nach geographischer Lage eines Strandabschnitts sehen die Spülsäume tatsächlich aus wie eine in die Länge gezogene Müllhalde: Hier dümpeln vergessene Strandspielzeuge, Getränkecontainer, Badelatschen, Hartschaumteile, Reste von Tauwerk und sonstiger Unrat aus der Produktpalette der Polymerenchemie vor den Wellenzungen. Ungleich interessanter sind aber die zahlreichen und vielerlei Überbleibsel von Meeresorganismen, die ein unverhofftes Bild von der Formenvielfalt unterhalb der Niedrigwasserlinie geben. Viele Strandurlauber schauen dieses Angetriebsel mit erkennbaren Fragezeichen – oder überhaupt nicht – an. Oft entdeckt nämlich nur das etwas geübtere Auge innerhalb der angeschwemmten Materialien die wirklich interessanten, aber meist etwas verstreut liegenden Fundstücke bzw. Strandschätze. Wenn sie in größerer Dichte zusammenliegen, fallen sie natürlich sofort auf. Erstaunliches zeigt übrigens auch der genauere Blick durch eine Lupe: So manches zunächst unbeachtete Fragment lässt dann aus dem Staunen nicht mehr herauskommen.

Reine Sandstrände geben für die Direktbeobachtung von Tieren im Allgemeinen nicht so viel her wie Wattgebiete oder Felsküsten, aber dafür spülen die Wellen eben eine Menge Schätze aus dem tieferen Meer an den Strand. Erklärte Schatzsammler wissen das und begeben sich daher bei Ebbe zu ausgedehnten Sammelstreifzügen an die Spülsäume. Wie schon gesagt, nennt man sie im Englischen *beachcomber*, weil sie so überaus eifrig das gesamte Fundgut an der Wasserlinie buchstäblich durchkämmen. Leere Muschelschalen und Schneckenhäuser, Gehäuse von Seeigeln, Seesternen oder Dreikantwürmern, Panzerteile und Scheren von Krabben und Krebsen, Eiballen der Wellhornschnecke, Eikapseln von Rochen und Katzenhaien oder Tintenfischschulpe gehören gewöhnlich zum Fundgut, je nach Jahreszeit aber auch angespülte Quallen (Medusen). Aber Vorsicht: Die Nesselkapseln sind auch bei toten Tieren noch intakt. Aber nur die wenigsten an den atlantischen Küsten gestrandeten Arten haben so aggressiv gefährliche Nesselbatterien, dass die Berührung mit einem Tentakel gar schmerzt wie ein Peitschenhieb.

## Reste von Rüstungen

Farben- und formenreich präsentieren sich am Spülsaum die angedrifteten Muschelschalen und Schneckengehäuse. Zu den besonders attraktiven

◁ **9.26** Diese als Nixentaschen bezeichneten Gebilde sind die ausrangierten Eihüllen des Nagelrochens.

Vertretern gehören die verschiedenen Arten der Kammmuscheln. Ihre größeren Verwandten, die Jakobs- bzw. Pilgermuscheln, fehlen in Frankreich auf keiner Speisekarte. Mit einer enormen Farbvarianz überrascht hier auch die häufig angespülte Plattmuschel.

Die zahlreichen Rückenpanzer und Scheren von Krebsen verleiten natürlich dazu, sich geradezu komplette Bausätze für einen Taschenkrebs oder eine Seespinne zusammenzusuchen. Anders als es zunächst erscheinen mag, stammen die aufgefundenen Panzerteile nicht unbedingt nur von toten Tieren, die

▷ **9.27** Einfach malerisch: kalkweiße Gehäuse des Dreikantwurms auf Helgoländer Buntsandstein.

◁ **9.28** Ab Spätsommer hinterlässt auch die jahreszeitliche Mauser der Watvögel ihre unübersehbaren Spuren.

irgendwann in der Nahrungskette endeten. Wenn Krebse wachsen, häuten sie sich und streifen dabei ihre alte Schale wie ein zu eng gewordene Uniform vollständig ab. Diese abgelegten alten Rüstungsteile im Angespül dokumentieren also meist nur das Vorkommen bestimmter Arten in der lokalen Meeresfauna und nicht unbedingt ihr vorzeitiges Ende.

Besondere Schmuckstücke sind zweifelsohne die leeren Gehäuse eines Herz-, See- oder Strandigels. Na-

türlich gehört ein wenig Glück dazu, ein noch weitgehend unversehrtes Exemplar zu finden, denn meistens sind die zarten Bauwerke bereits vom erbarmungslosen Wellengang ziemlich ruiniert worden. Wenn die kuppelförmig gewölbten Panzer den Spülsaum erreicht haben, tragen sie gewöhnlich keine Stacheln mehr. Deren geometrisch exakt geordnete Ansatzstellen bleiben auf den apart gemusterten Kalkplatten jedoch zumindest als winzige Höcker sichtbar.

△ **9.29** Die Löcher in der (sub)fossilen Muschelschale haben Bohrschwämme angelegt.

▽ **9.30** In relativ weiches Kalkgestein vertiefen sich sehr gerne auch bohrende Borstenwürmer.

Bei frisch angespülten Seeigelexemplaren ist übrigens in der großen unterseits gelegenen Mundöffnung noch der kompliziert konstruierte Kauapparat zu sehen, für den die Fachwissenschaft den eigentümlichen Namen „Laterne des Aristoteles" gewählt hat. Sein technisch ungewöhnlich aufwendiger Bänder- und Sehnenapparat ist zweifellos eines der größten biomechanischen Wunderwerke der Natur. Unbedingt beachtenswert ist auch die überaus beeindruckende Regelhaftigkeit der feinen Lochreihen in den einzelnen Kalkplatten – übrigens besonders hübsch darzustellen, wenn man ein solches Fundstück im Dunkeln von innen mit einer Taschenlampe anleuchtet.

Auch andere Hartteile wirbelloser Meerestiere finden sich im Angespül, darunter der aus schwammigem Kalk bestehende und deswegen erstaunlich leichtgewichtige Rückenschulp von Tintenfischen. Neben der Stützfunktion hat er eine weitere wichtige Aufgabe: Er dient dem lebenden Tier nämlich als Schwebeorgan. Über eine kontrollierte Einlagerung und Abgabe von Gasen können Kalmare und Sepien mühelos und ohne weiteren nennenswerten Kraftaufwand im Wasser den Schwebezustand halten. Dieses System ist übrigens schon viele Millionen Jahre alt: Versteinerte Versionen von Schulpbauteilen, die von Sammlern sogenannten Donnerkeile der Tintenfischvorfahren, werden oft nach starken Stürmen aus dem unterseeischen Gesteinen herausgespült und an Land geworfen, sofern in der betreffenden Strandregion fossilführende Schichten anstehen.

## Nixentaschen und sonstige alte Schachteln

Viele Meerestiere verpacken ihre Gelege ausgesprochen derb- bis hartschalig. Häufig sind dies etwa die kissenförmigen Nixentaschen. An ihren Ecken sind sie mit lang ausgezogenen Anhängseln ausgestattet, mit denen sie an feste Strukturen im Sublitoral angeheftet werden. Sind sie sozusagen fast rechteckig, handelt es sich mit großer Wahrscheinlichkeit um die Hüllen von Rocheneiern. Die Eihüllen der Haie sind dagegen immer schmaler und länger ausgezogen. Aus diesen seltsamen Kissen schlüpfen jeweils vollständig entwickelte Jungfische, die sofort selbstständig sind und auf Nahrungssuche gehen. Die leeren und nunmehr nutzlosen Eihüllen treiben durch ihr geringes Gewicht auf und werden über weite Strecken verdriftet. Gänzlich anders sehen übrigens die leeren, meist mehr als faustgroßen Laichballen der Wellhornschnecke aus. Früher haben die Matrosen damit die Bootsplanken sauber gescheuert.

Als tierische Relikte bleiben die häufig im Angespül zu findenden Kolonien der tangartig aussehenden Blättermoostierchen meist unerkannt, weil diese zugegebenermaßen höchst eigenartige Verwandtschaft nur wenig bekannt ist. Gewöhnlich sitzen die lebenden Kolonien im tieferen Wasser auf Fels. Der genauere Blick durch eine Lupe zeigt, dass die Oberfläche der einzelnen Lappen aus zahllosen regelmä-

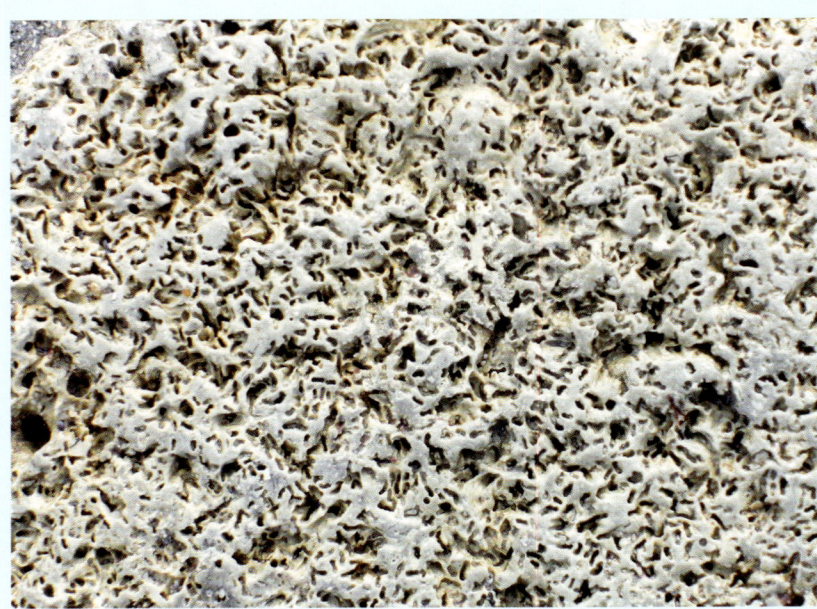

ßigen Kästchen besteht. In jeder dieser kleinen Boxen lebte ein einzelnes Tier und streckte im untergetauchten Zustand eine winzige Tentakelkrone in das freie Wasser, um daraus Nahrungspartikeln herauszufischen.

### Federleichtes Fundgut

Etwa ab Juli versammeln die Spülsäume entlang der Weichbodenküsten mengenweise (auch) die abgelegte Sommergarderobe vieler Küstenvögel: Überall findet man jetzt größere und kleinere Konturfedern. Große hellgraue Federn mit schwarzen Spitzen stammen von der Silbermöwe, während die der Heringsmöwe schiefergrau bis fast schwarz sind. Die Federn der Brandgans sind weiß mit rotbraunen oder grünblauen Bereichen.

Tatsächlich vollziehen viele Vogelarten nach dem Brutgeschäft oder während der (längeren) Rast im Watt ihre Jahresmauser und tauschen schritt- bzw. schubweise das Großgefieder aus, also die Steuerfedern des Schwanzes sowie die Arm- und Handschwingen der Flügel. Bei manchen Arten ist dann die Flugfähigkeit absolut eingeschränkt, weshalb sie sich zur Mauserzeit gern auf die sicheren Außensande zurückziehen. Von wem die Mauserfedern stammen, zeigt der genauere Blick mit dem Fernglas. Gewiss hilft hier auch eine spezielle Bestimmungshilfe weiter.

### Ansichten vom Aufwuchs

So ist es üblicherweise in heimischen Gefilden: In Feld und Flur wachsen die Pflanzen tatsächlich immer schön nebeneinander. In den aquatischen Lebensräumen gibt es stattdessen andere und ziemlich seltsamen Sitzordnungen – fast wie bei den Bremer Stadtmusikanten: Kleinere Tiere wachsen festsitzend auf größeren Algen und sind damit Epiphyten, während umgekehrt kleine Algen sich als Epizoen auf Tieren oder ihren Panzern ansiedeln. Gerade die Aufwuchslebensgemeinschaften sind daher immer unvermutet bunte Artengefüge und enorm unterschiedlich zusammengemischt. Unter dem Tangaufwuchs finden sich Schwämme, Polypenstöckchen, Moostierchen, Seescheiden, Röhrenwürmer und Krustenalgen. Das Auswurfgut im Spülsaum bietet somit

eine überraschend reiche Auswahl an Anschauungsstücken. Insofern lohnt sich für genauere Erkundungen auf jeden Fall Mitnahme und Einsatz einer Lupe für die detaillierte Inspektion.

### Nur selten sind es Teerklumpen

Badeurlauber kennen das möglicherweise aus leidvoller Erfahrung: Beim Herumlaufen auf dem hellen Sand bekommt man eventuell tiefschwarze Füße – wenn nämlich die zu zähen Teerballen geschrumpften Reste von Tankerhavarien oder illegaler Ölentsorgung unter der Oberfläche lauern. Zum Glück hat dieses Problem derzeit spürbar nachgelassen.

An der Nordseeküste findet sich jedoch auch gänzlich andersartiges schwarzes Schwemmgut in Form handflächengroßer Stücke. Genaueres Hinsehen lässt eine feine Schichtung und häufig auch faserige Strukturen erkennen. Es sind Torfstücke, die Hinterlassenschaft längst untergegangener Moore aus den letzten warmen Zwischeneiszeiten (meist aus der Eem-Warmzeit vor mehr als 70 000 Jahren). Die alten Torfschichten werden auf dem küstennahen Nordseeboden durch Erosion freigelegt, und die Brandung wirft einzelne Portionen davon auf den Strand. Die Lupe zeigt auf den frischen Bruchflächen oft noch Blatt- und Stängelreste. ◣

△ **9.31** Die seltsamen Laichballen der Wellhornschnecke werfen immer wieder Fragen auf.

10

# Das Watt –
# eine amphibische Welt

**W**o Festland und Meer sich als vorgegebene Grenz-
stationen berühren, treffen zwei gänzlich unterschiedliche Welten aufeinander. Aber anders als bei
einem Binnengewässer, wo sich die Nahtstelle zwischen trockenem Ufer und aquatischem Milieu einigermaßen konturgenau festlegen lässt, werden an
den Meeresküsten die Grenzmarken in jedem Augenblick neu abgesteckt – denn der Gezeitenrhythmus verschiebt die Trennlinien ständig. Bei Ebbe fällt
ein unterschiedlich breiter Geländestreifen trocken,
ist jetzt auch von der Landseite aus relativ leicht zu
begehen und erscheint dann als ein ureigenster Bestandteil der (festländischen) Küste. Bei Flut ändert
sich das Bild gewaltig: Jetzt greift das anbrandende
Meer auf diesen Geländestreifen über und vereinnahmt ihn für die nächsten Stunden wieder hemmungslos als Meeresboden. Der Gezeitenraum ist
also eine Wechselwelt zwischen Land und Meer – ein
ganz und gar amphibisches Gebilde ohne ganz genaue Zugehörigkeit – eben ein ganz besonderer Rand
vor dem Land.

## Von felsenfest bis wattweich

Das Auftauch- bzw. Wechselflutgebiet zwischen
den hauptsächlichen Tidemarken (Hochwasserlinie und Niedrigwasserniveau; Abb. 10.1) bezeichnet
man generell als Watt. An manchen Küstenabschnitten besteht der periodisch trockenfallende und spätestens nach 6 h wieder komplett überflutete Wattboden aus anstehendem Hartgestein – man spricht
dann von einem Felswatt wie im Fall der roten Bunt-
sandsteininsel Helgoland oder vieler Küstenabschnitte an den britischen bzw. französischen Atlantikküsten. Ein besonderer Fall sind Küstenteile, an denen
nur zyklopisches Blockwerk wirr übereinander ge-
türmt herumliegt – nach den Abmessungen irgendwo einzuordnen zwischen Einfamilienhaus und Backstein. Sie sind nach ökologischen Kriterien durchaus
nicht uninteressant, aber extrem fußunfreundlich
und daher meist so gut wie unzugänglich – ebenso
wie die hässlichen, aber aus Küstenschutzgründen
abschnitt- und verständlicherweise aufgeschichteten
Tetrapodenwälle. Eher kann man sich an reinen Kies-

▽ **10.1** Im Wesentlichen
erstrecken sich die
Weichbodenwattland-
schaften zwischen der
Außen- und der Innen-
küste. Hier zeigen sie
eine fast regelhafte
horizontale Zonierung.

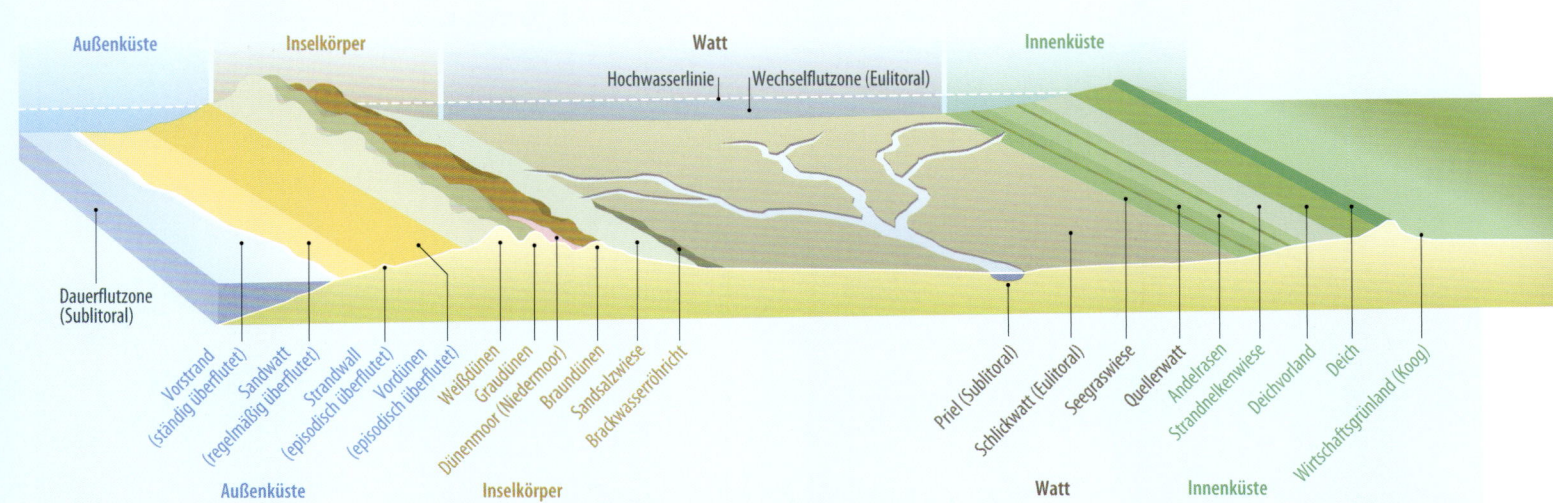

Außenküste | Inselkörper | Watt | Innenküste

Hochwasserlinie | Wechselflutzone (Eulitoral)

Dauerflutzone
(Sublitoral)

Vorstrand (ständig überflutet) | Sandwatt (regelmäßig überflutet) | Strandwall (episodisch überflutet) | Vordünen (episodisch überflutet) | Weißdünen | Graudünen | Dünenmoor (Niedermoor) | Braundünen | Sandsalzwiese | Brackwasserröhricht | Priel (Sublitoral) | Schlickwatt (Eulitoral) | Seegraswiese | Quellerwatt | Andelrasen | Strandnelkenwiese | Deichvorland | Deich | Wirtschaftsgrünland (Koog)

Außenküste | Inselkörper | Watt | Innenküste

△ **10.2** Das Watt – weithin einheitlich, aber auch weithin eindrucksvoll.

stränden mit etwa faustgroßen und oft abgeflachten Steinen bewegen, an denen die Erosion schon fast ganze Arbeit geleistet hat. Solche Steinansammlungen müssen nicht unbedingt aus dem Anstehenden stammen: Zumindest in Nordwesteuropa waren weite Bereiche während der zurückliegenden Kaltzeiten vereist, und ständiger Gletscherschub hat Unmengen Lockermaterial aus Skandinavien nach Westen bzw. Südwesten bewegt. Diese Geschiebe(reste) sind das besondere Eldorado von Suchern und Sammlern, denn es ist fast nicht zu glauben, wie viele verschiedene Gesteinsarten man hier finden kann. Und jeder Stein erzählt zudem seine eigene Geschichte.

Andererseits kann der Wattboden aber auch aus sandigen oder stärker schlickigen Ablagerungen bestehen. Solche Weichbodenwatten bestimmen weithin das Bild der Nordseeküste in der Deutschen Bucht. Obwohl auch ein gezeitenbeeinflusster Sandstrand letztlich ein Weichbodenwatt darstellt, engt der neuere Sprachgebrauch den Begriff auf die eher von höheren Schlick- und Tonanteilen geprägten Küstenböden ein – nicht zuletzt deswegen, weil diese Flächen den Hauptanteil der insgesamt fünf nie-

derländischen, deutschen und dänischen Wattenmeer-Nationalparke bilden.

Während man als Watt den gesamten während der Ebbe freifallenden Meeresboden bezeichnet, ist das Wattenmeer immer der Wasserraum über dem Wattboden. Zur offenen Nordsee hat man die Grenze des Wattenmeeres mit der 10-m-Tiefenlinie festgelegt. Bis in etwa diese Wassertiefe reichen nämlich die Welleneffekte des Oberflächenwassers.

Weltweit säumen schlick- bzw. tonbetonte Weichböden die Gezeitenküsten. Doch nirgendwo auf der Welt findet sich ein so großer zusammenhängender Wattenmeerstreifen wie an der südlichen Nordsee: Das Wattenmeer selbst nimmt hier eine Fläche von rund 9000 km² ein, das daraus zur Ebbezeit auftauchende Watt immerhin noch etwa 3500 km² – etwa so viel, wie die Flächensumme von Berlin, Hamburg und des Saarlandes ausmacht.

## Eine Welt hinter den Inseln

Drei Nationen teilen sich die Wattengebiete in der südlichen Nordsee. Diese einzigartige Wattenlandschaft beginnt in den Niederlanden bei Den Hel-

△ **10.3** Gliedernde Elemente im Watt sind die etwas höher liegenden Sedimentbänke und die dazwischen verlaufenden Priele.

der (niederländischer Anteil an De Waddenzee etwa 2550 km²), geht dann in den niedersächsischen, hamburgischen und schleswig-holsteinischen Anteil über (Flächensumme etwas über 8000 km²) und schließt mit den dänischen Wattgebieten (Vadehavet mit rund 1460 km² Ausdehnung) bei Esbjerg ab. Damit erstreckt sich die einfach grandiose Wattenlandschaft mit ihren gesamten knapp 12 000 km² entlang der südlichen Nordsee über rund 450 km Länge bei einer durchschnittlichen Breite von 5 bis 10 km (maximal 15 km vor den Niederlanden, bis 20 km vor Schleswig-Holstein). Die unterdessen in fünf Nationalparkgebieten geschützten Wattengebiete schließen somit den gesamten Bereich zwischen der Festlandlinie (In-

▷ **10.4** Über die Priele vollzieht sich der Wassertausch zwischen Watt und offener See.

▷ **10.5** Zum Wattbegriff gehören auch die an den atlantischen Küsten häufigen Küstenpartien mit anstehendem Fels.

▽ **10.6** Zyklopisches Blockwerk steht am Anfang der Erosion bis hin zum Sandkorn, das in die Eieruhr passt.

nenküste) und den jeweils vorgelagerten Inselketten (Außenküste) ein. Diese wie Perlen auf einer Schnur aufgereihten Inselkörper betonen im Karten- und vor allem im Satellitenbild recht eindrucksvoll Ausdehnung, Größe und genauere Lagen der Watten. Der überaus vielgliedrige und schon für sich genommen einzigartige Inselbogen bildet eine bemerkenswert umfangreiche Kette geologisch höchst unterschiedlicher Inselkörper: vom niederländischen Texel (mit den übrigen westfriesischen Inseln Vlieland, Terschelling, Ameland, Schiermonnikoog sowie Rottumerplaat) über die ostfriesische Inselgruppe (mit Borkum, Juist, Norderney, Baltrum, Langeoog, Spiekeroog und Wangerooge) und die Inseln vor Weser und Elbe (Minsener Oldoog, Mellum, Knechtsand, Nigehörn, Neuwerk, Scharhörn und Trischen) bis zu den nordfriesischen Inseln (Nordstrand, Pellworm, Halligen, Föhr, Amrum und Sylt) und den dänischen Wattinseln (Rømø, Mandø, Fanø, Halbinsel Skallingen). Der weitaus größere Teil der geschützten Wattengebiete liegt also als Rückseitenwatten im meerabgewandten Bereich der Inselkörper. Offene Watten gibt es nur im Gebiet zwischen Jade und Elbe bzw. nördlich der Elbe. Sie liegen hier aber gewöhnlich geschützt hinter Sandbänken oder Strandwällen. Noch besser geschützt sind dagegen die Wattengebiete in den breiten Buchten, die meist bei länger zurückliegenden schweren Sturmfluten entstanden sind. Solche Buchtwatten weisen der Dollart, die Leybucht und der Jadebusen auf. Die Verteilung der großen Flussmündungen in die südliche Nordsee erklärt einfach und einsichtig, warum es vor dem vielgliedrigen Rheindelta, der Ems- und Wesermündung sowie direkt vor der Elbe keine Inseln geben kann.

## Strandlandschaften – von den Gezeiten modelliert

Die verlängerte Elbe mit ihrer Mündung im inneren Winkel der Deutschen Bucht bildet eigenartigerweise eine Art Symmetrieachse für die verschiedenen von Wind und Wasser bedingten Ablagerungsformen unterschiedlicher Sedimente. Auch der Blick auf eine topographische Nordwesteuropakarte ist insofern

△ **10.7** Größere Steine oder Blöcke im Watt präsentieren immer ein abweichendes Besiedlungsbild.

◁ **10.8** Manche Wattgebiete bestehen aus ökologisch interessanten Mischanteilen zwischen anstehendem Fels und Sandstrand.

144

**10.9** Auch die idyllische Strandlandschaft ist im geologischen Kontext nur eine Momentaufnahme und nach erdgeschichtlichen Maßstäben geradezu extrem jung.

recht aufschlussreich: In den Niederlanden erstreckt sich etwa von der Mündung des ausgedehnten Rhein-Maas-Deltasystems bis ungefähr auf die Höhe von Alkmaar nur ein lang gestrecktes Strandwallsystem mit hohen Dünen und nur wenigen schmalen Durchlässen wie bei Camperduin und Zwanenwater. Eine fast exakt spiegelbildlich dazu entwickelte Küstengestalt findet sich in Dänemark nördlich von Blåvands Huk mit nur vergleichsweise engen Öffnungen zu den hinter dem Strandwall liegenden Lagunen etwa des Ringkøbing- und Nissum-Fjords. Diese besondere Küstengestaltung entwickelt sich fast zwangsläufig unter den Bedingungen eines mikrotidalen Regimes

mit seinen durchaus überschaubaren Tidenhüben bis höchsten 1,3 m.

Unter mesotidalen Bedingungen mit Tidenhüben zwischen 1,3 und 2,9 m bilden sich dagegen bevorzugt Barriereinseln. In den Niederlanden sind das die oben erwähnten westfriesischen Inseln von Texel bis Schiermonnikoog, an der deutschen Küste die ostfriesischen Inseln von Borkum bis Wangerooge. An der dänischen Küste gehören Rømø, Mandø und Fanø zu diesem besonderen Inseltyp. In ihrem Lee erstrecken sich jeweils ausgedehnte Rückseitenwatten. Zwischen den Inselkörpern verlaufen jeweils die relativ tiefen Seegaten als Gezeitenrinnen.

Bei einem durchschnittlichen Tidenhub von mehr als 3 m spricht man zutreffenderweise von Megatidenbereichen. Sie lassen Inseln aus Lockersedimenten wegen der beachtlichen Tidenströme aus hydrodynamischen Gründen einfach nicht zu, und daher entstehen in ihrem Einflussbereich geradezu regelhaft offene Wattengebiete mit rundlichen Sandplaten, die zwar gelegentlich kleinere Dünenzüge tragen, aber insgesamt recht instabil bleiben und häufig umgeschichtet werden. Mehrheitlich befinden sie sich zwischen der Außenjade und der Halbinsel Eiderstedt im inneren Winkel der Deutschen Bucht und sind hier vertreten von Mellum, Großer Knecht-sand und Scharhörn sowie nördlich der Elbmündung von Trischen, Tertiussand und Blauortsand. Nördlich von Eiderstedt sind auch die beiden mitunter bereits der nordfriesischen Halligwelt zugerechneten Sandplaten von Süderoog- und Norderoogsand diesem Gestaltungselement zuzurechnen. Neuwerk vor der Elbmündung ist dagegen eine schon lange bedeichte Marschinsel. Westlich davon liegt das erst 1989 als Vogelinsel im Hamburgischen Wattenmeer künstlich aufgespülte Nigehörn, das die demnächst wegen massiver Materialabgänge wohl untergehende Insel Scharhörn ersetzen soll und sich unterdessen für die Ökologie als echter Gewinn verbuchen lässt.

△ **10.10** Weichboden-watten sind hochgradig dynamische Gebilde. Nach der nächsten Tide sieht die Welt hier wieder ganz anders aus.

## Unterschiedliche Geschichte

Die geologische Geschichte der Wattenmeer-Nordsee-Inseln verlief übrigens völlig unterschiedlich: Die west- und ostfriesischen Inseln sind geradezu klassische Aufbauinseln, entstanden aus angespülten und aufgewehten Lockermassen. Sie sind von Natur aus unbefestigt und in ihren genauen Konturen nicht festgelegt. Tatsächlich verändern sie ständig auch ihre genaue geographische Position. Wie sehr sie sich in Raum und Zeit verändern, zeigen beispielsweise die Inselkarten von Juist (Abb. 10.11), wobei die Standorte der alten und neuen Inselkirchen die Fixpunkte zur Abschätzung der Sandkörperverlagerungen bieten: Seit 1650 musste die Wahl neuer Kirchenstandorte jeweils mit der Inselverlagerung (rund 4 km in 300 Jahren) Schritt halten. Wangerooge hat sich in nur drei Jahrhunderten um seine ganze Länge nach Osten verschoben. Zudem haben alle ostfriesischen Inseln während des letzten Jahrtausends auch eine beachtliche Südverlagerung im Kilometerbereich

vollzogen. Damit sind sie gleichsam auf ehemaligen Festlandboden gekrochen, stellenweise zu sehen im seewärtigen Watt, wo bei Niedrigwasser die Torfpakete ehemaliger Geestrandmoore auftauchen. Einzig die Insel Borkum, die wohl auch etwas älter ist als die meisten übrigen benachbarten Inseln, liegt erstaunlich lagestabil vor dem Emsästuar (Dollart).

Die nordfriesischen Inseln sind dagegen durchweg fetzig verteilte Abbauformen – sie verdanken ihre Entstehung älteren und jüngeren katastrophalen Orkanflutereignissen seit dem hohen Mittelalter, welche die seinerzeitigen friesischen „Uthlande" portionsweise zerschlugen und die aktuelle Küstenlinie ständig ostwärts verlagerten. Die Linie von Rømø nach Eiderstedt gibt ungefähr an, wo vor weniger als 1000 Jahren einmal die Küstenlinie verlief. Berüchtigt ist darunter die Erste Marcellusflut vom 16. Januar 1219 oder die fatale Grote Mandränke vom 16. Januar 1362. Nordfriesland wurde damals zu großen Teilen in Inseln und Halbinseln zerschlagen.

Weitere katastrophale Fluten (Burchardi-Flut 1634 und schwerste Sturmfluten in den Jahren 1717 bis 1720 sowie 1825) brachten überall im Küstenraum zusätzliche erhebliche Landverluste. Die nordfriesischen Inseln gehören damit zum Typ der kontinentalen Abgliederungs- und Abbauinseln. Bei den ostfriesischen Inseln finden sich daher im Oberflächenbereich keine eiszeitlich geformten bzw. angelieferten Geestkerne, sondern nur jüngere und mobile Sandaufschüttungen. Reste der Geest und von früheren Moorbildungen liegen erst in gewisser Tiefe. Die nordfriesischen Inseln sind dagegen weitgehend ein (Rest-)Gebiet aus älteren eiszeitlichen Ablagerungen und fallweise ergänzt bzw. modelliert durch jüngere Sedimentation von mobilen Sanden. Sie bestehen daher in ihren Kernen aus dem gleichen Baumaterial wie die heutige festländische Geest – nämlich den Geschieben der saalezeitlichen Altmoränen. Sie liegen im Inselbereich allerdings einer jungtertiären Aufwölbung auf und sind deswegen etwas höher als im übrigen Umland. Die Entstehung der Insel Helgoland, der einzigen Felsinsel in der Deutschen Bucht, weicht von diesen Abläufen völlig ab.

Beinahe gesetzmäßig nimmt übrigens die Flächengröße der friesischen Inseln von West nach Ost bis zur Elbmündung ab: Terschelling oder Ameland sind fast viermal so groß wie Spiekeroog oder Wangerooge – von Neuwerk oder Scharhörn einmal völlig abgesehen. Nördlich der Elbe kehrt sich das Bild wieder um: Trischen ist noch recht überschaubar, Süderoogsand und Norderoogsand sind schon deutlich größer, und die Geestkerninseln Amrum, Föhr, Sylt, Rømø und Fanø erreichen fast wieder die Abmessungen der größeren westfriesischen Inseln.

Schon seit Jahrhunderten schützen die Menschen an der Nordseeküste ihr Land mit Deichen. Erst wegen der aufwendigen und durchaus komplexen Bedeichungsmaßnahmen ist der Küstenverlauf entlang der südlichen Nordsee zumindest vorerst stabil. Früher galt der Deichbau in erster Linie der Landgewinnung, heute dagegen nach den Erfahrungen aus verheerenden Sturmfluten vor allem der Landsicherung. Den abgedeichten ehemaligen Meeresboden, den man nach einiger Zeit landwirtschaftlich als Acker oder Weide nutzen kann, nennt man

in den Niederlanden Polder, in Nordfriesland Koog. Da sich der Nordseeboden aus geologischen Gründen ständig absenkt und das Flutwasser entsprechend höher aufläuft, müssen die Deiche von Zeit zu Zeit erhöht werden. Damit die Sturmflutströme die aufgeschütteten Deiche nicht ständig wieder abtragen, sind sie mit Gras bewachsen. Die ständige Beweidung hält diese Grasnarbe nicht nur kurz, sondern auch

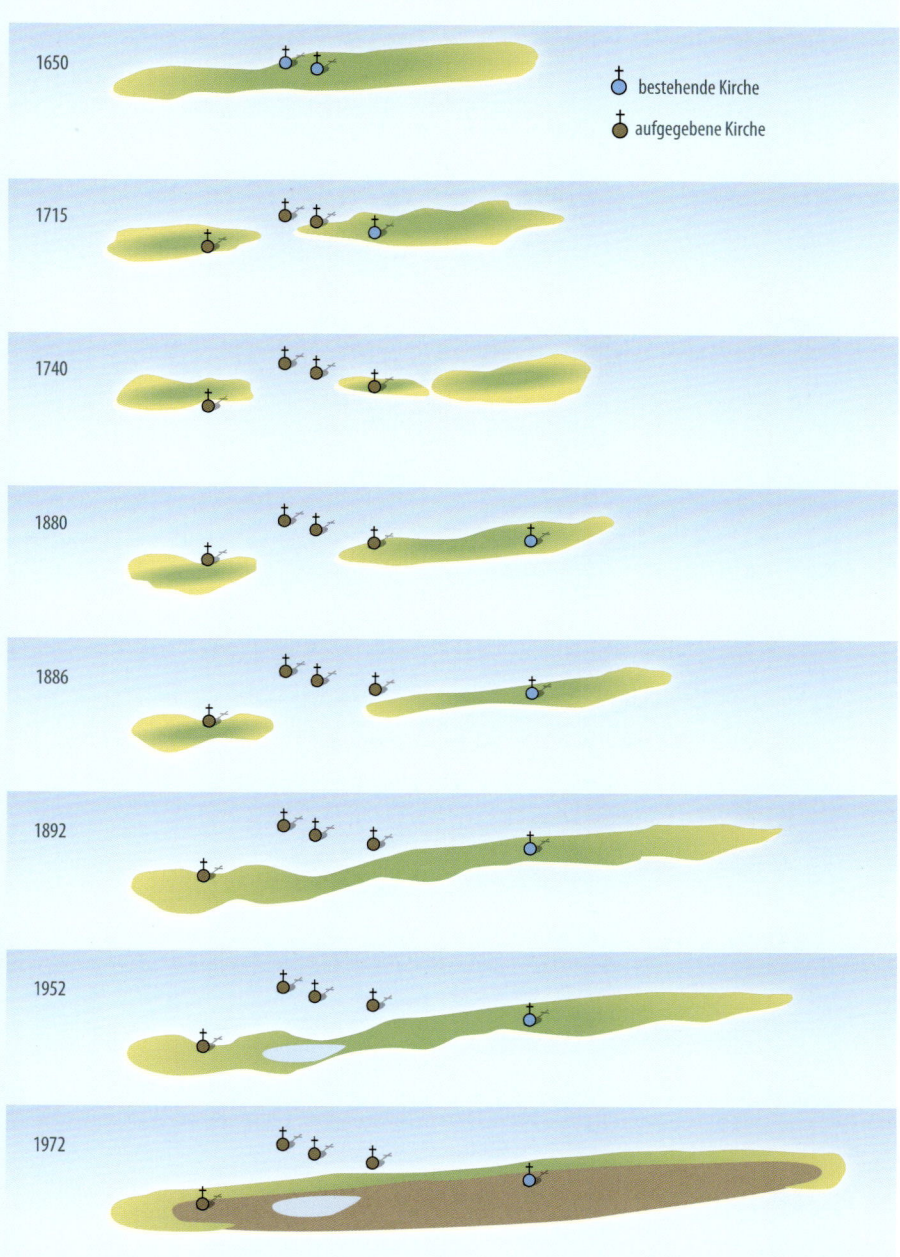

△ **10.11** Historische Dynamik am Beispiel der ostfriesischen Insel Juist: Die Lage früherer und aktueller Kirchen zeigen die Ost- und Südwanderung des Inselkörpers.

vor allem dicht – und sichert so einigermaßen zuverlässig die Standfestigkeit eines Deichs. Das erklärt die vielen Schafe auf dem Deichgrünland, die man damit in ihrer Summe als wichtige Küstenschutzinstitution deklarieren könnte. Etliche abgedeichte Gebiete liegen übrigens heute schon viele Meter tief unter dem Meeresspiegel, in den Niederlanden beispielsweise der Flughafen Schiphol von Amsterdam beispielsweise etwa 4,20 m. Die tiefste Stelle der Niederlande liegt sogar 6,76 m unter Amsterdamer Normalnull (AP) an einem nicht weiter markanten, aber dennoch als Besonderheit bemerkenswerten Landpunkt mit den Koordinaten 51° 50' 13" N und 04° 38' 09" O. Der tiefste landfeste Punkt der Bundesrepublik nimmt sich dagegen recht bescheiden aus – es ist die Wilstermarsch nahe dem rechten Elbufer; ohne Deich stünde hier das Nordseemittelwasser im Schnitt rund 1,3 m hoch über der heutigen Flur. Die Ursachen für den Meeresspiegelanstieg sind komplex. Einerseits ist daran die nacheiszeitliche Eustasis beteiligt, also der Anstieg des Meeresspiegels durch Rückgang der Gletscher und die damit einhergehende Wasserzunahme in den Weltmeeren. Während des letzten Jahrzehntausends ist diesem Effekt ein Anstieg um etwa 120 m zuzuschreiben. Andererseits ist die Isostasis zu berücksichtigen: Das nacheiszeitliche Wegschmelzen der skandinavischen Gletschermassen zog eine beträchtliche Druckentlastung der Erdkruste nach sich. Von der gewaltigen Auflast befreit hebt sich das Festland immer noch – mit Achsenlage ungefähr mitten durch Jütland. Die östlich davon gelegenen Teile (etwa im Ostseeraum) steigen auf, die westlichen sinken ab. Bei Vlissingen in den

Niederlanden macht die Landsenkung etwa 25 cm pro Jahrhundert aus. Das verändert konsequenterweise auch die Lage des Meeresspiegels.

Angesichts des derzeit tatsächlich zu beobachtenden Meeresspiegelanstiegs bleibt die Diskussion um die weitere Entwicklung der Küstenlinie an der südlichen Nordsee in vollem Gange, zumal man während der letzten 100 Jahre einen bisher ungebremsten, auch durch die Erhöhung der Wassertemperaturen in den Weltmeeren (mit der damit zusammenhängenden Ausdehnung des Wasserkörpers) mitbedingten Anstieg bis 25 cm (oder gegenwärtig knapp 3 mm/Jahr) beobachtete. Ein Anstieg um 1 m ist demnach innerhalb der nächsten drei Jahrhunderte zu erwarten. Die Niederlande gehören damit zu den am stärksten absinkenden Gebieten in Europa. Tritt der prognostizierte Meeresspiegelanstieg tatsächlich ein, würden hier etwas mehr als 20 000 km² (48 % der Landesfläche) überflutet. In Deutschland wären es immerhin noch knapp 14 000 km² (etwa 4 % der Landesfläche). Eigentlich sind das durchaus alarmierende Zahlen – aber die Politik hat es bisher nicht geschafft, mit geeigneten Maßnahmen darauf zu reagieren.

## Gleichförmig, aber beeindruckend: die Wattlandschaft

Das typische Bild der Wattlandschaften in den fünf europäischen Wattenmeer-Nationalparken bestimmen in erster Linie die feuchtglänzenden, bei scharfem Wind auch schon einmal antrocknenden Wattflächen – ein nahezu horizontaler Komplex betont ebener und höchstens sanft geneigter Flächen.

▽ **10.12** Zu allen Jahreszeiten sind Strände ein Erlebnis wert: Mitten im Winter werden die jungen Kegelrobben geboren.

▷ **10.13** Die auf eine beachtliche Siedlungsdichte deutenden Kotstränge des Wattwurms findet man vor allem im Sand- und Mischwatt.

Je nach Lage sind es mal ausgedehnte Sandplaten, mal aber auch ausgedehnte Schlickbänke. Wichtigste Gliederungselemente sind hier nur die kleineren oder größeren Wattrinnen – Gerinne, die bei Niedrigwasser vielleicht nur 1 m tief und bis zu 20 m breit sind, aber bei auflaufendem Wasser dem unvorsichtigen Wattwanderer durchaus zum Verhängnis werden können. Man nennt sie an der Küste generell Priele. In erster Linie dienen sie als Transportwege für das ab- und später wieder auflaufende Wasser der Gezeitenströme. Demnach sind Priele im Vorland sozusagen spezielle Fließgewässer mit periodisch wechselnder Fließrichtung. Vergleichbar den ungebremsten Bächen und Flüssen des Binnenlandes neigen sie konsequenterweise auch meist zum freien Mäandrieren und Ausschwingen. Aus der Vogelperspektive erscheinen sie daher oft wie das fein verästelte Gezweig einer Baumkrone: Die vielfach gewundenen, oft auch in beeindruckenden Schlingen verlaufenden Priele durchschneiden das Watt meist mit stark asymmetrischen Querschnitten, sodass man wie bei den Flüs-

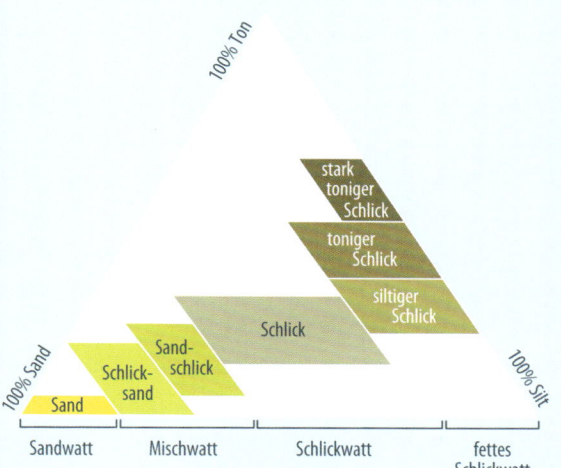

◁ **10.14** Wattböden sind enorm unterschiedlich: Man systematisiert sie nach den jeweils beteiligten Korngrößen in einer Darstellung, die der niedersächsische Wattgeologe Karl-Heinz Sindowski entwickelt hat.

◁ **10.15** Vielfach lässt sich an Bruchkanten der Übergang vom historischen Kleiboden zum aktuellen Sand- oder Mischwatt erkennen.

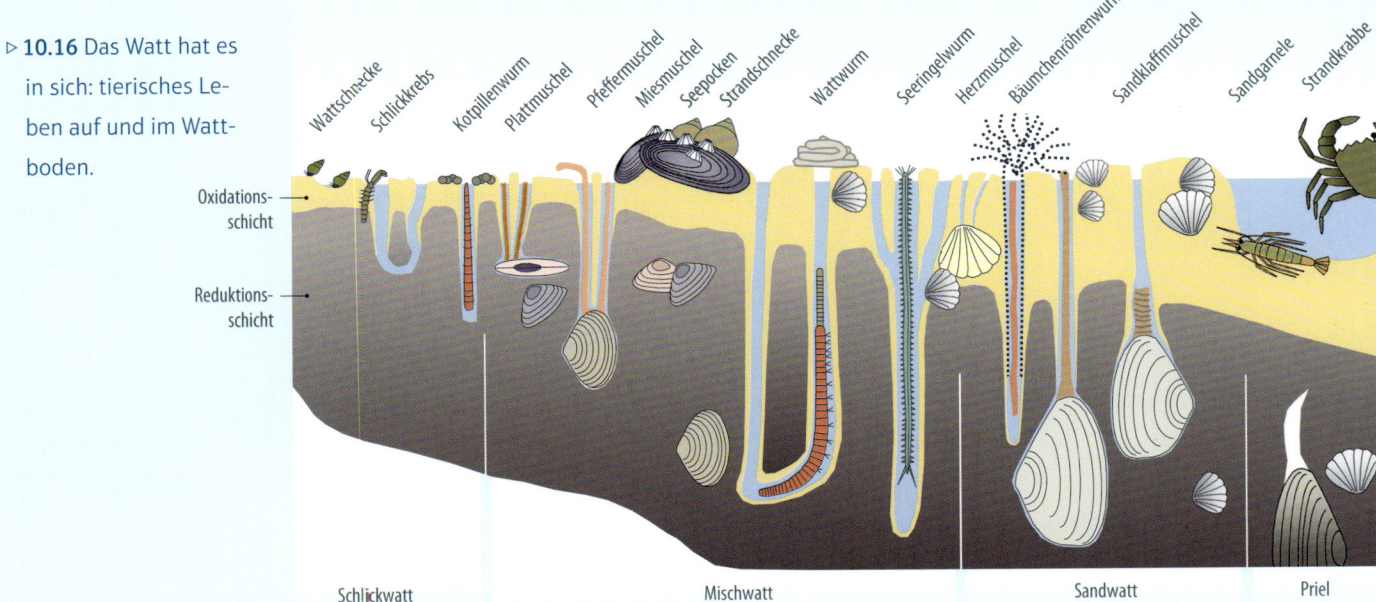

▷ **10.16** Das Watt hat es in sich: tierisches Leben auf und im Wattboden.

Wattschnecke · Schlickkrebs · Kotpillenwurm · Plattmuschel · Pfeffermuschel · Miesmuschel · Seepocken · Strandschnecke · Wattwurm · Seeringelwurm · Herzmuschel · Bäumchenröhrenwurm · Sandklaffmuschel · Sandgarnele · Strandkrabbe

Oxidationsschicht

Reduktionsschicht

Schlickwatt    Mischwatt    Sandwatt    Priel

sen im Binnenland steile Prall- und deutlich verflachte Gleithänge beobachten kann.

Alle kleineren oder größeren Priele münden schließlich in Großrinnen, die tief in das Watt eingeschnitten sind und hier die Haupttransportrouten für die Gezeitenströme bilden. Hier treten bei jeder Gezeit beachtliche Strömungsgeschwindigkeiten auf. So wundert es gewiss nicht, wenn manche dieser Hauptrinnen sogar bis zu 50 m tief sind. Bevorzugt dienen sie der Schifffahrt von und zu den festländischen Küstenorten hinter dem Watt. Den ganz ge-

nauen Verlauf der manövriertechnisch mitunter doch etwas kniffligen Fahrrinnen markiert man mancherorts praktischerweise mit randlich eingesteckten Birkenstämmchen (Pricken). Regional tragen auch diese Großrinnen unterschiedliche Namen: In Nordfriesland nennt man sie meist Auen, Hever, Piep oder Tief. In Ostfriesland spricht man dagegen eher von Baljen, Till oder Seegat, während ein Tief hier eher eine größere Wattrinne meint, die Süßwasser aus dem Binnenland in das Watt führt. Vielfach trennt eine Deichschleuse (Siel) das Binnen- und das Außen-

▷ **10.17** Ein seltenes Bild: Die im Watt häufige Baltische Plattmuschel mit ausgefahrenen Siphonen.

tief. Vielfach entwickelte sich an einem Siel auch ein kleiner Hafen mit dörflicher Ansiedlung (in Ostfriesland beispielsweise Greetsiel, Hoogsiel, Karolinensiel oder Rüstersiel).

## Misch-, Sand- und Schlickwatt

Der Weichboden an der Küste kann zwar sehr feinkörnig sein, ist aber nicht unbedingt immer ein Sandstrand. Fallweise zeigt er sich nämlich enorm schlickig – und dies immer dann, wenn die Korngrößen im Sediment mehrheitlich bestimmte Mindestmaße unterschreiten. Als Sand gilt ein körniges Lockermaterial mit Korngrößendurchmessern von 2,0 (Grobsand) bis 0,2 mm (Feinsand). Gröberes Material bezeichnet man als Kies und noch Gröberes als Schotter. Am anderen Ende geht die Materialskalierung mit den deutlich feineren Fraktionen von Silt (Schluff) und Ton weiter.

Ein typischer Schlickboden besteht immer aus äußerst feinkörnigem Material, das sich den Füßen bzw. dem Schuhwerk als ziemlich zäh, klebrig (oder wie die Küstenbewohner sagen fett) und somit besonders anhänglich mitteilt. Die schlickigen Feinstteilchen haften vor allem deswegen so fest aneinander, weil sie einerseits wegen der enorm wirksamen Ad- und Kohäsionskräfte des Porenwassers zusammenhalten, aber zusätzlich mit höheren Anteilen an organischen Stoffen angereichert sind, die tatsächlich wie ein Klebstoff wirken. Reine Schlickböden, die man an ihrer bei Niedrigwasser glänzenden und ansonsten völlig unstrukturierten sowie glatten und glänzenden Oberfläche sicher erkennt, sollte man besser nicht betreten – denn schon nach wenigen Schritten gibt es beim besten Willen kein geregeltes und vor allem sicheres Vorwärtskommen mehr. Das Bild einer fast immer recht sanft modellierten Weichbodenküste ist somit auch im Fall eines Schlickwatts von der schroffen Felsküste grundverschieden. Dieser Typ Weichbodensubstrat weist erwartungsgemäß auch völlig andere Lebensgemeinschaften auf, die wir weiter unten genauer betrachten.

Erfahrungsgemäß bietet für Wattwanderungen vor allem das Mischwatt mit seinem höheren Sandanteil die beste Stand- und Trittfestigkeit. Im wassergesättigten Schlickwatt legt jeder Schritt dage-

◁ **10.18** Manchmal zeigt das Watt auch überaus seltsame Strukturen – so etwa den erodierten Pfahlkopf einer früheren Buhnenreihe.

▷ **10.19** Schalenfunde von Großkrebsen müssen nicht immer auf Todesfälle hinweisen: Häutungspanzer einer Schwimmkrabbe – die hinteren Extremitäten sind als Ruderfüße ausgestaltet.

gen die tieferen Sedimentschichten frei, sofern man nicht sofort und erbarmungslos knietief einsinkt. Wer hier mit Stiefeln unterwegs ist, kann dieses sonst sicher nützliche Schuhwerk schon nach den ersten Schritten gleich vergessen – steckt dieses nämlich erst einmal einigermaßen tief im schlickigen Sediment, ist es daraus garantiert nicht mehr zu bergen.

In allen Wattböden – vom reinen Sandwatt abgesehen – zeigen sich die relativ oberflächennahen Schichten in verschiedenen Farbnuancen von gelbgrau bis gelbbraun. Diese vielleicht nicht sehr spektakuläre, aber hervorhebenswerte Färbung geht auf besondere Eisenverbindungen zurück, genauer auf Eisenhydroxid $Fe(OH)_3$, das an die feinsten Sedimentteilchen gebunden ist. Diese Verbindung kann sich nur in Anwesenheit von freiem Sauerstoff bilden. Die zuverlässig belüfteten bzw. durchspülten und deswegen helleren oberen Wattbodenschichten nennt man daher Oxidationshorizont, weil der vor allem aus der

Atmosphäre angelieferte Sauerstoff hier als Oxidationsmittel wirkt.

Unterhalb der Oberfläche ist die Sauerstoffzufuhr dagegen deutlich geringer und vor allem bei sehr kleinem Porenvolumen oft gänzlich unterbunden. Der bakterielle Abbau der von den Flutströmen mengenweise eingetragenen organischen Partikeln zehrt die wenigen Sauerstoffanteile rasch auf. Unter solchen Bedingungen werden die auch hier immer präsenten $Fe^{3+}$-Teilchen konsequent zu $Fe^{2+}$-Ionen reduziert. Sie verbinden sich dann gern mit dem aus dem Stoffwechsel der bakteriellen Schwefel- und Sulfatreduzierer stammenden und leicht „anrüchigen" Schwefelwasserstoff ($H_2S$) zu schwerlöslichem, schwarzem Eisensulfid (FeS). Die Grenze zum schwarzen bis schwarzgrauen Reduktionshorizont liegt im Sandwatt bei 5 bis 10 cm Tiefe, im Mischwatt bei 1 bis 2 cm und im Schlickwatt schon bei 3 mm.

### Die Unterwelt im Watt

Von einer Besiedlung durch Organismen sieht man auf den weiten, bei Ebbe freigefallenen Wattflächen auf den ersten Blick fast nichts oder zumindest nur sehr wenig. Die Sandplaten und Schlickstreifen erscheinen nahezu leer und sind allenfalls hier und da ein wenig dekoriert mit angetriebenen Tangfetzen, ein paar leeren Muschelschalen und leider auch allerhand sonstigem Treibgut, das vor allem aus den Segnungen des Plastikzeitalters besteht.

Doch der erste Eindruck täuscht: Wer im Watt lebt, gehört gewöhnlich dem Untergrund an. Die erstaunlich artenreiche Kleintierwelt ist hier nämlich zum größten Teil eine Boden- bzw. Infauna unter-

halb der Oberfläche (Abb. 10.16). Nur vergleichsweise wenige Arten halten sich als Elemente der Epifauna tatsächlich auf dem Wattboden auf. Dazu gehören beispielsweise die überaus zahlreichen kleinen Wattschnecken der ehemaligen Gattung *Hydrobia*, deren Gehäuse nur wenige Millimeter messen. Hier und da ragt aus dem Wattboden vielleicht noch ein größerer Findling als Hinterlassenschaft des früheren glazialen Materialtransports vor. Ökologisch bildet er gleichsam eine kleine Hartsubstratinsel, und folglich siedeln sich hier vor allem Miesmuscheln sowie ein paar Tange an, die im weichen Wattboden einfach nicht Fuß fassen können, weil ihnen eben typische Wurzelorgane fehlen. Die übrigen Artenkonsortien stecken dagegen mehr oder weniger tief im Sediment und halten nur durch ihre Grab- bzw. Wühlgänge Direktkontakt zur Oberfläche. Überwiegend sind es verschiedene Muschelarten wie Pfeffer-, Platt-, Herz- und Sandklaffmuschel neben zahlreichen zu den Ringelwürmern (Vielborstern bzw. Polychaeten) gehörenden Arten wie Watt-, Köcher-, Opal-, Kotpillen-, Seeringel- oder Bäumchenröhrenwurm (Abb. 10.16). Je nach Abmessung und Artzugehörigkeit zeigen sie alle einen ganz unterschiedlichen Tiefgang.

Natürlich wirft das dauerhafte Leben im Untergrund für die vielen Röhrenbewohner die existenzielle Frage auf, wie sie ihre Sauerstoffversorgung und Ernährung zuverlässig sichern können. Alle hier vertretenen Verwandtschaftsgruppen sind dafür tatsächlich mit besonders originellen Eigenschaften ausgestattet: Muscheln filtrieren mit ihren langen, bis zur Oberfläche reichenden Siphonen über den Atemwasserstrom Plankton sowie feine organische Schwebepartikeln (Detritus) ein und filtrieren diese mit ihren Kiemen ab. Andere Muschelarten benutzen die Spitze ihrer langen, dünnen und bis zur Wattoberfläche reichenden Atemschläuche gleichsam als Pipette und suchen damit ringsum den Boden nach Mikroorganismen ab (Pipettierer). Auch viele Würmer und Schlickkrebse tasten die Bodenoberflä-

◁ **10.20** Bei dieser Strandkrabbe liegt vermutlich eine Infektion vor – sonst hätten sich keine Seepocken auf ihrem Panzer ansiedeln können.

che mechanisch nach Partikeln ab und hinterlassen so charakteristische sternförmige Kratzspuren. Der Bäumchenröhrenwurm verfolgt eine gänzlich abweichende Strategie – er konstruiert aus verklebten Sandkörnern komplexe und tatsächlich baumartig verzweigte Reusenapparate, in denen sich verwertbares, vom Tidestrom herbeigeführtes Kleinmaterial fängt. Die Watt- und Kotpillenwürmer schließlich schlucken gleich das ganze Wattsediment portionsweise herunter und scheiden die unverdaulichen anorganischen Anteile als charakteristische Kotsandschnüre oder -haufen an der Wattoberfläche gleichsam als Abraum ab. So bleibt ihre senkrecht im Wattboden angelegte Wohnröhre immer passierbar. Mit der überaus spannenden Autökologie der vielen in den verschiedenen Wattböden lebenden Wirbellosen könnte man tatsächlich ganze Bände füllen.

## Futterplätze für Millionen

Auch wenn das Vorland vor dem Deich und erst recht das anschließende Watt selbst auf den ersten Blick vielleicht ziemlich eintönig und leer wirken, ent-

Eine Wattwanderung bei Niedrigwasser ist eine überaus wohltuende Erholung – auch für die Ohren. Weil die Wasserlinie gewöhnlich weit draußen verläuft, entfällt unter anderem das heftige Rauschen der Wellen. Tosender Verkehrslärm findet dort normalerweise ebenfalls zuverlässig nur außerhalb der Hörweite statt, und für Nachbarn mit unliebsam lärmendem Rasenmäher, nervender Heckenschere oder lautstarkem Laubpuster gibt es im Watt glücklicherweise nichts zu tun. Also erlebt man hier wie sonst kaum in Mitteleuropa tatsächlich den *sound of silence* als solchen. Sogar die Scharen der Wat- und Wattvögel machen mit. Sie sind nämlich absolut geräuschlos mit ihrer Nahrungssuche beschäftigt.

Jedoch: Sobald sich das Wasser bei Ebbe weit zurückgezogen hat, vernimmt man überall am Rande

◁ **10.21** Die kleinen Schlickkrebse verursachen das geheimnisvolle Wattknistern.

des Schlickwatts ein leises, geheimnisvolles Knistern. In einem Lebensraum des Festlandes hätte man dafür schnell eine Erklärung zur Hand – leise raschelnde Blätter etwa, austrocknende Zweige oder mit vernehmlichem Knacken aufspringende Kapselfrüchte. Aber im Watt gibt es das alles nicht und außerdem wird der extrem feinkörnige und recht zähe Schlick nicht einmal an heißen Sommertagen knistertrocken.

Das geheimnisvolle Wattknistern sind tierische Laute. Urheber sind die nur wenige Millimeter langen Schlickkrebse, von denen auf einem Quadratmeter Schlickwattboden bis über 30 000 Exemplare in u-förmigen Wohnröhren leben. Bei Ebbe strecken sich die Tiere ein wenig aus ihren Wohnröhren und kratzen mit ihren langen Scheren gleichsam direkt vor ihrer Haustür feinste Nahrungspartikeln zusammen, die ihnen die letzte Flut angeschwemmt hat. Bei diesen ausholenden Streck- und Kratzmanövern zerplatzt jedes Mal ein feines Wasserhäutchen zwischen Brustpanzer und Vorderbeinen – und das summiert sich zur vielstimmigen Knisterorgie.

△ **10.22** Zu den besonderen Erlebnisinhalten der Strandlebensräume gehört die einzigartige Vogelwelt: Bei diesem Flussseeschwalbenpaar wird gerade ein Verlobungsgeschenk überreicht.

deckt man dort beim genaueren Hinsehen je nach Tageszeit und Tidenstand dennoch eine Menge Tiere, und das sind vor allem Vögel. Für erstaunlich zahlreiche und nach aller Erfahrung äußerst individuenreich auftretende Vogelarten sind die Wattgebiete an der Nordsee sowie die vergleichbaren Küstensäume an der Ostsee tatsächlich absolut unentbehrliche Lebensräume. Überall auf der Welt findet man im Grenzgebiet von Land und Meer erstaunlich viele Vögel und kann sie hier auch ungleich besser beobachten als in der festländischen Kulturlandschaft mit ihren vielen Gehölzen. Die Wattengebiete entlang der südlichen Nordsee sind tatsächlich eines der weltweit fünf vogelreichsten Gebiete. Schätzungsweise 10 Mio. Vögel suchen jährlich dieses Gebiet auf. Manche Vogelarten bleiben hier das ganze Jahr, andere kommen nur zum Brüten, Rasten oder Überwintern. Auch Durchzügler besuchen das Watt in großer Zahl. Unabhängig von der Jahreszeit gibt es an der Küste für Vogelfreunde immer viel zu sehen und zu erleben. Grandiose Beobachtungsergebnisse sind sozusagen garantiert. Manchmal sind die rastenden Arten sogar in so großen Mengen da, dass ihre auffliegenden Schwärme fast wie eine kleine Wolke aussehen.

Wattvögel sind sie alle, sobald sie sich einzeln oder scharenweise an oder auf den im Tidenrhyth-

◁ **10.23** Alpenstrandläufer sind im Watt in oft riesigen Schwärmen anzutreffen und sehen aus der Distanz wie eine massive Wolke aus.

▽ **10.24** Dieser Alpenstrandläufer trägt – erkennbar am schwarzen Bauchgefieder – noch sein Prachtkleid.

jedoch ganz andere – es sind nämlich anatomische, an der äußeren Vogelgestalt so nicht sichtbare gemeinsame Merkmale, beispielsweise des Stimmapparates, der Brustbeinausformung oder gar Details der Sehnenführung am Fuß.

## Schlüsselarten der Primärproduktion

Die enormen Vogelmengen, die man zur Ebbezeit auf den Wattflächen vom Deich oder von vergleichbar guten Beobachtungsstellen aus bei der Nahrungsaufnahme beobachten kann, lassen natürlich direkt den Schluss zu, dass es hier tatsächlich genügend ergiebige Nahrungsressourcen gibt. Fast alle Wattvögel suchen ihre Nahrung an der Wasserlinie oder zur Ebbezeit auf den freien Wattflächen. Deshalb finden sie sich hier während der Niedrigwasserstände beeindruckend individuenreiche Scharen ein. Besonderer Hochbetrieb herrscht natürlich während der Zugzeiten im Frühjahr und im Herbst. Dann rasten und ruhen im Watt auch solche Arten, deren Brutgebiete im hohen Norden liegen, während die Überwinterungsräume sich bis nach Südafrika erstrecken. Während der Hochwasserzeiten suchen die Vögel dagegen weiter landwärts gelegene Einstandsplätze auf – beispielsweise die hinter der Deichlinie liegenden Kooggewässer und deren Umfeld. Bei Vogelbeobachtern berühmt, beliebt und empfehlenswert sind etwa Beltringharder, Hauke-Haien-, Sönke-Nissen- oder Rikkelsbüller Koog in Nordfriesland.

△ **10.25** Saisonal spielen die ziehenden Ringelgänse im Erlebnisraum Watt eine bedeutende Rolle.

▽ **10.26** Die Schnabellänge bestimmt die Reichweite im Wattboden und damit das Nahrungsspektrum.

mus freigefallenen Sedimentflächen aufhalten. Die Möwen und Seeschwalben gehören natürlich dazu, ebenso etliche Enten-Arten und auch Gänse oder neuerdings die schmucken Löffler. Die Hauptmenge der Wattvögel sind allerdings die Watvögel. Dieser systematische Begriff bezeichnet innerhalb der Vögel eine besonders artenreiche Verwandtschaftsgruppe – genauer eine Ordnung mit der etwas sperrigen Bezeichnung Charadriiformes (Regenpfeiferartige). Viele in diese Verwandtschaft eingeordnete Arten fallen tatsächlich durch lange Beine und spitze, lange Schnäbel sowie ihre betonte Lebensraumbindung an Wasser oder Feuchtgebiete auf. Die eigentlichen Begründungen zur Abgrenzung dieser Ordnung sind

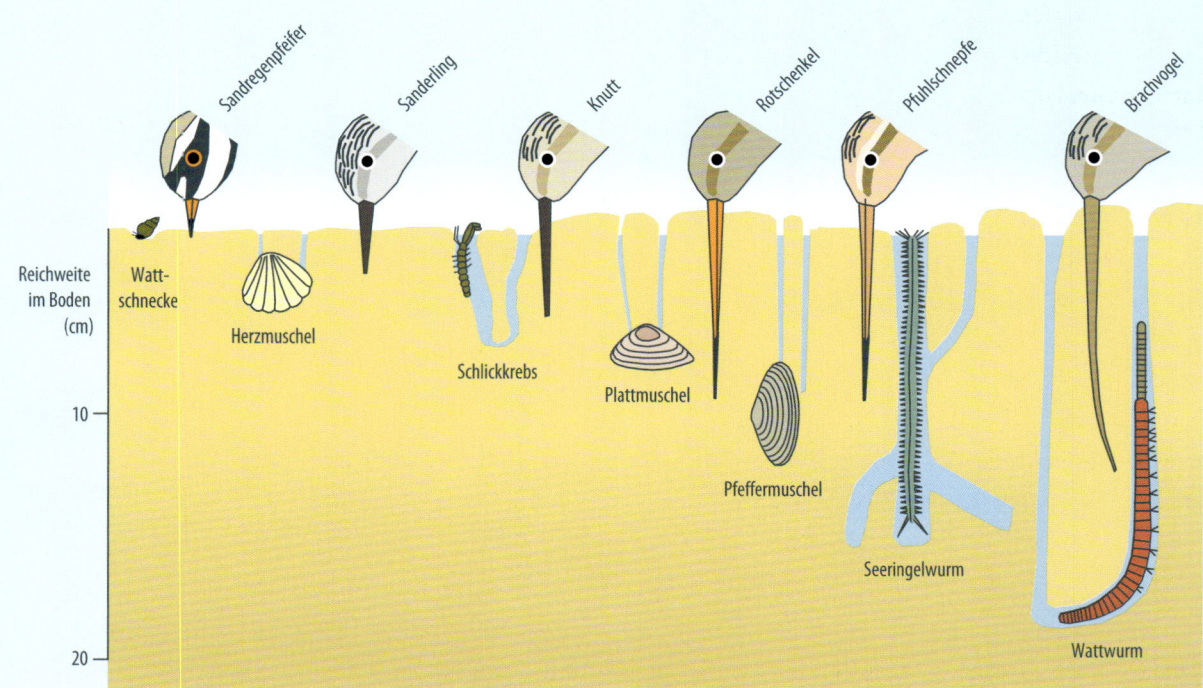

△ **10.27** Stolz präsentiert auch das Grauganspaar seinen erfolgreich ausgebrüteten Nachwuchs.

▷ **10.28** Der schmucke Kiebitz ist gleichsam die Kennart der Watvögel (Limikolen).

Die Wattengebiete an der südlichen Nordsee sind damit eine unentbehrliche Proviantstation für die gesamte wandernde Vogelwelt aus einem Brut- bzw. Verbreitungsraum, der mehr als 100 Mal so groß ist wie das Watt selbst. Ein großer Teil der nicht unerheblichen Biomasseproduktion im Watt wandert daher jährlich durch hungrige Vogelschnäbel. Die Nordsee-Anrainerstaaten tragen deshalb eine besondere Verantwortung für diesen wichtigen Naturraum und seine beeindruckenden Vogelansammlungen, und unter anderem deswegen ist er auch seit 2009 UNESCO-Weltnaturerbe. Tatsächlich kann man hier im Jahresrhythmus fast den gesamten Weltbestand bestimmter Vogelarten erleben.

Der Lebensraum mit seiner unvorstellbar großen und offenbar ergiebigen Biomasse im Wattboden trägt sie alle. Aber: Wer in ökologischen Kontexten ein wenig trainiert ist, wird nach einigem Nachdenken eventuell Folgendes bemerken: Die Endglieder der Nahrungskette (Wat- und Wattvögel) und ihre Nahrungsgrundlagen im Wattboden sind mit erstaunlich hohen Anteilen tierisch dominierte Lebensgemeinschaften vor allem aus Muscheln, Schnecken

**Watvögel im Watt**

Früher teilte man die Ordnung der Regenpfeiferartigen in die drei Unterordnungen der Möwenvögel, der Alkenvögel und der eigentlichen Watvögel (Limikolen) ein. Neuere Untersuchungen zur Abstammung und Verwandtschaft zeigen jedoch, dass man drei andere Hauptlinien trennen muss, nämlich die Lari (Möwen und ihre Verwandten wie die Alken, Raubmöwen und Seeschwalben), die Scolopaci (Schnepfenvögel und ihre Verwandten, darunter Ufer- und Pfuhlschnepfe, Wasserläufer, Strandläufer und Brachvogel) sowie die Charadrii (Regenpfeifer, Kiebitze, Säbelschnäbler und Austernfischer). Mit dem bei vielen Ornithologen beliebten Ausdruck Limikolen bezeichnet man alle Arten der Regenpfeiferartigen außer der Möwenverwandtschaft (Lari).

158

10.29 Die wichtigen Primärproduzenten im Watt erkennt man erst auf den zweiten Blick – es sind die bräunlich glänzenden Beläge auf dem Sediment, die aus mikroskopisch kleinen Formen bestehen.

△ 10.30 Vor allem im Schlickwatt bilden die individuenreich vorhandenen Kieselalgen meist dichte, goldbraune Beläge.

und Würmern. Aber wo stecken denn eigentlich die in jedem funktionierenden Ökosystem gänzlich unentbehrlichen Primärproduzenten? Offensichtlich ist das Watt keineswegs ein blühender Garten mit üppigem Pflanzenwuchs, aber dennoch muss es irgendwo eine hinreichende Biomassefraktion photosynthetisch aktiver Stofflieferanten geben, die aus den anorganischen und energetisch armen Rohstoffen (Wasser und Kohlenstoffdioxid) bemerkenswert energiereiche organische Substanz aufbauen und damit die Basis jeglicher Ökosystembetriebsamkeit bilden.

Selbst wenn man auf Leseabstand zum Wattboden geht, sieht man die zahllosen Primärproduzenten des Wattbodens nicht. Man erkennt sie tatsächlich nicht einzeln, sondern bestenfalls als Kollektive in Massenansammlungen und dann auch nur nach gezielter Präparation für die mikroskopische Betrachtung: Es sind nämlich winzig kleine und vor allem auf oder in den obersten Sedimentschichten siedelnde Mikroalgen, vor allem die Kieselalgen (Diatomeen) aus der überaus arten- und typenreichen Algenklasse Bacillariophyceae. Zur Ebbezeit kriechen sie aus ihren sicheren Verstecken zwischen den Sand- und Tonteilchen des Wattbodens direkt an die Oberfläche. Auch mit bloßem Augen sind sie jetzt einfach nicht mehr zu übersehen und vor allem erkennbar als

## Küstenschutz am Wattenrand

An vielen Stellen im Deichvorland strebt man immer noch eine technisch gestützte Sedimentation und Landgewinnung durch Anschlickung an, obwohl die Neulandgewinnung angesichts EU-diktierter Stilllegung von landwirtschaftlichen Produktionsfläche längst kein Thema mehr ist. Zur Strömungsberuhigung und um das Absetzen der leichteren, tonigen Partikeln aus den Tidewasserströmen zu erleichtern, errichtet man senkrecht und parallel zur Küstenlinie zwei bis drei Lahnungsfelder von je etwa 200 x 200 (bis 400) m Abmessung. Die einzelnen Lahnungen bestehen aus einer doppelten Pfahlreihe, die man mit dicht gepresstem Nadel- oder Laubholzreisig (Faschi-

nen) füllt und mit Spanndrähten sichert. In solchen strömungsberuhigten Lahnungsfeldern kann die Aufschlickung bis 20 cm pro Jahr betragen. Zum besseren Wasserablauf und zur Bodenbelüftung werden die jungen Schlickflächen innerhalb der Lahnungen maschinell von etwa 1 m breiten Entwässerungsgräben (Grüppen) durchzogen. Der jeweilige Aushub wird dazwischen abgelagert. Auf diese Weise entsteht ein geometrisch recht gleichförmiges Muster von Gräben und Beeten. Für die sich planmäßig ansiedelnden Wattorganismen und ihre Nutznießer ist das unerheblich. Probleme gibt es allenthalben hinsichtlich kritischer Anfragen aus Kreisen der Landschaftsästhetik.

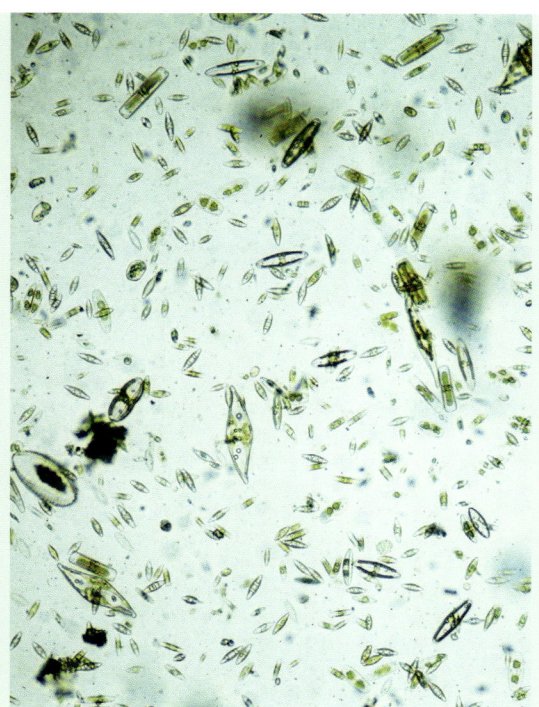

△ **10.31** Unter dem Mikroskop zeigt sich der Belag der Wattoberfläche als Gewimmel von Mikroorganismen.

△ **10.32** Nur unter dem Mikroskop entfaltet sich der spezifische Formenzauber der Kieselalgen (Diatomeen).

goldbrauner und etwas schleimig erscheinender Belag auf der Wattoberfläche. Hier werden die Unmengen von Algenzellen geradezu optimal vom für ihren Photosynthesebetrieb erforderlichen, weil Energie liefernden Licht des hellen Tages erreicht. Die Biomasse dieser überall im Watt präsenten goldbraunen Winzlinge sollte man nicht unterschätzen: Selbst unter einer nur fingernagelgroßen Wattfläche vor allem im Schlick- und Mischwatt finden sich – zumindest in der wärmeren Jahreszeit – erstaunlicherweise bis zu 3 Mio. Kieselalgenzellen. Möglicherweise reicht die von den übrigens faszinierend formschönen Wattkieselalgen vermittelte photosynthetische Primärproduktion aber nur zu gewissen Anteilen für die Ernährung der arten- und individuenreich nachgeschalteten Glieder der marinen Nahrungsketten aus, aber das Watt ist andererseits auch ein beachtliches Importgebiet aller möglichen organischen Detritus- bzw. Totstoffe, die mit ihrer organischen und deswegen auf jeden Fall verwertbaren Substanz irgendwie und auf jeden Fall wirksam zum Energiebudget der tierischen Wattbewohner beitragen. Immerhin sind die Nordsee-Wattengebiete weltweit die produktivsten Lebensräume nach den tropischen Regenwäldern. 🐟

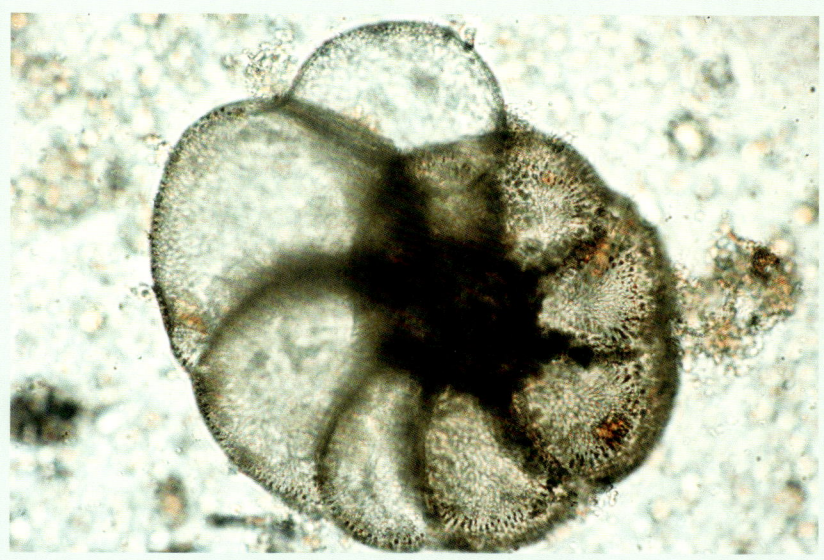

△ **10.33** Die formschönen Kammerlinge (Foraminiferen) gehören ebenfalls zu den mikroskopisch kleinen Bewohnern des Wattbodens.

## 11

Die Wirkung des Meeres endet
nicht an der Hochwasserlinie.
Michael Türkay (1948 bis 2015)

# Salzwiesen – Pflanzen zwischen Land und Meer

**K**alenderblätter und Landschaftsbildbände lassen sie verständlicherweise nur ungern aus – die oft enorm blumigen Wiesen der Niederungslandschaft, vor allem aber auch der Mittelgebirge und nicht zuletzt der Alpen. Gewöhnlich werden sie – aber ganz und gar unzutreffend – als Ab- und Leitbilder urwüchsiger Natur zitiert. Tatsächlich bestehen sie ausnahmslos aus Pflanzengesellschaften, die so erst unter dem Einfluss des wirtschaftenden Menschen auf ehemaligen Waldstandorten entstehen konnten. Trotz aller beeindruckenden Blüten- und Blumenfülle gibt es nämlich in Mitteleuropa von Natur aus eigentlich gar keine Wiesen. Dazu bestehen aber zwei ausdrückliche Ausnahmen am oberen und unteren Ende der Höhenstufenskalierung des mitteleuropäischen Reliefs: Einerseits sind es die als alpine Matten oberhalb der klimatischen Baumgrenze ausgegliederten Pflanzengesellschaften, und andererseits die am Rande von Weichsubstratküsten auftretenden Salzwiesen zwischen den Tidemarken in der Wechselflutzone (Eulitoral). Gerade die Küstensalzwiesen stellen aus ökologischen Gründen besonders faszinierende Lebensräume dar. Immerhin befinden sie sich im spannenden Verzahnungsbereich mariner und terrestrischer Lebensbedingungen.

Die Außenküsten auf der Luvseite der Inselketten sowie die Außensande vor den großen Flussmündungen (beispielsweise Scharhörn und Trischen vor der Elbmündung) bestehen nahezu ausschließlich aus rezent umgelagerten pleistozänen und holozänen Sandschüttungen, die irgendwann weit über die Hochwasserlinie hinaus aufgeweht wurden. Auf den west-, ost- und nordfriesischen Inselketten bilden sie die heute durchweg eindrucksvollen Dünenszenerien (Psammoserien) mit ihrer kennzeichnenden Vegetation.

Im Lee dieser Inseln sowie entlang der Innenküste siedeln sich auf den feinkörnigen Schlick- bzw. Schwemmlandböden (Marschböden) dagegen die einzigartigen und im Aspekt gänzlich andersartigen Pflanzengesellschaften der Salzwiesen (Salzmarschen) an. Sie entwickeln sich hier auf den wegen ihrer besonderen Körnung speziellen Weichböden als natürliche Grenze zwischen Festland und Meer etwa zwischen der Mitteltidenniedrigwasser-Linie (MTnw-Linie, mittlere Ebbelinie, Abb. 10.1) und der Mitteltidenhochwasser-Linie (MThw-Linie, mittlere Flutlinie). Damit nehmen sie den gesamten Übergangsbereich vom ständig überfluteten Sublitoral des (schlickigen) Watts zum überflutungsfreien Supralitoral des Festlandes ein. An der nicht durch Bedeichung oder anderweitigem Deckwerk veränderten Uferlinie erstrecken sie sich in einem etwa 600 bis 1000 m breiten und meist nur sanft zum ständig überfluteten Meeresboden abfallenden Streifen.

## Wahrhaft wechselhafte Welten

In ihrem Artengefüge und Gesamtaspekt unterscheiden sich die Salzwiesen (Salzmarschen) geradezu grundsätzlich von den überwiegend von Tangen bestimmten Besiedlungsmustern eines Felslitorals. Die Lebensgemeinschaften eines Felswatts, wie es in der Deutschen Bucht geradezu beispielhaft nur über dem gezeitengeprägten Felssockel der Insel Helgoland entwickelt ist, rekrutieren sich ebenso wie in den Lebensräumen des Brackwassers mit Ausnahme einiger Flechtenarten ausschließlich aus den primär marin verbreiteten Artengruppen der Grün-, Braun-

△ **11.1** Marine Algen sind an den Stressfaktor Meersalz wie alle Meeresorganismen optimal angepasst.

▽ **11.2** Landpflanzen in der Gezeitenzone müssen ökophysiologisch arg kämpfen.

und Rotalgen. Sie repräsentieren somit gänzlich dem Meer zugehörige Lebensgemeinschaften, deren im oberen Eu- bzw. Supralitoral siedelnde Vertreter sich zwar mit den angrenzenden festländischen Lebensgemeinschaften auf interessante Weise verzahnen, aber hinsichtlich ihrer spezifischen Ökophysiologie dennoch dem marinen Milieu verhaftet bleiben.

Dagegen werden das amphibische Weichboden-Eulitoral sowie das lediglich bei ungewöhnlichen Flutständen erreichte Supralitoral einer aus Lockersediment aufgebauten Küste nahezu ausschließlich

vom Festland her besiedelt. Deshalb kommen in diesem nur zeitweilig dem Meer angehörenden Teilbereich nicht gänzlich überraschend vor allem Pflanzengesellschaften aus Arten überwiegend festländischer Herkunft vor. Ihre Standorte zwischen den Gezeitenmarken werden immer noch mit den Tidenrhythmen regelmäßig vom Meerwasser überflutet. Bei jedem täglichen Flutwasserstand imprägniert das Meerwasser die Böden im ungefähren 6-Stunden-Rhythmus der Gezeiten erneut mit Salz. Das bedeutet für die hier siedelnden Höheren Pflanzen eine besondere ökologische Herausforderung, und die bewältigen sie in aller Regel geradezu bravourös.

### Stressfaktor Salz

Erfahrungsgemäß ist Salz für Landpflanzen eine ziemlich ungesunde Substanz und genau genommen sogar ein schweres Zellgift. Wo im Winter bei Glatteis Auftausalze zum Einsatz kommen (mitunter etwas zu reichlich), sind die Böden im Straßen- und Gehwegrandbereich entsprechend heftig versalzen. Die hier normalerweise wachsenden Pflanzen nehmen das erkennbar ziemlich üblich – darunter vor allem die Straßenbäume: Mit dem Bodenwasser nehmen sie nämlich unfreiwillig die in den Boden eingetragenen Salz-Ionen über ihr Wurzelsystem unfreiwillig auf und lagern sie schließlich in ihren Blättern ab. Schon im Frühsommer zeigen diese dann daraus folgende Schadstellen, nämlich hässlich braun verfärbte Blattränder aus frühzeitig abgestorbenem Gewebe (Blattrandnekrosen).

Bei den Pflanzen der Salzwiesen an der Küste beobachtet man solche Effekte natürlich nicht, denn sie haben sich in besonderer Weise an das Leben im periodischen und unausweichlichen Kontakt mit dem Meerwasser angepasst. Wegen ihres bemerkenswert kompetenten physiologischen Umgangs mit dem Stressfaktor Salz bilden sie eine faszinierende, weil ökologisch besonders spezialisierte Artengruppe: Zusammen bezeichnet man sie als Halophyten (Salzpflanzen).

Entsprechend den sonstigen sowie primär nutzungstechnisch festgelegten Bezeichnungen für eine konventionelle Wiese impliziert der Begriff Salz-„Wiese" konsequenterweise die periodische

oder zumindest episodische Nutzung zur Futterge-
winnung. Nur in wenigen Teilbereichen werden die
Küstensalzwiesen heute tatsächlich noch gemäht,
beispielsweise auf einigen nordfriesischen Halligen, in der Bretagne sowie in Südengland. Vor diesem Hintergrund verwendet das Schrifttum in An-
lehnung an die internationale vegetationskundliche
Terminologie zunehmend den Begriff Salzmarschen
(salt marshes).

### Drei unterschiedliche Typen

Nach Lage und Entstehung lassen sich im Wattenmeer vor allem entlang der Nordseeküste im Wesentlichen drei Typen von Salzwiesen unterscheiden. Sie
sind sich im Arten- bzw. Vergesellschaftungsgefüge
allerdings recht ähnlich.

Typische **Sandsalzwiesen** entwickeln sich vor allem im Schutz von Strandwällen (Südwestflanke der
Halbinsel Eiderstedt), von Sandbänken (Trischen
nördlich der Elbmündung) oder im Lee der großen

▷ **11.3** Überaus ein-
drucksvolle Salzwie-
sen sind auf den Hal-
ligen zu erleben.

◁ **11.4** Die Halligen sind
zweifellos eine der
seltsamsten Sied-
lungsformen Europas.
Ihre Frischwasserver-
sorgung stellt gewöhn-
lich ein Süßwasserteich
(Fething) in der Warft-
mitte sicher.

△ 11.5 Die Salzwiesen
an der Ostsee fallen
in ihrem floristischen
Gefüge immer etwas
anders aus als an der
Nordsee. Auch fehlt
die typische Zonie-
rung.

Düneninseln (etwa Ostplate von Spiekeroog, Lister Tidebecken bzw. Königshafen von Sylt). Sie stocken fast immer auf einer vergleichsweise geringmächtigen Schlickauflage über ziemlich massiven Sandkörpern. Die Auflandung erfolgt hier nicht nur durch Feinteilchen, die der Flutstrom einträgt und der Ebbstrom liegen lässt, sondern auch äolisch durch Anwehung aus der weiteren Nachbarschaft, soweit Sandstrände, Vordünen oder bei Ebbe frei fallende Sandplaten vorhanden sind.

**Ästuarsalzwiesen** erstrecken sich dagegen im Bereich von Flussmündungen auf deren tidebeeinflussten Schwemmfächern mit Feinsedimenten, die sich entlang der Gleitufer hinter Flussbiegungen oder in anderen Strömungsschattenbereichen abgesetzt haben. Diesen Salzwiesentyp findet man im Bereich der Nordseeküste nur an ganz wenigen Stellen, beispielsweise im Neufelder Vorland an der Tideelbe, im Südwesten der Insel Föhr oder in Resten an der eingedeichten Eidermündung. Besonders kennzeichnend sind sie jedoch für die so bezeichneten „ertrunkenen" Flusstäler entlang der eindrucksvollen Rias-

küste der nordwestlichen Bretagne sowie an vielen weiteren Abschnitten der nordwesteuropäischen Atlantikküste.

Den größten Teil der Salzwiesenstandorte nehmen heute an der Nordseeküste die **Vorlandsalzwiesen** ein. Im Deichvorland gehen sie überwiegend auf technisch gestützte Sedimentation und Landgewinnung vor der Deichlinie zurück. Zur Strömungsberuhigung und um das Absetzen der leichteren, vor allem tonigen Partikeln aus den Tidewasserströmen zu erleichtern, errichtet man nämlich senkrecht und parallel zur Küstenlinie Lahnungsfelder (siehe Textkasten S. 158), die von Entwässerungsgräben (Grüppen) durchzogen sind.

Unbegrüppte Lahnungsfelder entwickeln ein im Gesamtaspekt den natürlichen Entwässerungsverhältnissen weithin angenähertes System aus Prielen und Rinnen, die sich nahezu regellos dendritisch verzweigen. Sie wachsen – wie Experimente im Sönke-Nissen-Koog (Schleswig-Holsteinisches Wattenmeer) gezeigt haben – zwar etwas langsamer in die Höhe, erfüllen ihre Küstenschutzfunktionen aber gleichermaßen gut wie bei Begrüppung. Unter günstigen Voraussetzungen kann sich eine Vorlandsalzwiese, deren Anlage und Entstehung technisch eingeleitet wurde, auch zu einem überraschend naturnahen und artenreichen Lebensraumgefüge fortentwickeln. Vor allem bei den Wat- und Wattvögeln sind als Nahrungsgründe sehr beliebt.

## Salzwiesen an der Ostsee

Gezeiten, ein hoher Salzgehalt im Meerwasser und ein sandig-toniges Sediment sind die wichtigsten Voraussetzungen für die Ansiedlung üppiger Salzwiesen. In der Ostsee ist der Salzgehalt jedoch gering und Gezeiten treten allenfalls als Mikrotiden im Zentimeterbereich in der westlichen Ostsee auf. Daher sollten an der Ostseeküste eigentlich keine Salzwiesen vorkommen. Es gibt sie aber erstaunlicherweise dennoch: Salzwiesen finden sich von der Kieler Bucht bis in den Bottnischen Meerbusen. Die Pflanzen sind meistens kleiner als an der Nordsee und das Artenspektrum nimmt ab. Auch sind sie nicht so klar zoniert (Abb. 11.5). Sie passen sich an die unbequemen Umweltbedingungen an und nutzen die Hilfe durch den Menschen bzw. durch das Rind.

Weil an der Ostseeküste das gezeitengeprägte Vorland fehlt, haben die Salzwiesen hier unterschiedliche ökologische Nischen gefunden. Zumindest an der Küste von Schleswig-Holstein und an der Mecklenburger Bucht (beispielsweise in der Wismarbucht) entstehen in Anlandungsbereichen sogenannte primäre Salzwiesen auf Sand, Schlamm oder Schlickböden, beispielsweise im Lee einer Nehrung. Ähnlich wie in der Nordsee kommt es zu Aufhöhungen, die über dem regelmäßigen Überflutungsbereich liegen. Hier kann man auch an der Ostseeküste eine Miniausgabe des Quellerwatts bewundern.

Salzwiesen an der Ostsee liegen oft oberhalb der Mittelwasserlinie. Bei Hochwasser, das in der Ostsee unter bestimmten Witterungsbedingungen entsteht, werden sie zeitweilig überschwemmt und erhalten dann jeweils eine neue Salzimprägnierung. Häufig besteht der Untergrund aus Torf. Meist entstanden diese Salzwiesen erst, nachdem die Überflutungsgebiete als Weideland für Rinder genutzt wurden – spätestens seit dem 13./14. Jahrhundert, als die Beweidung der Boddenufer und Inseln begann. Rinder als Weidetiere treten den weichen Boden fest. Schafe dagegen zerstören die Grasnarbe und sind hier für die Beweidung ungeeignet. Als typische Salzgraslandarten der Vorpommerschen Bodden sind unter anderem Boddenbinse (*Juncus gerardii*), Strand-Dreizack (*Triglochin maritima*), Strand-Wegerich (*Plantago maritima*), Rot-Schwingel (*Festuca rubra*), Gewöhnliche Grasnelke (*Armeria maritima*) zu nennen.

Noch heute tragen Salzwiesen oft den plattdeutschen Namen „Soltwischen". Das Vieh bevorzugt Salzgrasland und dementsprechend auch der Landwirt. Der Futterwert der Salzgräser übertrifft den Wert der anderen Weiden um wenigstens ein Drittel. Die Einstellung der traditionellen Nutzung durch Rinder führt zu einer baldigen „Verschilfung" und gefährdet den Lebensraum „Salzwiese" – aktuell zu beobachten an der Küste von Mecklenburg-Vorpommern seit 1989. Auf Salzgrünlandbrachen oder schwach beweideten Stellen breiten sich Strand-Beifuß (*Artemisia maritima*) oder Arten der Brackwasserröhrichte wie Schilf (*Phragmites australis*), Strand-Aster (*Tripolium pannonicum*; bis 2016 *Aster tripolium* genannt und so noch in vielen Floren aufgeführt) sowie an feuchteren Standorten Strandsimse (*Bolboschoenus maritimus*) aus.

## Verzahnt und zoniert

Die vom Meer geprägte, aber vom Festland ausgehende Vegetation auf sandig-tonigen Weichböden tritt in Abhängigkeit von Tidenniveau und Küstenexposition meist in gürtelartig angeordneten Zonen bzw. Gesellschaften auf, die sich nicht immer linienscharf voneinander abgrenzen und daher auch häufig ziemlich kleinräumig miteinander abwechseln (Abb. 11.5). Die auf kontinuierlich salzimprägnierten Böden wachsende Vegetation umfasst (auch) an der Nordsee ausschließlich bedecktsamige krautige Blütenpflanzen, die sich jeweils von ihren terrestrischen Verwandtschaftsgruppen ableiten lassen. Moos- und Farnpflanzen fehlen in diesem Bereich ebenso wie die Nacktsamer. Gehölze sind – mit der Ausnahme zweier maximal kniehoher Halbsträucher aus der Gattung *Atriplex* bzw. *Halimione* (Salzmelden) – hier ebenfalls nicht vertreten.

166

△ **11.6** Auch wenn sie nicht so aussehen – Seegräser sind echte Blütenpflanzen.

▷ **11.7** Seegraswiesen sind die bevorzugten Weidegründe der (dunkelbäuchigen Rasse der) Ringelgans, die auf einigen Nordseeinseln im Frühjahr vehement gefeiert wird.

## Seegräser – ganz vorn in der ersten Reihe

Die am weitesten seewärts vorgeschobenen und weit außerhalb des eigentlichen Verlandungsbereichs wachsenden Blütenpflanzengürtel sind die eigenartigen Seegraswiesen. Trotz ihrer objektiv durchaus zutreffenden Bezeichnung als untermeerische Wiesen werden sie üblicherweise nicht zu den Salzwiesen im

engeren Sinne gerechnet, obwohl sie deren seewärtige Anschlussgesellschaften sind. Im bei Niedrigwasser ständig überfluteten Sublitoral siedelt in der Nordsee bis etwa 3 m unterhalb der MTnw-Linie die Seegraswiese mit der Leitart Echtes Seegras (*Zostera marina*). In der Ostsee trifft man sie durchaus auch noch in 10 m Wassertiefe an. Sie ist zwar eine typische Einart-Gesellschaft, entfaltet hier allerdings eine enorme ökologische Bedeutung für eine Vielzahl mariner Tierarten, beispielsweise für die Jugendstadien vieler Nutzfischarten und den Aal (daher die englische Bezeichnung *eelgrass*). Die im Nordsee-Wattenmeer ursprünglich noch in den 1930er-Jahren weithin geschlossenen Bestände haben sich allerdings vom desaströsen Befall eines aus Nordamerika eingeschleppten Netzschleimpilzes (*Labyrinthula zosterae*) nicht wieder erholt und beschränken sich daher heute leider nur noch auf fleckenweise verteilte Vorkommen in tieferen Mulden. Es gibt allerdings regional durchaus erfolgversprechende Versuche, die enorm wichtigen Seegraswiesen durch gezielte Bepflanzung wieder neu zu begründen. Das vom Netzschleimpilz weniger angegriffene Zwerg-Seegras (*Zostera noltii*) erträgt im Unterschied zum größeren Echten See-

▷ **11.8** Der kakteenähnlich aussehende Queller (Salicornia agg.), der mehrere genetisch unterschiedliche Sippen umfasst, ist der wichtigste Verlandungspionier im Anschluss an die Seegrasbestände.

gras das regelmäßige tidale Trockenfallen recht gut und bildet in der Wechselflutzone des Misch- und Schlickwatts lückige bis weitflächige Rasen, die – abgesehen von sehr wenigen Makroalgen – fast nur aus dieser Spezies bestehen, aber ein reichhaltiges Tierleben beherbergen.

Auffällige Pioniergesellschaft im direkten Verlandungsbereich des Watts und damit ein wichtiger Wegbereiter sowie eine Pionierart der eigentlichen Salzwiesen ist die Quellergesellschaft mit den verschiedenen Sippen der systematisch offenbar recht komplexen Sammelart Queller *(Salicornia)*. Diese zugegebenermaßen seltsam aussehenden Pflanzen sind im Unterschied zu den Seegräsern einjährig. Mit ihren ausgedehnten sommerannuellen Fluren zwischen MTnw- und MThw-Linie in landwärts zunehmend dichteren Beständen bilden sie die niedrige Salzmarsch. Kräftige, stark verzweigte Exemplare mit steil aufwärts gerichteten Seitenzweigen gehören meist zur tetraploiden Form(engruppe) des Langähren- oder Schlickwatt-Quellers (Abb11.8). Weniger ästige und meist bodenanliegend wachsende Gestalten mit rechtwinklig abstehenden Zweigen stellt man dagegen zum normal diploiden Kurzähren- oder Sandwatt-Queller, der überdies zwischen Spätsommer und Herbst eine besonders intensive Rotfärbung durch Betalaine entwickelt (Abb. 11.9). Jährlich gehen über die Quellerfluren rund 700 bis 500 Überflutungen hinweg (Abb. 11.11).

## Auch so kann Evolution verlaufen

Auf dem Niveau der Quellerflur siedelt in horstartigen bis rasenförmig dichten Bestände auch die bemerkenswerte Einartgesellschaft des ausdauernden,

▷ **11.9** Queller-Pflanzen sind einjährig. Schon im Spätsommer färben sie sich geradezu spektakulär karminrot.

△ **11.10** Im Aspekt eher unspektakulär, aber nutzungstechnisch enorm bedeutsam: das Andel-Gras (*Puccinellia maritima*) der unteren Salzwiese.

sparrigen, etwa kniehohen Englischen Schlickgrases. Merkwürdigerweise existiert diese heute sehr präsente Grasart in der „reinen" Natur überhaupt nicht. Sie entstand nämlich gleichsam erst unbeabsichtigt unter der Hand des Menschen – sozusagen als Anschauungsstück für eine Evolution auf Spezies-Ebene. Was lief dabei ab?

Von der westafrikanischen bis zur westeuropäischen Küste kommt auf dem Salzschlick der oberen Gezeitenzone eine als *Spartina maritima* beschriebene Schlickgras-Art vor. An der Küste des Ärmelkanals in Südengland erreicht sie die Ostgrenze ihrer natürlichen Verbreitung. Nun bemerkte man erstmals 1816 in der Nähe von Southampton eine zweite, in Europa zuvor unbekannte Art, nämlich *Spartina alterniflora*; sie war offensichtlich mit dem transatlantischen Schiffsverkehr aus ihrer Heimat des östlichen Nordamerikas eingeschleppt worden und konnte hier eine bis heute bestehende, aber nur kleine Lokalpopulation aufbauen. Das wäre nun weiter nicht allzu erstaunlich, denn vergleichbare Verschleppungen quer über den Atlantik sind angesichts der Ausmaße des transozeanischen Warenaustauschs nicht selten. Im Jahre 1870 schauten sich die botanisch interessierten Gebrüder Groves die *Spartina*-Bestände an der englischen Südküste genauer an und stellten überrascht fest, dass sich durch Kreuzung von *Spartina maritima* und *Spartina alterniflora* inzwischen ein etwas anders aussehender Bastard

gebildet hatte. Er erhielt den wissenschaftlichen Namen Townsend-Schlickgras (*Spartina × townsendii*). Diese Pflanzen erwiesen sich jedoch als pollensteril, sodass sie sich nur vegetativ vermehren können. Eine solche Pollensterilität geht oftmals – und auch im vorliegenden Fall – darauf zurück, dass sich die von artverschiedenen Eltern stammenden Chromosomen während der Reifungsteilung (Meiose) nicht programmgemäß paaren können, womit massive Störungen bei der anschließenden Chromosomenverteilung eintreten. Dieses Problem ist im Prinzip jedoch relativ einfach dadurch zu überwinden, dass sich alle vorhandenen Chromosomen verdoppeln – dann trifft wieder ein jedes von ihnen auf seinen passenden Paarungspartner, und die Reifungsteilung kann perfekt bis zum Ende inszeniert werden. Genau dieses Ereignis ist bei der hybriden *Spartina* spontan eingetreten: Um 1890 fand man in Südengland einen äußerst wüchsigen, kräftig gelbgrün gefärbten und vor allem fertilen Bastard, der statt der nur 62 Chromosomen der Elternarten *Spartina maritima* und *Spartina alterniflora* bzw. des Bastards *Sp. × townsendii* tatsächlich 124 Chromosomen aufweist. Er erhielt die wissenschaftliche Bezeichnung Englisches Schlickgras (*Spartina anglica*) und ist demnach eine völlig neue Art, die sich auch im Aussehen von ihren eher rötlich überlaufenen Eltern klar unterscheidet. Nach dem Chromosomenbild bezeichnet man solche Formen als amphidiploid oder allotetraploid. Bei Pflanzen kommen solche Veränderungen im Chromosomenbild nicht allzu selten vor. Sie haben sich gleich mehrfach übrigens auch bei der Evolution der Kulturweizen-Arten ereignet.

Wegen ihres kräftigen Wuchses hat man die dritte europäische *Spartina*-Art seit den 1920er-Jahren an mehreren Stellen in den friesischen Wattengebieten gezielt angepflanzt, weil man sich davon eine effizientere Anschlickung und somit positive Effekte für den Küstenschutz versprach. Diese Erwartungen haben die Hybrid-Schlickgräser meist nicht erfüllt, und außerdem entwickelten sich die Anpflanzungen nicht zufriedenstellend. Dafür waren vermutlich die zu niedrigen Temperaturen im Nordseeraum verantwortlich. In den letzten Jahren beobachtete man jedoch eine vergleichsweise starke Zunahme bis in die dänischen Wattengebiete, die vermutlich mit den signifikant angestiegenen Lufttemperaturen (Jahresdurchschnitt 1970 bis 1987: 8,9 °C, 1988 bis 2010: 9,82 °C) im Kontext des Klimawandels zusammenhängt.

## Von der Wattwiese zur Wirtschaftsweide

Wenn sich der Wattboden durch kontinuierliche tidenbedingte Anschlickung im eulitoralen Quellerwatt bis etwa zur MThw-Linie aufgehöht hat, beginnt der Bereich der hohen Salzmarsch und damit die eigentliche Salzwiese. Hier tritt – im Allgemeinen mit scharfer Grenze gegen das Quellerwatt – der dichtrasig mit langen Ausläufern wachsende Strand-Salzschwaden (*Puccinellia maritima*) auf und bildet die bereits dem Supralitoral angehörende untere Salzwiese (Wattwiese). Die Art heißt auch Andelgras (friesisch *andeel* = Anteil). Nur Küstenbauern, die sich an den für den Küstenschutz notwendigen Arbeiten der Vorlandgewinnung beteiligten, hatten auch berechtigten Anteil an der späteren Weidenutzung). Die Andelzone ist immer noch ein effizienter Sedimentfänger, doch wird sie jährlich höhenabhängig nur noch von 250 bis 270 Überflutungen erfasst. Sie steht demnach deutlich weniger häufig und lange unter Wasser als die Queller-Bestände. Wegen der weitgehend aus-

△ **11.12** Eine der Leitarten der oberen Salzwiese ist die beweidungsempfindliche Salz-Aster (*Aster tripolium*), heute meist Strandaster (*Tripolium pannonicum*) genannt.

▽ **11.11** Ökologisches Profil einer typischen Salzwiese und Zonierung ihrer wichtigsten Kennarten.

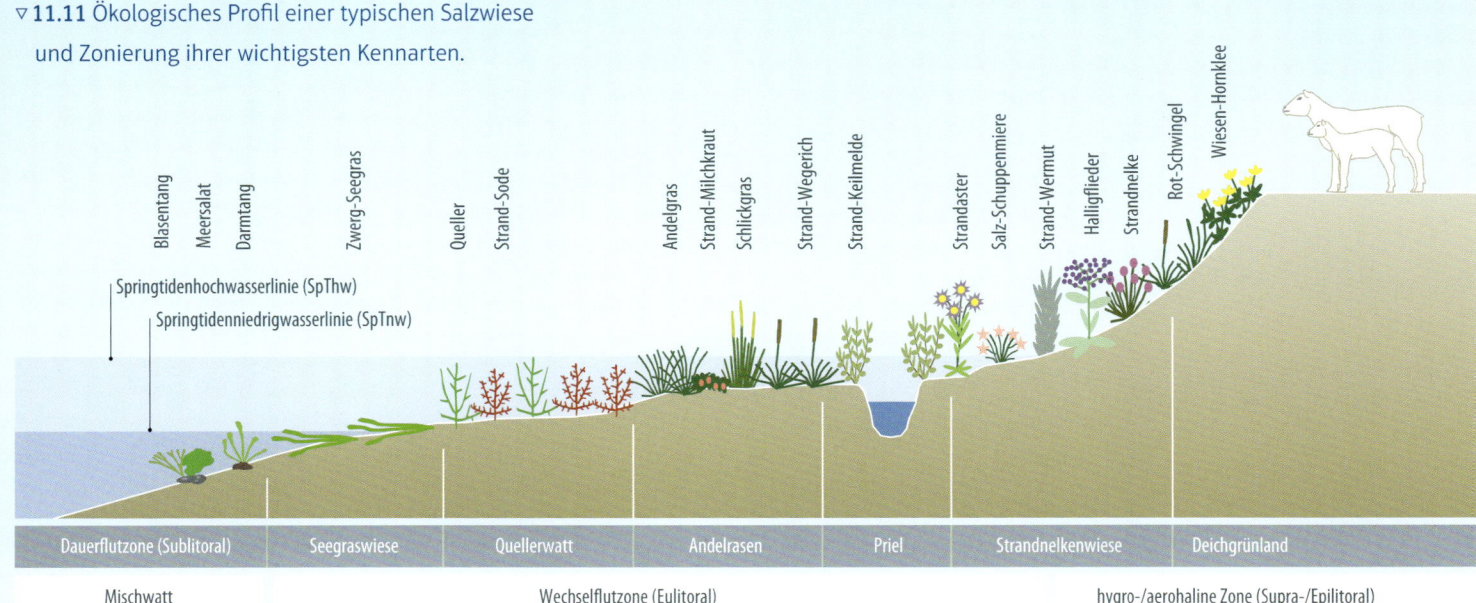

▷ **11.13** Manchmal entwickeln die Blütenkörbe der Strandaster *(Tripolium pannonicum)* keine hellvioletten Zungenblüten.

ten bildet. Die auch als Keilmeldengebüsche bezeichneten Bestände sind an der Nordsee somit eine Art Mini-Mangrove. An noch höheren, etwas sandigeren Priel- und Grabenrändern, an denen sich bei Springtiden gröberes Getreibsel ablagert und einen gewissen Nährstoffeintrag in den Boden einleitet, siedelt die aromatisch duftende Strandbeifuß-Gesellschaft, während sich auf den stärker schlickigen Grabensohlen die imposante Hochstaudenflur der außerordentlich reichblütigen Salz-Aster *(Tripolium pannonicum)* ausbreitet (Abb. 11.12).

Weiter landeinwärts löst die obere Salzwiese oberhalb von etwa 30 cm über MThw den Andelrasen ab und tritt nun in anderem, floristisch noch weiter angereichertem Gewand auf. Je nach genauer Artenzusammensetzung unterscheidet man Bottenbinsenrasen, Strandnelkenwiese bzw. Strandfliedergesellschaft, die eventuell auch in individuenreichen Beständen kleinräumige Mosaike bilden. Nur noch etwa 70 bis 35 Überflutungen im Jahr erreichen diesen Standort. Nach der hier ebenfalls vorkommen-

bleibenden Partikelimporte durch den Flutstrom leistet sie daher nur eine langsam fortschreitende Aufhöhung des Bodens. Das Inventar an Blütenpflanzen wird in der unteren Wattwiese allerdings deutlich reichhaltiger und auch blumiger: Strand-Dreizack *(Triglochin maritimum)*, Strand-Milchkraut *(Glaux maritima)* und Salz-Schuppenmiere *(Spergularia marina)* beteiligen sich lebhaft am sommerlichen Aspekt.

Vor allem an den Rändern von Prielen oder Flutmulden, die den Andelrasen als Elemente der Wechselflutzone durchgliedern (Abb. 11.15) oder auf den etwa eine Hand breit über der MThw-Linie liegenden Stellen mit verbesserter Bodendurchlüftung finden sich die gegen Nutzung durch Mahd oder Beweidung recht empfindlichen Bestände der Strand-Salzmelde *(Atriplex [Halimione] portulacoides)* ein. Diese Spezies ist ein Halbstrauch – nur seine grundständigen Achsenteile verholzen. Damit ist er das einzige halophile Holzgewächs im Vorlandbereich und vertritt hier somit eine Pflanzenformation, die an tropischen Küsten die ausgedehnten, waldartigen Mangrovegürtel mit ihren viele Meter hohen Strauch- und Baumar-

△ **11.14** Der zugegebenermaßen dekorative Strand- oder Halliglieder *(Limonium vulgare)* ist an den Nord- und Ostseeküsten streng geschützt.

△ **11.16** Den muss man auch mit der Nase erlebt haben: Der Strand-Wermut (*Artemisia maritima*) duftet nach leichtem Anreiben enorm aromatisch.

△ **11.17** Während der Nipptidenzeiten werden die oberen Prielabschnitte in der Salzwiese nicht geflutet. Beim Trockenliegen bilden sie auffällige Muster aus Mikroorganismengemeinschaften, die man Mikrobenmatten nennt.

△ **11.15** An Prielrändern in der Salzmarsch siedeln dichte Gebüsche des Halbstrauches Salz-Keilmelde (*Atriplex portulacoides*). Ökologisch entsprechen sie den Mangroven an tropischen Küsten.

△ **11.18** An stark exponierten Felsküsten entwickeln sich mitunter kleine Salzwiesenfragmente auch deutlich über der Tidenlinie – so weit eben die Salzgischt reicht.

▽ **11.19** Nur in Westeuropa kommt der salzverträgliche und sonst seltene Küsten-Streifenfarn (*Asplenium marinum*) vor.

den halotoleranten Grasart kann man die obere Salzwiese auch als Rotschwingelzone bezeichnen. Sie leitet zum Dauergrünland der den Deichfuß bildenden Herbstlöwenzahnwiesen über, die man auch Außengroden nennt. Hier ereignen sich höchstens bei außergewöhnlichen Flutwasserständen (Springfluten) oder durch auflaufende Wellenkämme nur noch etwa zehn Überflutungen im Jahr.

Die komplett entwickelte Abfolge der verschiedenen Pflanzengesellschaften und vor allem ihre erst im fortgeschrittenen Sommer einsetzenden Blühwellen kann man an den Nordseeküsten nur in Bereichen erleben, in denen keine Schafbeweidung stattfindet. Wo Mengen von Schafen truppweise auf einem Salzwiesenstandort gekoppelt sind, hinterlassen sie eine ziemlich monotone, kurzgeschorene Vegetation ähnlich wie Pferde auf einer Umtriebsweide (Abb. 11.25).

## Der Umgang ist entscheidend

An der Nordsee liegt der Salzgehalt ein wenig unter dem globalen Durchschnittswert von 34,7 ‰. Darin bilden sich die doch recht beträchtlichen Süß-

△ **11.20** An ruderal beeinflussten Standorten kommen viele weitere interessante Pflanzenarten vor, die nicht unbedingt zur Salzwiese gehören – darunter die blühintensive Strandkamille (*Tripleurospermum maritimum*).

△ **11.21** Die Wilde Rübe (*Beta vulgaris*) kommt an salzbeeinflussten Standorten oberhalb der Hochwasserlinie vor. Sie ist die Wildform von Roter Bete, Mangold, Futter- und Zuckerrübe. Ihr einziger deutscher Fundort ist die Insel Helgoland.

wasserlieferungen vor allem von Rhein, Weser und Elbe ab. Im Brackwassermeer liegt der Salzgehalt deutlich darunter. Meerwasser ist im Wesentlichen eine Lösung von Kochsalz (NaCl) und hinsichtlich seiner relativen Ionenhäufigkeit erstaunlich konstant. Jeder Flutwasserstand imprägniert den Boden am Standort der Salzpflanzen also immer wieder neu mit weiteren gelösten Ionen. Die sonnen- bzw. windbedingte Wasserverdunstung während der Ebbezeit kann den Ionengehalt im Boden zusätzlich erhöhen. In den eulitoralen Schlickböden der Wechselflutzone kann daher allein die $Na^+$-Konzentration bis >1200 mM erreichen.

Nach einem einfachen physikalischen (osmotischen) Grundgesetz kann Wasser prinzipiell nur von einem Ort niedriger zu einem mit höherer Konzentration fließen. Die dabei treibende Kraft kann man unter gewissen theoretischen Vorbehalten als Druck auffassen, unter dem die Wasserteilchen stehen, und tatsächlich gibt man das osmotische Potenzial in der physikalischen Maßeinheit für Druck an: Die normale Salinität von 35 ‰ entspricht einem osmotischen Potenzial von − 2,5 MPa (1 MegaPascal (MPa) = 10 bar, nur zum Vergleich: Autoreifendruck ca. 0,2 MPa = 2 bar).

Unter Annahme eines durchschnittlichen Zellinnendrucks von 0,5 MPa müssen die Wurzeln der im meerwassergesättigten Wattboden wachsenden Pflanzen daher ein Wasserpotenzial von mindestens − 2,0 MPa aufweisen, sonst würden sie ständig Wasser an ihre salzbelastete Umgebung verlieren und trotz „nasser Füße" schlicht vertrocknen. Eine Wasseraufnahme zur Aufrechterhaltung des eigenen Zellinnendruckes ist am Standort Salzboden also nur um den Preis eines massiven Imports von Ionen aus der Bodenwasserlösung möglich: Die Pflanzen konkurrieren daher mit ihrem Salzstandort auf osmotischem Wege um das verfügbare Wasser, indem sie ihr Wasserpotenzial deutlich unter das des Wattbodens absenken. Die dafür notwendigen bzw. tatsächlich auftretenden Potenzialdifferenzen können fallweise − 15 MPa betragen.

▽ **11.22** Mitunter finden an unseren Küsten (so auf Helgoland) bemerkenswerte Neuansiedlungen statt – etwa des Meerstrandfenchels (*Crithmum maritimum*), der sonst nur im Mittelmeerraum und in Westeuropa vorkommt.

Nun belastet eine hohe Salzkonzentration die Pflanzenzelle jedoch nicht nur über osmotische Effekte, sondern auch durch eventuell toxische Wirkungen, beispielsweise durch Ungleichgewichte gegenüber den Kalium-, Calcium- und anderen Ionen, die in den Zellen für die Stabilisierung von Funktionsproteinen oder spezielle Membranleistungen zuständig sind. Da Salz jedoch als abiotischer Faktor für die Pflanzen auf Salzstandorten unvermeidbar ist, benötigen die Halophyten auf der zellulären ebenso wie auf der organismischen Ebene vielerlei besondere Anpassungen, mit denen sie der tatsächlichen Salzbefrachtung ausgleichend begegnen können. Ihre im Unterschied zu gewöhnlichen Landpflanzen bemerkenswerte Salzresistenz erfordert daher besondere Wege, etwaige kritische Konzentrationen des intrazellulären Salzgehalts in den sensiblen Zellkompartimenten durch Regulation zu vermeiden. Dazu gehört einerseits die rasche Verlagerung der überschüssig aufgenommenen Ionen in die große Zentralvakuole neben weiteren biochemischen Tricks, welche die osmotische Balance ohne die Nachteile toxischer Ioneneffekte einregeln. Gewöhnliche Landpflanzen können das in keinem Fall.

## Halophyten und ihr Habitus

Auf der organismischen Ebene praktizieren die Halophyten zwei unterschiedliche Strategien: Einerseits schaffen sie zusätzlichen Speicherraum für die mit den internen Wasserströmen unentwegt aufsteigenden Salzfrachten und schränken andererseits ihre Wasserverluste durch Transpiration möglichst rigoros ein: Ihre Blätter gestalten sie zu dickfleischigen (sukkulenten) und kleinflächigen Organen um. Von der oberen Salzwiese bis hinunter zum Quellerwatt, also in Richtung steigender Salzbelastung, nimmt das Blattflächen-Volumen-Verhältnis jeweils auffällig ab: Salz-Aster (*Tripolium pannonicum*), Keilmelde (*Atriplex portulacoides*) oder Strand-Wegerich (*Plantago maritima*) besitzen noch einigermaßen normal aussehende Blätter, wenngleich sich diese etwas anders anfühlen als bei gewöhnlichen Pflanzen. Bei Strand-Sode (*Suaeda maritima*) und Salz-Spärkling bzw. -Schuppenmiere (*Spergularia marina*) sind sie dagegen schon deutlicher größenreduziert und ziemlich halosukkulent. Der formenreiche Queller (*Salicornia*-Formen) besitzt schließlich nur noch kleine, schuppenförmige Blätter und erinnert mit seinen dicklichen Achsen eher an einen Wüstenkaktus. Er ist tatsächlich blattsukkulent, obwohl manche Darstellungen ihn gelegentlich als stammsukkulent einschätzen. Die einjährigen Arten, darunter Queller, Spärkling und Sode, befrachten sich mit Salz bei moderatem Wasserumsatz jeweils nur bis zum Ende der kurzen Vegetationsperiode und sterben dann – eventuell mit eindrucksvollem Farbfinale ab (Abb. 11.9). Mehrjährige Arten wie Salz-Aster, Strand-Wegerich und Strand-Dreizack werfen die mit Salz gesättigten Blattorga-

▷ **11.23** Das Strand-Milchkraut (*Glaux maritima*) hat seine Blattorgane auf ein Minimum reduziert.

ne während der Wachstumssaison ab und stellen mit jeweils neu angelegten Blattorganen wieder weiteren Stauraum zur Verfügung.

Statt ständig das letztlich mörderische Meersalz einzuspeichern, können etliche Arten unter den mehrjährigen Halophyten ihre gefährliche Salzbeladung auch wieder schrittweise löschen: Spezielle absalzende Drüsen kommen in den Blättern von Milchkraut (*Glaux maritima*), Strandnelke (*Armeria maritima*), Strandflieder (*Limonium vulgare*) und Schlickgras (*Spartina anglica*) vor. Sie bestehen aus einem meist mehrzelligen Apparat, dessen Exkretionszellen die $Cl^-$-Ionen energieabhängig durch gerichtete Membranpassagen ausschleusen und die ebenfalls weniger wünschenswerten $Na^+$-Ionen durch elektrochemischen Ladungsausgleich nachströmen lassen. An sonnigen Tagen kann man an den Blättern dieser Arten die ausgeschiedenen Salzkrusten erkennen. Der nächste Niederschlag wäscht dann die an der Blattoberfläche kristallin deponierten Salze einfach ab.

◁ **11.24** Die heute an unseren Küsten anzutreffenden Schlickgräser (*Spartina anglica*) sind so erst unter dem Wirken des Menschen entstanden.

▽ **11.25** Wo Salzwiesen intensiv beweidet werden, breitet sich nur öde Monotonie aus: Das Bild stammt von der Halbinsel Eiderstedt.

▷ 11.26 Zumindest saisonal (während der Zugzeiten) fallen auf den Salzwiesen auch gerne die hübschen Weißwangengänse ein.

Analog arbeiten die Absalzhaare vieler Vertreter der Amaranthgewächse, beispielsweise der Keilmelde (*Atriplex portulacoides*). Hier erfolgt die Salzdeponierung ebenfalls energieabhängig in der Zentralvakuole der endständigen Blasenzellen an Stängeln und Blättern, die schließlich platzt und ihre Salzfüllung freisetzt oder zusammen mit ihrer Stielzelle abbricht.

### Auch ein Lebensraum für Tiere

Salzwiesen überraschen durchaus nicht nur mit ihren ökophysiologisch ungewöhnlichen Pflanzengestalten und Anpassungstypen – sind auch Lebensraum einer unglaublichen Vielzahl von kleinen Tierarten. Bisher hat man etwa 1600 Tierarten terrestrischer Herkunft als Bewohner von Salzwiesen nachweisen können. Überwiegend handelt es sich dabei um Artengruppen von Wirbellosen und größtenteils um Arthropoden. Deren Inventar umfasst etwa 80 Arten Spinnen neben über 180 Käfer-, 11 Wanzen- und 26 Zikaden-Arten. Ihnen stehen zusätzlich etwa 500 primär marine Arten, darunter Mollusken und Vielborstwürmer, gegenüber, die über die Flutströme in die Salzmarschen gelangen und sich dort ansiedeln, viele davon übrigens als Bewohner in dem auch hier unglaublich faszinierenden Lückensystem der Böden. Rund 40 % der bisher nachgewiesenen Arten kommen nicht in anderen Ökosystemen vor und bilden daher ein beachtenswertes Indigenat der Salzwiesen. Etwa 400 Arten sind Pflanzenfresser (Phytophage) und somit Konsumenten der $K_1$-Ebene; sie haben sich also auf die knapp 40 Arten Salzpflanzen dieser Standorte spezialisiert. Die $K_2$-Ebene, die Pflanzenfresser konsumiert, ist mit etwa 300 Arten vertreten. Mit ebenfalls rund 400 Spezies erstaunlich artenreich ist der Anteil parasitisch lebender Formen, die sich überwiegend auf Insekten und Spinnen spezialisiert haben. Sogar mehrere Fälle von Hyperparasitismus sind dokumentiert: Die Raupe der Quellerpalpenmotte entwickelt sich nur in den Achsensystemen des Quellers, und häufig wird sie hier in ihrem Fraßgang von Larven einer Brackwespe parasitiert, die ihrerseits nur von einer spezialisierten Schlupfwespe befallen wird. Die Artengruppe der Destruenten, die den organischen toten Bestandsabfall umsetzen, umfasst etwa 500 Arten. Das gesamte Gefüge ist labil: Bei Wegfall nur einer einzigen Salzpflanzenart durch bestimmte Formen der Bewirtschaftung entfällt statistisch die Nahrungsbasis für mehr als drei Dutzend weitere Tierarten. Dem eindrucksvollen Artenreichtum entspricht eine enorme Artendichte: In der biologisch hochdiversen Rotschwingelzone leben auf/unter jedem Quadratmeter bis zu etwa 70000 Wirbellose.

Die Bedeutung der Salzwiesen für die Tierwelt dokumentieren nicht nur die Arten- und Individuenzahlen der Wirbellosen. Man kann die besonde-

▽ 11.27 Der ruffreudige Austernfischer wählt als Brutgebiet die hochwassersicheren Bereiche der oberen Salzwiesen oder das Wirtschaftsgrünland.

ren Qualitäten dieses noch weitgehend natürlichen Lebensraumes auch an der hier präsenten Vogelwelt ablesen: Viele Arten haben hier ihre Hochwassereinstandsplätze, wenn sie nicht auf den freigefallenen Wattflächen auf Nahrungssuche gehen können. Etwa zwei Dutzend Arten der Watt- und Watvögel sind Brutvögel. Weil die regelmäßig überfluteten Wattflächen als Brutplätze nicht geeignet sind, liegen die Nistplätze deshalb in den normalerweise flutsicheren Wattrandbereichen oberhalb der MThw-Linie: Rotschenkel und Säbelschnäbler, Silber- sowie Lachmöwe, Küsten- und Flussseeschwalbe legen ihre oft außerordentlich bescheidenen und eher improvisierten Nester in der oberen Salzwiese an. Auf den Sandinseln und in den Dünen richten sich Sand- und Seeregenpfeifer sowie Zwergseeschwalben ein. Der schmucke Austernfischer ist nur wenig wählerisch – er brütet eventuell auch im binnendeichs gelegenen Kulturland. Seeschwalben und Lachmöwen brüten in größeren Kolonien und genießen daher einen gewissen Schutz vor Nesträubern. In Gesellschaft der Lachmöwen siedeln sich auch gern Brandseeschwalben an. Alpenstrandläufer, Kampfläufer sowie Sandregenpfeifer sind dagegen Einzelbrüter. Alle benannten Arten sind in der Salzwiese Bodenbrüter. Schon allein deswegen sollte man etwaige warnende Hinweise (in den Nationalparkgebieten auf die Schutzzone I) strikt beachten und nicht einfach in die Biotope hineingehen. 🐚

▷ **11.28** Zu den häufigeren Arten am Wattenmeer gehört der Rotschenkel. Bevor man ihn wirklich sieht, vernimmt man seine etwas melancholisch klingenden Flötentöne.

# Epilog:
# Kulturlandschaft Küste

**S**trände und die angrenzenden Küstenräume sind schon allein deswegen so beliebte Feriengebiete, weil man hier einen gänzlich anders gearteten Landschaftstyp erleben kann als im Mittel- oder gar im Hochgebirge. Obwohl am Meer selbst im Bereich einer Steilküste gewöhnlich das betonte Relief von Bergkämmen bzw. Hügelketten fehlt, präsentiert sich an den Säumen des Weltmeeres eine Landschaft von geradezu grandioser Eindrücklichkeit. Die Wattengebiete entlang der südlichen Nordsee sind die größte zusammenhängende Naturlandschaft im nördlichen Mitteleuropa und dazu das weltweit mit Abstand größte Lebensraumgefüge dieses Typs. Ab 2009 hat man sie glücklicherweise in ihrer Gesamtheit von den Niederlanden bis nach Dänemark schrittweise in die Liste der UNESCO-Weltnaturerbestätten aufgenommen. Damit sind sie prinzipiell in sehr guter Obhut, denn auch hier gilt: *Noblesse oblige*.

## Für jeden etwas

Strand und Küste bieten für jeden etwas – feine, flache Sandstrände, hohe Dünen, Küstenwälder sowie Steilküsten aus Felsen, Sand, Ton und Mergel oder Kreide. Mal erzeugt ein erfrischender, leichter Wind eine gekräuselte Wasseroberfläche, mal peitscht ein Sturm hohe Wellenberge auf. Strände finden sich in stillen Buchten zwischen Felsen, aber auch in langen Streifen vor der Niederungslandschaft. Strände schließen – in etwas größerem geographischem Kontext betrachtet – die gesamte Bandbreite von Palmenhainen über Mangroven bis hin zu kalbenden Eisbergen ein. Die Linie zwischen Land und Meer ist oft scharf, am Wattenmeer dagegen gleitend, ständig wechselnd, mal Wasser, mal begehbarer Wattboden. Trotz einer gewissen Gleichförmigkeit sind Strände niemals eintönig. Man muss nur für die besonderen Signale aus diesem Lebens-

▽ **12.1** Alle Küsten sind sozusagen Geodynamik zum Anfassen: Wenn man nächstes Jahr wiederkommt, sieht vieles schon wieder ganz anders aus.

raumtyp ein wenig sensibilisiert sein und auf Empfang gehen. In den meisten Feriengebieten an Nord- und Ostsee gibt es zahlreiche Informationszentren der Nationalparkverwaltungen oder der damit kooperierenden Naturschutzverbände, die mit Ausstellungen oder Druckschriften nicht nur Hintergrundwissen für ein aktives Erleben der regionalen Besonderheiten vermitteln, sondern auch Exkursionen und Vorträge zum besseren Kennenlernen des jeweiligen Umfeldes anbieten. Dieses Angebot wird erfahrungsgemäß gern und intensiv genutzt.

## Dynamik ohne Ende

Der Strand und die Küste als sein Hinterland sind das Übergangsgebiet zwischen Festland und Meer. Die jeweiligen Grenzen sind angesichts der beachtlichen Dynamik gewöhnlich eben nicht strichgenau festzulegen, weil das unentwegt anbrandende Meer ständig die Festlandkanten benagt und dadurch even-

△ **12.2** Eine besondere Erlebniswelt sind auch die Fluren hinter dem Seedeich.

◁ **12.3** Beobachtung der besonderen Vogelwelt an der Küste ist ein kaum zu toppendes Erlebnis.

▽ **12.4** An der Wasserlinie lassen sich sonst eher seltener wahrgenommene Arten wie der Sanderling beobachten.

△ **12.5** Deiche sind ein unverzichtbares Mittel zur Landsicherung.

▽ **12.6** Grasende Deichschafe sind ein wichtiger Beitrag zum Küstenschutz.

tuell auch recht kurzfristig verändert. Weltweit sind Küsten – Weichbodenabschnitte ebenso wie Felsgebiete – daher überwiegend Abtragungsräume. Immerhin: Gebietsweise verzeichnen sie durch die Ab- bzw. Anlagerung von Feinsediment wie Schlick und Sand sowie organischen Sinkstoffen aber auch einen nennenswerten und fallweise sogar massiven Materialzuwachs. Die heutige Strandlinie von der Elbmündung bis weit nach Jütland oder die Ostseeküste von der Kieler Bucht bis zum Rigaer Meerbusen wären ohne die beträchtliche Feinstteilchensedimentation, die das aktuelle Marschland oder die Nehrungen schu-

fen, überhaupt nicht zu verstehen. Andererseits verlagert sich die Strandline (Wasserlinie) sogar kurzfristig im Rhythmus der Gezeiten. In Tidegebieten kann ein Strand also keine klar gezogene Trennlinie sein, auch wenn topographische Kartenwerke etwas anderes unterstellen. Örtlich und zeitlich inszenieren sich hier ständig Übergänge. Küstengebiete sind die dynamischsten Landschaften (nicht nur) in Europa. Wasser und Wind verteilen die Grenzmarken sogar kurz- und mittelfristig gänzlich neu. Es fällt schon auf: Von einem Urlaub zum nächsten kann sich am gewohnten Ferienort überraschend viel verändert haben. Ständig formt das Meer die Küsten, es trägt exponierte Abschnitte ab und baut das gewonnene Material an anderer Stelle wieder ein. Nichts geht auf Dauer verloren.

## Problematisches Siedlungsland

Erstaunlicherweise haben sich schon die steinzeitlichen Menschen in den Küstenregionen angesiedelt. Als sie spätestens mit Beginn der Bronze-

zeit auch hier ihre landwirtschaftlichen Kulturen begründeten, mussten sie allerdings erfahren, dass die strand- bzw. küstennahen Gebiete ein besonders schwieriger und wegen ihrer beachtlichen Dynamik letztlich auch recht unsicherer Lebensraum sind. Allzu oft verursachten schwere Sturmfluten erhebliche Landverluste und gestalteten die Landschaft völlig um. Die Chronologie der verheerenden Flutwasserstände ist tragischerweise beeindruckend lang. Spätestens seit dem frühen Mittelalter setzten sich die Küstenbewohner aber mit ihren zunächst sicher noch recht bescheidenen technischen Mitteln zur Wehr und versuchten, ihr Land vor dem Angriff des Meeres zu schützen. Ablesbar ist das an der Entwicklung der Deichbauformen. Im Laufe der Zeit wurden die Deichprofile und -abmessungen entsprechend dem Kenntnisstand und den technischen Möglichkeiten immer weiter verbessert. Der heutige Landeshaupt-

deich weist an seiner Basis meist über 100 m Breite auf. So hat der Mensch die wilde Naturlandschaft schrittweise in eine seiner Lebenssicherung dienende Kulturlandschaft und in neuerer Zeit mit noch aufwendigeren Küstenschutzvorrichtungen in eine Techniklandschaft umgewandelt. Die Länge der aktuellen Deichlinie entlang der deutschen Nordseeküste beträgt etwa 1800 km.

### Gewinne und Verluste

Obwohl man bei ausgedehnten Strandwanderungen entlang der Seeseite etwa der friesischen Inseln durchaus den Eindruck gewinnen kann, dass noch mehr Natur eigentlich gar nicht denkbar ist, stellen selbst die scheinbar so gänzlich unberührt und ursprünglich aussehenden Strandabschnitte in ihrer Dynamik nicht selten gefesselte bzw. strikt gelenkte Bereiche dar – so etwa zu erleben an den im Prin-

△ **12.7** Die durch Abdeichung entstandenen Polder- bzw. Koogseen sind für die Vogelwelt ein echter Gewinn.

▽ **12.8** Die bemerkenswerterweise höhlenbrütenden Brandgänse führen an der Wasserlinie ihren Nachwuchs (aus mehreren Bruten) spazieren.

▷ **12.9** Der Blick auf eine Funktionskarte der Küstenräume zeigt, dass auch diese trotz zunächst wahrnehmbarer Naturnähe hochgradig anthropogen überformte Räume darstellen.

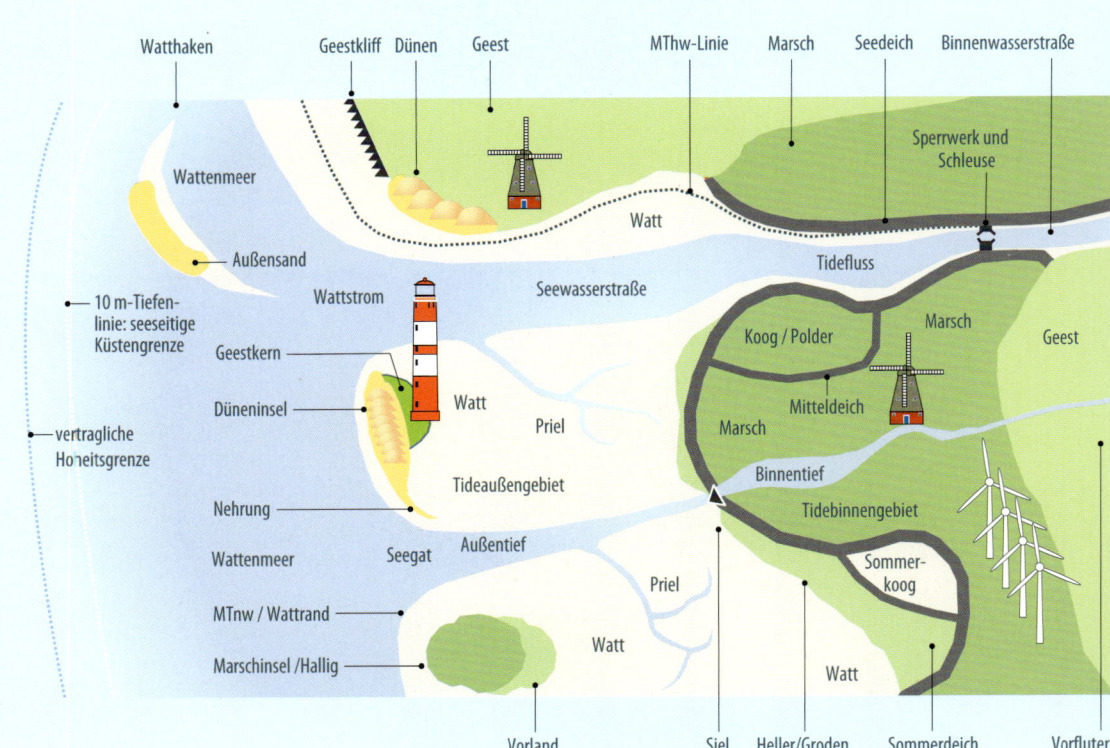

▽ **12.10** Lahnungen dienen heute nicht mehr der Landgewinnung, sondern nur noch der Vorlandsicherung.

zip nicht besonders lagestabilen ostfriesischen Inseln: Vor allem ihre westlichen Inselköpfe sind mit beachtlichem Aufwand durch Buhnen und Deckwerke gegen die permanent drohenden Substratverluste (vorläufig) gesichert worden. So sind Strände bzw. Küsten tatsächlich nicht mehr nur Naturlandschaft pur, auch wenn sie bestenfalls sogar das zweifellos adelnde Etikett Nationalpark bzw. Weltnaturerbe tragen. Vor allem die Küstenschutzmaßnahmen stellen beträchtliche Eingriffe in das Lebensraumgefüge am Rande des Wattenmeeres dar. Die komplette Abriegelung ehemaliger Meeresbuchten durch Deiche oder die Verkürzung der Deichlinien brachte für die Natur große Flächenverluste mit sich. Andererseits entstanden mit den für die Landentwässerung eingerichteten Speicherseen und ihren umgebenden Grünlandbereichen in den Kögen bzw. Poldern auch gänzlich neue Lebensräume, die sich speziell für die Vogelwelt als besonders wichtig erweisen: Hier finden die durchziehenden, rastenden oder überwinternden Watvogelarten sichere Hochwasserruheplätze, wenn ihre Nahrungsgründe auf dem Wattboden bei Flut nicht erreichbar sind. Immerhin ist das Wattenmeer eines der fünf vogelreichsten Gebiete weltweit. Während man früher den in den Kögen abgedichteten Wattboden unter den Pflug nahm und in Ackerland

umwandelte, sind bei den jüngeren an der Nordsee durchgeführten Eindeichungen ausgedehnte Grünlandbereiche entstanden, die überwiegend extensiv genutzt werden oder gar ausschließlich dem Naturschutz dienen. Sie sind innerhalb weniger Jahrzehnte zu bemerkenswerten Vogelparadiesen geworden.

Flächengewinnung zur Vorlandsicherung findet heute vielfach nur noch vor dem Landeshauptdeich durch besondere Schlickfanganlagen (Lahnungen) statt. Die hier frisch aufgeschlickten Wattböden sind außerordentlich wertvolle Nahrungsgründe für die zahlreichen Watt- und Watvögel. Bei fortschreitender Aufhöhung siedeln sich rasch und spontan alle Kennarten der Salzwiese an und bieten vielen weiteren Tierarten einen spezifischen Lebensraum. Insofern werden die durch den technischen Küstenschutz verursachten Biotopverluste zumindest anteilig auch wieder ausgeglichen.

### Kultur versus Natur?

Selbst wenn es zunächst gar nicht so aussieht: Auch die Strandlandschaften an Nord- und Ostsee sind zweifellos nicht mehr nur Natur-, sondern vielfach eben auch Kulturlandschaft, die – wenn man von verdichteten Städten, ausgedehnten Ölhäfen und anderen hässlichen Industrieanlagen (darunter auch

△ **12.11** Vielfach zeichnen sich im aktuellen Relief an den friesischen Küsten die früher angelegten Lahnungsfelder ab.

die gebietsweise den Küstenaspekt nicht besonders vorteilhaft prägenden Windparks) absieht – vielfach dennoch äußerst sympathische und fast immer auch zumindest naturnahe Züge aufweisen. Dem spezifischen Charme des kleinen Sielstädtchens Greetsiel in Ostfriesland mit seinem überaus pittoresken Windmühlenensemble oder der kleinen Stadt Tönning an der Eidermündung in Dithmarschen wird man sich nicht verschließen können. Im dichtbesiedelten Mitteleuropa ist nahezu jeder Fleck zu irgendeinem Zeitpunkt schon einmal irgendeiner Nutzung ausgesetzt gewesen. Selbst mitten im Weltnaturerbe Wattenmeer finden sich bis heute erkennbar – beispielsweise im Umfeld der Hallig Südfall und somit inmitten des Welterbegebiets – Siedlungsspuren in Form von Ackerfurchen bzw. Pflugzeilen, Brunnenanlagen, Geräteresten und anderem bezeichnendem Kulturgut.

Was sich aktuell am Nordseeboden abspielt, ist noch eine ganz andere Geschichte: Jeder Quadratmeter wird von den Fanggeräten der hier (auch in den Nationalparkgebieten!) operierenden Fischereifahrzeuge jedes Jahr mehrfach buchstäblich umgepflügt. Der Krabbenkutter mit seinem ausgelegten Fanggeschirr mag dem Küstenbesucher zugegebenermaßen leicht nostalgisch erscheinen und nett anzusehen ist er allemal, aber was er mit seinen Gerätschaften am Meeresboden anrichtet, ist bei genauer Betrachtung eigentlich verheerend.

Strände und Küsten erleben heute eine weitere Nutzung: Ab Mitte des 20. Jahrhunderts setzte ein ungeheurer Schub zur Eroberung des Meeresbodens durch die Industrie ein. Der bisher nahezu ungenutzte, naturnahe Lebensraum, das offene Meer ebenso wie der Meeresboden, wurden in kurzer Zeit industrialisiert. Eine gigantische Technologie zur Förderung und zum Transport von Gas und Öl wurde entwickelt, von der später die Errichtung der Off-shore-Windparks profitierte.

Angezogen durch diese neue Meerestechnik und durch den zunehmenden Welthandel wuchsen die Küstenstädte. Etwa 75 % aller Megastädte mit einer Einwohnerzahl von mehr als 10 Mio. befinden sich an Küsten. Sie bieten tatsächlich mehr als 45 % der Weltbevölkerung Wohn- und Lebensraum. Davon lebt ein Großteil in Küstengebieten, die extrem flach liegen und deren Gestalt Extremereignisse wie

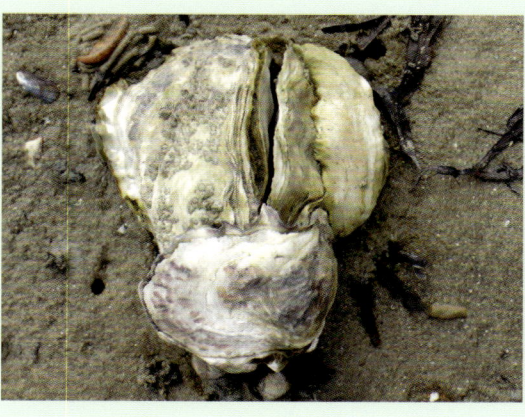

△ **12.12** Geordnet an Land sind die Fanggerätschaften kein Problem, aber frei driftend auf See sind sie für viele Meerestiere eine echte Bedrohung.

▽▽ **12.13** Sind die vielen im Wattenmeer der Nordsee unterdessen etablierten „Aliens" wie die amerikanische Pantoffelschnecke, die asiatische Riesenauster oder die amerikanische Schwertmuschel eine ökologische Bedrohung? Die aktuelle Forschung bietet dazu noch keine klare Antwort.

Tsunamis, Erdbeben oder Orkane stark verändern können. Vielfach hat man die Ästuare, die Mündungen der Flüsse, reguliert und zu extrem frequentierten Wasserstraßen umgebaut – beispielhaft ablesbar im Bereich der Hauptmündung des Maas-Rhein-Deltas bei Rotterdam: Rund 40 km weit erstrecken sich die Kaianlagen mit ihren überdimensionierten Containerterminals von der offenen Nordsee bis in an das letzte Hafenbecken. Aber auch die sogenannte „Weiße Industrie" fordert ihren Tribut: Gerade in Belgien und in den Niederlanden hat man viele im Prinzip erlebenswerte Strandabschnitte mit ausgedehnten Hotelanlagen sozusagen versiegelt. Auch in einigen deutschen Küstenorten an Nord- und Ostsee hat man in der jüngeren Vergangenheit fatalerweise Hochbauten zugelassen, die der überwiegend von horizontalen Strukturen dominierten Küstenlandschaft so gar nicht angemessen sind. Wenn man diesen Anblick verständlicherweise nicht ertragen mag, sucht man solche Orte eben nicht gezielt auf – es gibt zum Glück Alternativen. Zudem kann man einigermaßen sicher darauf setzen, dass die anbrandende See das eine oder andere architektonische Ungetüm via Erosion – vielleicht sogar schon in absehbarer Zeit – gleichsam auf natürlichem Wege erledigt. Das schon immer heftig umstrittene Atlantis-Projekt in Westerland auf Sylt wäre dafür einer der aussichtsreichsten Kandidaten.

Wie so vieles zeigt also auch der naturnahe Strandurlaub in einem überaus erlebniswerten, weil so ganz andersartigen Ambiente durchaus bedenkenswerte Facetten – es ist eben die übliche Ambivalenz, die das Tun des Menschen fatalerweise begleitet, wo immer er massenhaft auftritt. Aber immerhin: Es gibt glücklicherweise auch in unseren Breiten noch etliche großstadt- bzw. industrieferne Strände und Küstenzonen, an denen sich das traditionelle Natur- und das in besonderem Maße identitätsstiftende Kulturerbe facettenreich erleben und vor allem genießen lassen – also doch zumindest ein paar überaus memorable Zipfel von Wildnis, die zu verinnerlichen der Seele überaus guttut.

△ **12.14** Die allgemein küstenverträgliche Konsensformel kann nur lauten „Frieden mit der Natur".

## Zum Weiterlesen

Bantelmann, A.: Die Landschaftsentwicklung an der schleswig-holsteinischen Westküste, dargestellt am Beispiel Nordfrieslands. Die Küste 14, 5–99 (1966)

Bergmann, H.-H.: Vogelfedern an Nord- und Ostsee. Finden und Bestimmen. Quelle & Meyer Verlag, Wiebelsheim 2010

Bund Heimat und Umwelt in Deutschland (Hrsg.): Küstenkulturlandschaften. Meer erleben an Nord- und Ostsee. Eigenverlag, Bonn 2014

Bundesamt für Seeschifffahrt und Hydrographie (Hrsg.): Naturverhältnisse in der Ostsee. Hamburg, Rostock 1996

Butler P. G., Wanamaker Jr., A. D., Scourse, J. D., Richardson, C. A., Reynolds, D. J.: Variability of marine climate on the North Icelandic Shelf in a 1357-year proxy archive based on growth increments in the bivalve *Arctica islandica*. Palaeogeography, Palaeoclimatology, Palaeoecology 373, 141–151 (2013)

Carson, R.: Geheimnisse des Meeres. Biederstein, München 1952

Carson, R.: The Edge of the Sea. MacMillan, Boston 1955

Carter, R. W. G.: Coastal Environments. An Introduction to the Physical, Ecological and Cultural Systems of Coastlines. Academic Press, London 1988

Conradt, K., Conradt, S.: Naturerlebnis Schleswig-Holstein. Tiere, Pflanzen, Landschaften. Convent, Hamburg 2007

Demmler, P.: Das Meer. Wasser, Eis und Klima. Eugen Ulmer Verlag, Stuttgart 2011

Duphorn, K., Kliewe, H., Niedermeyer, R.-O., Janke, W., Werner, F.: Die deutsche Ostseeküste. Sammlung geologischer Führer Bd. 88, Verlag Gebr. Borntraeger, Berlin/Stuttgart 1995

Ehlers, J.: Die Nordsee. Vom Wattenmeer zum Nordatlantik. Wissenschaftliche Buchgesellschaft, Darmstadt 2008

Eisermann, K.: Neuwerk. Erholungsinsel mit Geschichte. Wirtschaftsverlag NW, Bremerhaven 2011

Falk, G. C., Lehmann, D. (Hrsg.): Nordseeküste. Klett-Perthes, Gotha 2002

Falke-Redaktion (Hrsg.): Die 50 besten Vogelbeobachtungsplätze in Deutschland. Quelle & Meyer Verlag, Wiebelsheim 2011

Fischer, L. (Hrsg.): Kulturlandschaft Nordseemarschen. Nordfriisk Instituut, Hever 1997

Fish, J. D., Fish, S.: A Student's Guide to the Seashore. Cambridge University Press, Cambridge 1996

Gemeinsames Wattenmeer-Sekretariat (Hrsg.): Das Wattenmeer. Kulturlandschaft vor und hinter dem Deich. Konrad Theiss Verlag, Stuttgart 2005

Gosselck, F., Kinze, C. C.: Die Ostsee als Lebensraum für Meeressäugetiere. Deutsches Meeresmuseum, Stralsund 2011

Gosselck, F., Kremer, B. P.: Naturparadies Ostsee. 43 Erlebnistouren in neun Ländern. Quelle & Meyer Verlag, Wiebelsheim 2016

Hamilton-Paterson, J.: Vom Meer. Über die Romantik von Sonnenuntergängen, die Mystik des grünen Blitzes und die dunkle Seite von Delfinen. Mare Verlag, Hamburg 2010

Hayman, P., Hume, R.: Die Küstenvögel Europas. Franckh-Kosmos-Verlag, Stuttgart 2006

Hayward, P.: Animals of Sandy Shores. Richmond, London 1994

Hayward, P., Nelson-Smith, T., Shields, C.: Der neue Kosmos-Strandführer. 1500 Arten der Küsten Europas. Franckh-Kosmos. Stuttgart 2007

Hecker, F.: Welcher Meeresfisch ist das? Franckh-Kosmos Verlag, Stuttgart 2008

Hecker, K., Hecker, F.: Naturwanderführer Nordsee. Bruckmann-Verlag, München 1999

Hecker, K., Hecker, F.: Steine, Federn, Muscheln. Naturkunst mit Kindern. Haupt Verlag, Bern 2010

Heeger, T.: Quallen. Gefährliche Schönheiten. Wissenschaftliche Verlagsgesellschaft, Stuttgart 1998

Hempel, G., Hempel, I., Schiel, S. (Hrsg.): Faszination Meeresforschung. Ein ökologisches Lesebuch. Hauschild, Bremen 2007

Heydemann, B.: Neuer Biologischer Atlas. Ökologie für Schleswig-Holstein und Hamburg. Wachholtz Verlag, Neumünster 1997

Holt, K. von, Holt, J. von: Bernstein an Nord- und Ostsee. Finden und Bestimmen. Quelle & Meyer Verlag, Wiebelsheim 2012

Janke, K.: Schnecken, Muscheln & Tintenfische an Nord- und Ostsee. Finden und Bestimmen. Quelle & Meyer Verlag, Wiebelsheim 2010

Janke, K., Kremer, B. P.: Das Watt. Tiere und Pflanzen im Weltnaturerbe. Franckh-Kosmos-Verlag, 3. Aufl., Stuttgart 2011

Janke, K., Kremer, B. P.: Düne, Strand und Wattenmeer. Tiere und Pflanzen unserer Küsten. 7. Aufl., Franckh-Kosmos-Verlag, Stuttgart 2015

Janke, K., Kremer, B. P., Reichholf, J.: Meere und Küsten. Mosaik, München 1990

Kelletat, D.: Physische Geographie der Meere und Küsten. Teubner Verlag, Stuttgart 1989

Kostrzewa, R.: Die Alken des Nordatlantiks. Vergleichende Brutökologie einer Seevogelgruppe. Aula-Verlag, Wiesbaden 1998

Kramer, J.: Kein Deich, kein Land, kein Leben. Geschichte des Küstenschutzes an der Nordsee. Rautenberg Verlag, Leer 1989

Kremer, B. P.: Wasser! Naturstoff – Lösemittel – Lebensraum. Ein Lern- und Lesebuch. Schneider Verlag Hohengehren, Baltmannsweiler 2010

Kremer, B. P.: Der Rhein. Von den Alpen bis zur Nordsee. Alles Wissenswerte von einem großen Strom. 2. Aufl., Mercator Verlag, Duisburg 2015

Kremer, B. P., Gosselck, F.: Erlebnis Nord- und Ostseeküste. Aufgaben und Arbeitsblätter zum Lernen,

Üben und Experimentieren. Quelle & Meyer Verlag, Wiebelsheim 2012

Kremer, B. P., Gosselck, F., Janke, K.: Der große Kosmos-Naturführer Strand und Küste: Nord- und Ostsee. Franckh-Kosmos, Stuttgart 2005

Kremer, B. P., Gosselck, F., Janke, K.: Erlebnis Küste. Naturkundliche Streifzüge an Nord- und Ostsee. Quelle & Meyer Verlag, Wiebelsheim 2012

Kürtz, J.: Kleines ABC des niedersächsischen Wattenmeers. Husum Druck- und Verlagsgesellschaft, Husum 2008

Küster, H.: Die Ostsee. Eine Natur- und Kulturgeschichte. C. H. Beck, München 2002

Küster, H.: Nordsee. Die Geschichte einer Landschaft. Wachholtz/Murmann Publishers, Kiel/Hamburg 2015

Landesamt für den Nationalpark Schleswig-Holsteinisches Wattenmeer/Umweltbundesamt (Hrsg.): Umweltatlas Wattenmeer. Band I: Nordfriesisches und Dithmarscher Wattenmeer. Eugen Ulmer Verlag, Stuttgart 1998

Macfarlane, R.: Karte der Wildnis. Naturkunden N°18, Hrsg J. Schalansky, Matthes & Seitz Berlin. 2015

Meier, D.: Die Nordseeküste. Geschichte einer Landschaft. Boyens Medien GmbH, Heide 2006

Meier, D.: Weltnaturerbe Wattenmeer. Kulturlandschaft ohne Grenzen. Boyens Medien GmbH, Heide 2010

Meier, D., Kühn, H. J., Borger, G. J.: Der Küstenatlas. Das schleswig-holsteinische Wattenmeer in Vergangenheit und Gegenwart. Boyens Buchverlag, Heide 2013

Meyer, H. U., Twenhöven, F. L., Kock, K.: Lebensraum Wattenmeer. Biologische Arbeitsbücher Bd. 47, Quelle & Meyer Verlag, Wiesbaden 1994

Moning, C., Weiß, F.: Vögel beobachten in Norddeutschland. 2. Aufl., Franckh-Kosmos-Verlag, Stuttgart 2010

Muus, B. J., Nielsen, J. G.: Die Meeresfische Europas in Nordsee, Ostsee und Atlantik. Franckh-Kosmos-Verlag, Stuttgart 1999

Muuß, U., Petersen, M.: Die Küsten Schleswig-Holsteins. Wachholtz Verlag, Neumünster 1971

Nationalparkverwaltung Niedersächsisches Wattenmeer/Umweltbundesamt (Hrsg.): Umweltatlas Wattenmeer. Band 2: Wattenmeer zwischen Elb- und Emsmündung. Eugen Ulmer Verlag, Stuttgart 1999

Neal, W. J., Pilkey, O. H., Kelley, J. T.: Atlantic Coast Beaches. A Guide to Ripples, Dunes, and Other Features of the Seashore. Mountain Press, Missoula 2007

Nybakken, J. W., Bertness, M. D.: Marine Biology. An Ecological Approach. Pearson, San Francisco 2005

Oftring, B., Wassmann, T.: Natur erleben, beobachten, verstehen – an der Küste. Haupt, Bern 2013

Reinicke, R.: Bernstein. Gold des Meeres. Hinstorff-Verlag, Rostock 2008

Reinicke, R.: Funde am Ostseestrand. Demmler Verlag, Schwerin 2008

Reinicke, R.: Küsten der Ostsee. Delius & Klasing, Bielefeld 2008

Reinicke, R.: Nordseefunde. Demmler Verlag, Schwerin 2010

Reinicke, R.: Kliff & Strand. Unsere Ostseeküste. Demmler Verlag, Ribnitz-Damgarten 2011

Rheinheimer, G. (Hrsg.): Meereskunde der Ostsee. 2. Aufl., Springer-Verlag, Heidelberg 1996

Rudolph, F.: Strandfunde sammeln und bestimmen. Wachholtz Verlag, Neumünster 2007

Rudolph, F.: Noch mehr Strandsteine sammeln und bestimmen an Nord- und Ostsee. Wachholtz Verlag, Neumünster 2008

Rudolph, F., Pittermann, D., Bilz, W.: Fossilien an Nord- und Ostsee. Finden und Bestimmen. Quelle & Meyer Verlag, Wiebelsheim 2010

Rutschke, E.: Wildgänse. Lebensweise, Schutz, Nutzung. Parey Verlag, Berlin 1997

Schulz, R.: Die Antike und das Meer. Wissenschaftliche Buchgesellschaft, Darmstadt 2005

Sindowski, K.-H.: Das ostfriesische Küstengebiet. Inseln, Watten und Marschen. Sammlung geologischer Führer Bd. 57, Verlag Gebr. Borntraeger, Berlin/Stuttgart 1973

Sommer, U.: Biologische Meereskunde. Springer, Heidelberg 2005

Streif, H.: Das ostfriesische Küstengebiet. Nordsee, Inseln, Watten und Marschen. Sammlung Geologischer Führer Bd. 57, 2. Aufl., Gebr. Borntraeger, Berlin/Stuttgart 1990

Trefil, J.: A Scientist at the Seashore. Macmillan, New York 1984

Türkay, M. (Hrsg.): Wattenmeer. Waldemar Kramer, Frankfurt/M. 1998

Vinx, R.: Steine an deutschen Küsten. Finden und Bestimmen. Quelle & Meyer Verlag, Wiebelsheim 2016

Wagner, C., Moning, C.: Vögel beobachten in Ostdeutschland. Franckh-Kosmos-Verlag, Stuttgart 2009

Walther, R.: Erdgeschichte. Die Geschichte der Kontinente, der Ozeane und des Lebens. 7. Aufl. Schweizerbart, Stuttgart 2016

Weitschat, W., Wichard, W.: Atlas der Pflanzen und Tiere im Baltischen Bernstein. Friedrich Pfeil Verlag, München 1998

Wichard, W., Gröhn, C., Szeredsus, F.: Wasserinsekten im Baltischen Bernstein. Kessel-Verlag, Oberwinter 2009

Wieland, P.: Küstenfibel. Boyens, Heide 1990

Wohlenberg, E.: Die Halligen Nordfrieslands. 5. Aufl., Boyens, Heide 1985

# Register